全国监理工程师职业资格考试辅导

建设工程监理基本理论和相关法规复习题集

全国监理工程师职业资格考试辅导编写委员会　编写

中国建筑工业出版社

图书在版编目（CIP）数据

建设工程监理基本理论和相关法规复习题集 / 全国
监理工程师职业资格考试辅导编写委员会编写 . —北京：
中国建筑工业出版社，2022.10
全国监理工程师职业资格考试辅导
ISBN 978-7-112-27620-2

Ⅰ.①建… Ⅱ.①全… Ⅲ.①建筑工程—监理工作—
资格考试—自学参考资料②建筑工程—监理工作—法规—
中国—资格考试—习题集 Ⅳ.① TU712.2
② D922.297-44

中国版本图书馆 CIP 数据核字（2022）第 126767 号

本书紧扣考试大纲，全面把握历年考试情况，有针对性地整理了各考点中的一些重要
题目，是参加监理工程师考试的辅导用书。

本书共分 11 章，分别是：建设工程监理制度；工程建设程序及组织实施模式；建设工
程监理相关法律法规及标准；工程监理企业与监理工程师；建设工程监理招标投标与合同
管理；建设工程监理组织；监理规划与监理实施细则；建设工程监理工作内容和主要方式；
建设工程监理文件资料管理；建设工程项目管理服务；国际工程咨询与实施组织模式。

责任编辑：范业庶　张　磊　边　琨
责任校对：姜小莲

全国监理工程师职业资格考试辅导
建设工程监理基本理论和相关法规复习题集
全国监理工程师职业资格考试辅导编写委员会　编写
＊
中国建筑工业出版社出版、发行（北京海淀三里河路 9 号）
各地新华书店、建筑书店经销
北京点击世代文化传媒有限公司制版
北京建筑工业印刷厂印刷
＊
开本：787 毫米 ×1092 毫米　1/16　印张：14¼　字数：311 千字
2022 年 12 月第一版　2022 年 12 月第一次印刷
定价：**45.00 元**（含增值服务）
ISBN 978-7-112-27620-2
（39801）

前 / 言

为了更好地把握监理工程师职业资格考试的重点，我们组织编写了《全国监理工程师职业资格考试辅导》，本套丛书包括《建设工程监理基本理论和相关法规复习题集》《建设工程合同管理复习题集》《建设工程目标控制（土木建筑工程）复习题集》《建设工程监理案例分析（土木建筑工程）复习题集》。

本套丛书主要是将近二十年的考试题目按考点进行归纳、整理、解析、总结，通过优化整合，分析各年考试的命题规律，从而启发考生复习备考的思路，引导考生应该着重对哪些内容进行学习，主要是对考试大纲的细化和考试教材的梳理。根据考试大纲的要求，提炼考点，每个考点的试题均根据考试大纲和历年考题的考点分布的规律去编写，题量的设置也是依据历年考题的分值分布情况来安排。

本套丛书旨在帮助考生提炼考试考点，以节省考生时间，达到事半功倍的复习效果。书中提炼了辅导教材中应知应会的重点题目，同时，对应重点和难点题目进行了讲解，使考生加深对出题点、出题方式和出题思路的了解，进一步领悟考试的命题趋势和命题重点。

本套丛书的特色与如何使用：

1. 把本套丛书中历年真题的采分点，在考试用书中进行一一标记，标记完你就找到了学习的重点，这是本套丛书独有的价值体现。

2. 本套丛书中的历年真题都标记了考试年份和题号，方便考生去分析和总结命题规律。比如：（2018—3）就是代表 2018 年真题的第 3 题；【20170403】就是代表 2017 年真题的第 4 题的第 3 个问题。

3. 本套丛书中没有标记年份的题目，是老师们编写的可能会考核到的一些重要题目。

4. 本套丛书中相对难以理解的题目，老师们都做了详细的讲解，可以帮助考生很好地理解题目。

5. 本套丛书中的题目是依据考试用书中内容的先后顺序来安排的，因此，同一考点下的历年真题感觉上是没有规律的，这样安排有助于考生对照考试用书学习。

6. 本套丛书中的题量是根据考试的频率来安排的，考试频率高的内容安排的题目也多，隔几年考一次的内容安排的题目相对少一些，考试频率低的内容就没有安排题目。

7. 把同一考点下的历年真题都整理在一起，考生就会很好地把命题的方式、题干的表达、选项的设置等了解透彻。

购买本书后，考生会得到以下的增值服务：

1. 免费答疑服务： 专门为考生配备了专业答疑老师解答疑难问题，答疑 QQ 群：684900288（加群密码：助考服务）。考生可以在 QQ 群中展开讨论互动，助考老师随时为考生解决疑难问题。

2. 考前冲刺试卷： 考试前 10 天为考生提供临考冲刺试卷。

3. 必考知识 5 页纸： 在考试前两周为考生免费提供更浓缩的必考知识点。

4. 知识导图： 购书即可免费领取四个科目的知识导图，帮助考生理清所需学习的知识。

5. 提供手机做题： 免费提供手机真题题库，关注微信公众号"文峰建筑讲堂"即可随时随地做题。

6. 免费为考生提供习题解答思路和方法： 为考生提供备考指导、知识重点、难点与解答技巧等。

7. 难点题目解题技巧指导： 比如一些计算题、网络图、典型的案例分析题等难度稍大一些的题目，我们会给考生提供解题方法、技巧，也会提供公式的轻松记忆方法。

8. 配备助学导师： 我们为每一科目配备专门的助学导师，在考生整个学习过程中提供全方位的助学帮助。

目 / 录

2022 年度考试真题涉及 2022 版三套监理辅导用书内容的统计

题号	采分点	涉及《复习题集》的吻合度	涉及《核心考点掌中宝》的吻合度	涉及《历年真题+考点解读+专家指导》的吻合度
1	建设工程监理基本职责	第一章第一节第 4 题	第一章第一节考点 1	第一章第一节"一、采分点 1【考生必掌握】,【历年这样考】第 2 题"
2	工程监理的法律地位	第一章第一节第 41 题	第一章第一节考点 4	第一章第一节"二、采分点 2【考生必掌握】,【历年这样考】第 2 题"
3	强制实施监理的工程范围	第一章第一节第 17～31 题	第一章第一节考点 3	第一章第一节"二、采分点 1【考生必掌握】,【历年这样考】第 2、3、6 题,【还会这样考】第 2 题"
4	投资决策管理制度	第二章第一节第 17 题	第二章第一节考点 3	第二章第一节"一、采分点 3【考生必掌握】,【历年这样考】第 3 题"
5	工程监理单位的法律责任	—	—	—
6	必须招标的工程项目	第一章第二节第 20～22 题	第一章第二节考点 3	第一章第二节"二、【考生必掌握】,【历年这样考】第 1、2 题"
7	项目可行性研究应完成的工作内容	第二章第一节第 6 题	第二章第一节考点 2	第二章第一节"一、采分点 2【考生必掌握】,【历年这样考】,【还会这样考】第 2 题"
8	建设实施阶段工作内容	—	第二章第一节考点 4	—
9	建设单位的质量责任和义务	第三章第一节第 19 题	第三章第一节考点 16	第三章第一节"四、采分点 1【考生必掌握】"
10	全过程工程咨询	第二章第二节第 2 题、第 4 题	第二章第二节考点 1	第二章第二节"一、【考生必掌握】,【历年这样考】第 2 题"
11	工程总承包模式的特点	第六章第一节第 17 题	第六章第一节考点 1	第六章第一节"一、采分点 1【考生必掌握】"
12	施工许可证有效期	第三章第一节第 7 题	第三章第一节考点 2	第三章第一节"一、采分点 2【考生必掌握】"
13	招投标文件投递的相关规定	第三章第一节第 26 题	第三章第一节考点 5	第三章第一节"二、采分点 1【考生必掌握】,【历年这样考】第 2 题"
14	建设工程最低保修期限	第三章第一节第 80～82 题、第 87～88 题	第三章第一节考点 20	第三章第一节"四、采分点 5【考生必掌握】,【历年这样考】第 1、3 题"
15	监理大纲编制	第五章第二节第 7 题	第五章第二节考点 2	第五章第二节"一、采分点 3【考生必掌握】,【历年这样考】第 1、4 题"
16	建设工程监理投标策略	第五章第二节第 20、21 题	第五章第二节考点 3	第五章第二节"二、【考生必掌握】"
17	工程监理单位的法律责任	第一章第一节第 47 题	—	第一章第一节"二、采分点 3【考生必掌握】,【历年这样考】第 1 题"
18	有限责任公司	第四章第一节第 4 题	第四章第一节考点 1	第四章第一节"一、采分点 1【考生必掌握】"
19	合同文件解释顺序	第五章第三节第 7 题	第五章第三节考点 3	第五章第三节"一、采分点 2【考生必掌握】,【还会这样考】第 2 题"

题号	采分点	涉及《复习题集》的吻合度	涉及《核心考点掌中宝》的吻合度	涉及《历年真题＋考点解读＋专家指导》的吻合度
20	建设工程监理委托方式	第六章第一节第 7 题	第六章第一节考点 1	第六章第一节"一、采分点 1【考生必掌握】"
21	监理员职责	第六章第二节第 56～60 题	第六章第二节考点 10	第六章第二节"三、采分点 2【考生必掌握】,【历年这样考】第 3 题"
22	建设工程监理主要方式中的平行检验	第八章第二节第 7 题	第八章第二节考点 2	第八章第二节"一、采分点 4【考生必掌握】,【还会这样考】第 3 题"
23	项目监理机构设立步骤	第六章第二节第 7 题	第六章第二节考点 2	第六章第二节"一、采分点 2【考生必掌握】"
24	项目监理机构组织形式	第六章第二节第 35 题	第六章第二节考点 7	第六章第二节"二、【考生必掌握】"
25	总监理工程师代表职责	第六章第二节第 50 题	第六章第二节考点 9	第六章第二节"三、采分点 2【考生必掌握】"
26	监理规划	第七章第一节第 9 题	第七章第一节考点 2	第七章第一节"一、采分点 2【考生必掌握】"
27	建设工程监理核心工作	—	第三章第二节考点 2	第三章第二节"二、【考生必掌握】"
28	施工单位安全责任	—	第三章第一节考点 24	第三章第一节"五、采分点 3【考生必掌握】"
29	建设工程质量、造价、进度三大目标控制措施	第八章第一节第 18、21、22～24 题	第八章第一节考点 4	第八章第一节"一、采分点 6【考生必掌握】,【还会这样考】第 3 题"
30	工程质量控制措施	第七章第一节第 28、30～32 题	第七章第一节考点 6	第七章第一节"二、采分点 4【考生必掌握】"
31	项目监理机构应签发监理通知单的情形	第九章第一节第 4 题	第九章第一节考点 1	第九章第一节"一、采分点 1【考生必掌握】,【历年这样考】第 1、2、4 题"
32	需要建设单位审批同意的表式	第九章第一节第 4 题	第九章第一节考点 2	第九章第一节"一、采分点 2【考生必掌握】"
33	建筑信息建模（BIM）技术特点	第八章第三节第 7 题	第八章第三节考点 2	第八章第三节"二、【考生必掌握】,【历年这样考】第 1 题"
34	工程质量评估报告	第九章第一节第 25 题	第九章第一节考点 5	第九章第一节"二、采分点 2【考生必掌握】"
35	PMBOK 总体框架	第十章第一节第 27 题	—	—
36	建设工程风险管理	第十章第一节第 51 题	第十章第一节考点 9	第十章第一节"二、采分点 6【考生必掌握】,【历年这样考】第 6 题"
37	工程设计"四新"的审查	第十章第二节第 7 题	第十章第二节考点 1	第十章第二节"二、【考生必掌握】,【历年这样考】第 2 题"
38	工程监理与项目管理一体化的概念	第十章第三节第 6 题	—	—
39	全过程集成化项目管理服务方式	第十章第四节第 2 题	第十章第四节考点 1	第十章第四节"【考生必掌握】,【历年这样考】"

题号	采分点	涉及《复习题集》的吻合度	涉及《核心考点掌中宝》的吻合度	涉及《历年真题＋考点解读＋专家指导》的吻合度
40	非代理型 CM 模式	—	第十一章第二节考点 1	第十一章第二节"一、【考生必掌握】"
41	Project Controlling 与工程项目管理服务的比较	第十一章第二节第 26 题	第十一章第二节考点 5	第十一章第二节"三、【考生必掌握】"
42	工程监理企业经营活动准则	第四章第一节第 18 题	第四章第一节考点 1	第四章第一节"二、【考生必掌握】"
43	监理工程师资格考试科目	第四章第二节第 5 题	—	第四章第二节"一、【考生必掌握】"
44	建设工程监理招标程序	第五章第一节第 21 题	第五章第一节考点 2	第五章第一节"一、采分点 5【考生必掌握】,【还会这样考】"
45	投标决策定量分析方法	第五章第二节第 4 题	第五章第二节考点 1	第五章第二节"一、采分点 1【考生必掌握】"
46	监理工作制度	—	—	—
47	建设工程质量、造价、进度三大目标	第八章第一节第 6 题	第八章第一节考点 2	第八章第一节"一、采分点 2【考生必掌握】"
48	建设工程监理主要方式中的巡视	第八章第二节第 2 题	第八章第二节考点 1	第八章第二节"一、采分点 3【考生必掌握】,【历年这样考】第 3 题"
49	建设工程监理	第一章第一节第 32 题	第三章第一节考点 19 第四章第一节考点 2	第一章第一节"二、采分点 1【考生必掌握】";第三章第一节"四、采分点 4【考生必掌握】";第四章第一节"二、【考生必掌握】"
50	建设工程监理招标方式	第五章第一节第 5 题	第五章第一节考点 1	第五章第一节"一、采分点 1【考生必掌握】"
51	项目法人的职权	第一章第二节第 11 ~ 18 题	第一章第二节考点 2	第一章第二节"一、采分点 2【考生必掌握】,【历年这样考】第 2 题"
52	施工许可证的申领	第三章第一节第 12 题	第三章第一节考点 1	第三章第一节"一、采分点 1【考生必掌握】"
53	建设单位的质量责任和义务	第三章第一节第 58 题	第三章第一节考点 16	第三章第一节"四、采分点 1【考生必掌握】,【历年这样考】第 2 题"
54	事故报告内容	第三章第一节第 121 题	第三章第一节考点 27	第三章第一节"五、采分点 5【考生必掌握】,【历年这样考】第 1 题"
55	施工单位的安全责任	第三章第一节第 100 题、第 106 ~ 108 题、第 110 题	第三章第一节考点 22	第三章第一节"五、采分点 3【考生必掌握】,【历年这样考】第 1、3、6 题"
56	可采用邀请招标的项目	第三章第一节第 127 题	第三章第一节考点 6	第三章第一节"六、采分点 1【考生必掌握】,【历年这样考】第 2 题"
57	生产经营单位安全生产保障	—	—	—
58	建设工程招标准备	第五章第一节第 9 题	第五章第一节考点 2	第五章第一节"一、采分点 3【考生必掌握】"

题号	采分点	涉及《复习题集》的吻合度	涉及《核心考点掌中宝》的吻合度	涉及《历年真题＋考点解读＋专家指导》的吻合度
59	监理工程师的职业道德	第四章第二节第8题	第四章第二节考点2	第四章第二节"三、【考生必掌握】"
60	专业监理工程师的职责	第六章第二节第51、52、54、55题	第六章第二节考点9	第六章第二节"三、采分点2【考生必掌握】,【历年这样考】第6题"
61	监理投标文件应包含的内容	—	—	—
62	工程监理人员	—	第三章第二节考点1	第三章第二节"一、【考生必掌握】"
63	监理工作总结的内容	第九章第一节第30题	第九章第一节考点5	第九章第一节"二、采分点2【考生必掌握】,【历年这样考】第2题"
64	监理实施细则主要内容	第七章第二节第10题	第七章第二节考点2	第七章第二节"二、【考生必掌握】,【历年这样考】第1题"
65	总监理工程师职责	第六章第二节第7题	第六章第二节考点9	第六章第二节"三、采分点2【考生必掌握】"
66	建设工程造价控制任务	第八章第一节第10～14题	第八章第一节考点3	第八章第一节"一、采分点4【考生必掌握】"
67	工程索赔处理	第八章第一节第33题	—	—
68	安全事故隐患的处理	第八章第一节第65、66题	第八章第一节考点11	第八章第一节"五、采分点2【考生必掌握】"
69	项目监理机构组织协调方法	第八章第一节第55题	第八章第一节考点9	第八章第一节"四、采分点3【考生必掌握】"
70	工程监理基本表式应用	第九章第一节第12题	第九章第一节考点1、2	第九章第一节"一、采分点1【考生必掌握】"
71	建设工程文件资料移交	第九章第二节第21题	第九章第二节考点4	第九章第二节"三、【考生必掌握】,【历年这样考】第2题"
72	建设工程风险对策	第十章第一节第54题	第十章第一节考点10	—
73	工程咨询公司的服务对象和内容	第十一章第一节第10题	第十一章第一节考点2	第十一章第一节"二、【考生必掌握】"
74	Partnering模式的主要特征	第十一章第二节第14题	第十一章第二节考点3	第十一章第二节"二、【考生必掌握】,【还会这样考】第1题"
75	Project Controlling模式的内容	第十一章第二节第22题	第十一章第二节考点4	第十一章第二节"三、【考生必掌握】"
76	要约和承诺	第三章第一节第40题	第三章第一节考点11	第三章第一节"三、采分点2【考生必掌握】,【历年这样考】第2题"
77	招标的规定	第三章第一节第25题	第三章第一节考点5	第三章第一节"二、采分点1【考生必掌握】,【历年这样考】第4题"
78	建设工程合同的内容	—	—	—
79	建设工程监理评标内容	第五章第一节第25题	第五章第一节考点3	第五章第一节"二、采分点2【考生必掌握】"
80	承包模式	第六章第一节第7题	第六章第一节考点1	第六章第一节"一、采分点1【考生必掌握】"

第一章
建设工程监理制度

第一节　建设工程监理概述

知识导学

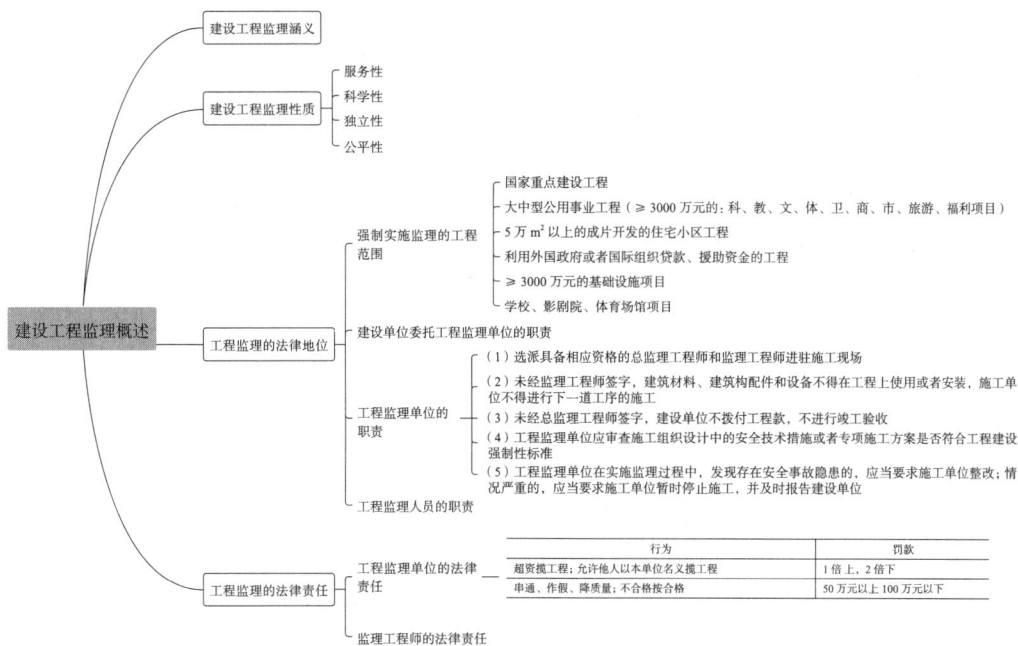

习题汇总

一、建设工程监理涵义及性质

（一）建设工程监理涵义

1.（2009—1）建设工程监理的行为主体是（　　）。

A. 建设单位

B. 工程监理单位

C. 建设主管部门

D. 质量监督机构

2.（2012—2）关于建设工程监理的说法，错误的是（　　）。

A. 建设工程监理的行为主体是工程监理单位

B. 建设工程监理不同于建设行政主管部门的监督管理

C. 建设工程监理的依据包括委托监理合同和有关的建设工程合同

D. 总承包单位对分包单位的监督管理也属建设工程监理行为

3.（2017—1）建设单位委托工程监理单位的工作内容中，不属于"相关服务"内容的是（　　）。

A. 决策   B. 勘察

C. 设计   D. 保修

4.（2017—2）下列工作中，属于工程监理基本职责是（　　）。

A. 为建设单位提供项目管理服务

B. 在工程监理单位委托授权范围内，实施"三控两管一协调"的制度

C. 为建设单位提供全过程的项目管理服务

D. 履行建设工程安全生产管理的法定职责

5.（2022—1）根据《建设工程监理规范》，下列工作中，属于建设工程监理基本职责的是（　　）。

A. 选定工程合同计价方式   B. 明确勘察设计任务

C. 协调工程建设相关方关系   D. 监督工程保修期质量缺陷修复

（二）建设工程监理性质

6.（2017—51）关于建设工程监理性质的说法，正确的有（　　）。

A. 服务性   B. 科学性

C. 独立性   D. 公平性

E. 公益性

1. 服务性

7.（2002—2）监理单位没有任何合同责任和义务为被监理方提供直接的服务，这说明工程建设监理具有（　　）。

A. 公正性   B. 独立性

C. 服务性   D. 科学性

8.（2019—1）工程监理单位在建设单位授权范围内，采用规划、控制、协调等方法，控制工程数量、造价和进度，并履行建设工程安全生产管理的监理职责，协助建设单位在计划目标内完成工程建设任务，体现了建设工程管理的（　　）。

A. 服务性   B. 阶段性

C. 必要性   D. 强制性

2. 科学性

9. 建设工程监理性质中的（　　）是由建设工程监理的基本任务决定的。

A. 服务性   B. 科学性

C. 独立性　　　　　　　　　　　　　D. 公正性

10.（2010—2）工程监理企业应当由足够数量的有丰富管理经验和应变能力的监理工程师组成骨干队伍，这是建设工程监理（　　）的具体表现。

A. 服务性　　　　　　　　　　　　　B. 科学性

C. 独立性　　　　　　　　　　　　　D. 公正性

11. 工程监理单位应由组织管理能力强、工程建设经验丰富的人员担任领导，这是建设工程监理（　　）的具体表现。

A. 服务性　　　　　　　　　　　　　B. 科学性

C. 独立性　　　　　　　　　　　　　D. 公正性

3. 独立性

12.（2016—2）工程监理单位组建项目监理机构，按照工作计划和程序，根据自己的判断，采用科学的方法和手段开展工程监理工作，这是建设工程监理（　　）的具体表现。

A. 服务性　　　　　　　　　　　　　B. 科学性

C. 独立性　　　　　　　　　　　　　D. 公平性

13.（2018—1）工程监理单位签订工程监理合同后，组建项目监理机构，严格按法律、法规和工程建设标准等实施监理，这体现了建设工程监理的（　　）。

A. 服务性　　　　　　　　　　　　　B. 科学性

C. 独立性　　　　　　　　　　　　　D. 公平性

14. 根据《建筑法》的规定，工程监理单位与被监理工程的（　　）不得有隶属关系或者其他利害关系。

A. 承包单位　　　　　　　　　　　　B. 设计单位

C. 建筑构配件供应单位　　　　　　　D. 建筑材料供应单位

E. 工程咨询单位

4. 公平性

15.（2011—2）监理单位在建设工程监理工作中体现公正性要求的是（　　）。

A. 维护建设单位的合法权益时，不损害施工单位的合法权益

B. 协助建设单位实现其投资目标，力求在计划的目标内建成工程

C. 按照委托监理合同的规定，为建设单位提供管理服务

D. 建立健全管理制度，配备有丰富管理经验和应变能力的监理工程师

二、建设工程监理的法律地位和责任

（一）工程监理的法律地位

16.（2014—51）自建设工程监理制度实施以来，通过颁布有关法律、行政法规、部门规章进一步明确了（　　），逐步确立了建设工程监理的法律地位。

A. 工程监理单位的职责

B. 建设单位委托工程监理单位的职责

C. 建设单位授权工程监理单位的范围

D. 工程监理人员的职责

E. 强制实施监理的工程范围

1. 明确了强制实施监理的工程范围

17.（2001—35）《建设工程质量管理条例》规定的必须实行监理的工程项目是（　　）。

A. 利用国外政府贷款的工程　　　　　　B. 中外合资工程

C. 政府投资兴建的办公楼　　　　　　　D. 国外赠款建设的工程

18.（2002—80）根据《建设工程监理范围和规模标准规定》的要求，（　　）必须实行监理。

A. 项目总投资为 2800 万元的卫生项目

B. 成片开发建设的 4 万 m² 的住宅小区工程

C. 使用外国政府援助资金，项目总投资为 300 万美元的水资源保护项目

D. 项目总投资额为 4600 万元的公路项目

E. 项目总投资额为 1800 万元的体育场馆项目

19.（2003—1）某城市污水处理工程的建筑安装工程费为 2500 万元，设备购置费为 1100 万元。依据《建设工程监理范围和规模标准规定》，该工程（　　）。

A. 可以不实行监理　　　　　　　　　　B. 必须实行监理

C. 仅建筑安装工程实行监理　　　　　　D. 设备制造实行监理

20.（2005—50）《建设工程监理范围和规模标准规定》中要求建筑面积在（　　）m² 以上的住宅建设工程必须实行监理。

A. 1 万　　　　　　　　　　　　　　　B. 2 万

C. 3 万　　　　　　　　　　　　　　　D. 5 万

21.（2006—1）依据《建设工程监理范围和规模标准规定》，下列工程项目必须实行监理的是（　　）。

A. 总投资额为 2 亿元的电视机厂改建项目

B. 建筑面积 4 万 m² 的住宅建设项目

C. 总投资额为 300 万美元的联合国粮农组织的援助项目

D. 总投资额为 2000 万元的科技项目

22.（2007—76）《建设工程质量管理条例》规定，必须实行监理的工程包括（　　）。

A. 国家重点建设工程

B. 大中型公用事业工程

C. 成片开发建设的住宅小区工程

D. 利用外国政府或者国际组织贷款、援助资金的工程

E. 总投资为 2800 万元的通信建设工程

23.（2009—44）依据《建设工程监理范围和规模标准规定》，下列项目中，必须实行监理的是（　　）。

A. 建筑面积 4000m² 的影剧院项目

B. 建筑面积 40000m² 的住宅项目

C. 总投资额 2800 万元的新能源项目

D. 总投资额 2700 万元的社会福利项目

24.（2010—47）下列各类建设工程中，属于《建设工程监理范围和规模标准规定》中规定的必须实行监理的是（　　）。

A. 投资总额 2000 万元的学校工程

B. 投资总额 2000 万元的科技、文化工程

C. 投资总额 2000 万元的社会福利工程

D. 投资总额 2000 万元的道路、桥梁工程

25.（2011—45）根据《建设工程监理范围和规模标准规定》，下列建设工程中，不属于必须实行监理的是（　　）。

A. 总投资在 3000 万元以上的市政工程项目

B. 使用国际组织援助资金总投资额为 400 万美元的项目

C. 建筑面积为 2000m² 的小型剧场项目

D. 建筑面积小于 5 万 m² 的住宅项目

26.（2012—44）根据《建设工程监理范围和规模标准规定》，下列工程中，不属于必须实行监理工程范围的是（　　）。

A. 4 万 m² 住宅建设工程

B. 亚洲银行贷款工程

C. 总投资 3000 万元以上的大中型市政工程

D. 总投资 3000 万元以上的基础设施工程

27.（2014—2）根据《建设工程监理范围和规模标准规定》，下列工程项目中，必须实行监理的是（　　）。

A. 总投资额为 1 亿元的服装厂改建项目

B. 总投资额为 400 万美元的联合国环境署援助项目

C. 总投资额为 2500 万元的垃圾处理项目

D. 建筑面积为 4 万 m² 的住宅建设项目

28.（2016—3）根据《建设工程监理范围和规模标准规定》，总投资为 2500 万元的（　　）项目必须实行监理。

A. 供水工程　　　　　　　　　　B. 邮政通信

C. 生态环境保护　　　　　　　　D. 体育场馆

29.（2017—3）根据《建设工程监理范围和规模标准规定》，可不实行监理的工程是总投资额为 3000 万元以下的（　　）。

A. 学校　　　　　　　　　　　　B. 体育场

C. 影剧院工程　　　　　　　　　D. 商场

30.（2018—2）根据《建设工程监理范围和规模标准规定》，必须实行监理的工程是（   ）。

A. 总投资额 2500 万元的影剧院工程

B. 总投资额 2500 万元的生态环境保护工程

C. 总投资额 2500 万元的水资源保护工程

D. 总投资额 2500 万元的新能源工程

31.（2019—2）根据《建设工程监理范围和规模标准规定》，必须实行监理的工程是（   ）。

A. 总投资额 2000 万元的学校项目

B. 总投资额 2000 万元的供水项目

C. 总投资额 2000 万元的通信项目

D. 总投资额 2000 万元的地下管道项目

32.（2020—5）根据《建筑法》，国家推行建筑工程监理制度，（   ）可以规定实行强制监理的建筑工程的范围。

A. 国务院   B. 国家建设行政主管部门

C. 省级人民政府   D. 行业主管部门

33.（2022—3）根据《建设工程监理范围和规模标准规定》，必须实行监理的工程是（   ）。

A. 总投资额 2000 万元的供气工程

B. 总投资额 2000 万元的电信枢纽工程

C. 总投资额 2000 万元的影剧院工程

D. 总投资额 2000 万元的铁路专用线工程

34.（2022—49）关于建设工程监理的说法，正确的是（   ）。

A. 行业主管部门规定强制监理的工程范围

B. 工程监理单位应履行建设工程安全生产管理的法定职责

C. 工程监理单位不得与检测机构有隶属关系

D. 工程监理单位代表政府对施工质量实施监理

2. 明确了建设单位委托工程监理单位的职责

35. 关于建设工程依法实行工程监理的说法，正确的是（   ）。

A. 建设单位应当委托该工程的设计单位进行工程监理

B. 建设单位应当委托具有相应资质等级的工程监理单位进行监理

C. 工程监理单位不得与建设单位有隶属关系

D. 工程监理单位不得与该工程的设计单位有隶属关系

3. 明确了工程监理单位的职责

36.（2001—42）在工程项目建设监理中，未经总监理工程师签字（   ）。

A. 建筑材料、构配件不得在工程上使用   B. 建筑设备不得在工程上安装

C. 施工单位不得进行下一道工序的施工　　　D. 不进行竣工验收

37.（2009—77）依据《建设工程安全生产管理条例》，在实施监理过程中，工程监理单位发现存在安全事故隐患时，正确的做法为（　　）。

A. 要求施工单位暂时停止施工

B. 要求施工单位整改

C. 对情况严重的，应当要求施工单位暂时停止施工，并及时报告其上级管理部门

D. 对情况严重的，应当要求施工单位暂时停止施工，并及时报告建设单位

E. 对情况严重的，应当要求施工单位暂时停止施工，并及时报告有关主管部门

38.（2010—42）根据《建设工程质量管理条例》，建筑材料、建筑构配件和设备等，未经（　　）签字认可，不得在工程上使用或安装。

A. 建设单位代表　　　　　　　　　　　B. 总监理工程师代表

C. 监理工程师　　　　　　　　　　　　D. 监理员

39.（2014—13）根据《建设工程安全生产管理条例》，工程监理单位的安全生产管理职责是（　　）。

A. 发现存在安全事故隐患时，应要求施工单位暂时停止施工

B. 委派专职安全生产管理人员对安全生产进行现场监督检查

C. 发现存在安全事故隐患时，应立即报告建设单位

D. 审查施工组织设计中的安全技术措施或专项施工方案是否符合工程建设强制性标准

40.（2020—10）根据《建设工程安全生产管理条例》，工程监理单位应当审查施工组织设计中安全技术措施是否符合（　　）。

A. 适应性要求　　　　　　　　　　　　B. 经济性要求

C. 施工进度要求　　　　　　　　　　　D. 工程建设强制性标准

4. 明确了工程监理人员的职责

41.（2007—45）《建设工程质量管理条例》规定，监理工程师应当按照监理规范的要求，采取（　　）等形式，对建设工程实施监理。

A. 旁站、巡视和平行检验

B. 检查、验收和工地会议

C. 检查、验收和主动控制

D. 目标控制、合同管理和组织协调

42.（2014—56）根据《建筑法》，工程监理人员认为工程施工不符合（　　）的，有权要求建筑施工企业改正。

A. 建设单位要求　　　　　　　　　　　B. 工程设计要求

C. 施工技术标准　　　　　　　　　　　D. 施工组织设计

E. 合同约定

43.（2020—1）根据《建筑法》，工程监理人员发现工程设计不符合建筑工程质量

标准时，正确的做法是（　　）。

A. 直接通知设计单位改正

B. 报告建设单位要求设计单位改正

C. 根据质量标准直接修改设计

D. 要求施工单位修改设计后实施

44.（2022—2）根据《建筑法》，监理人员发现设计文件不符合工程质量标准时，正确的做法是（　　）。

A. 报告建设单位要求设计单位改正

B. 要求施工单位修改图纸

C. 要求设计人员改正

D. 报告施工图审查机构要求设计单位改正

（二）工程监理的法律责任

1. 工程监理单位的法律责任

45.（2002—77）《建筑法》规定，工程监理单位（　　），给建设单位造成损失的，应当承担相应的赔偿责任。

A. 不按照委托监理合同的约定履行监理义务

B. 不按照监理规划实施监理

C. 对应当监督检查的项目不检查

D. 对应当监督检查的项目不按照规定检查

E. 应当查出而没有查出质量问题

46.（2016—51）根据《建设工程质量管理条例》，工程监理单位有（　　）行为的，将被处以 50 万元以上 100 万元以下的罚款，降低资质等级或者吊销资质证书。

A. 超越本单位资质等级承揽工程监理业务

B. 与建设单位串通，弄虚作假、降低工程质量

C. 与施工单位串通，弄虚作假、降低工程质量

D. 允许其他单位以本单位名义承揽工程监理业务

E. 将不合格的建设工程按照合格签字

47.（2017—4）根据《建设工程质量管理条例》，工程监理单位超越本单位资质等级承揽工程的，将被处以合同约定监理酬金（　　）的罚款。

A. 5 万元以上 10 万元以下 　　　　　　B. 25% 以上 50% 以下

C. 10 万元以上 30 万元以下 　　　　　　D. 1 倍以上 2 倍以下

48.《建设工程质量管理条例》规定，工程监理单位有（　　）行为的，责令停止违法行为或改正，处合同约定的监理酬金 1 倍以上 2 倍以下的罚款，可以责令停业整顿，降低资质等级。

A. 与建设单位串通，弄虚作假、降低工程质量的

B. 超越本单位资质等级承揽工程

C. 将不合格的建设工程、建筑材料、建筑构配件和设备按照合格签字的

D. 与被监理工程的建筑材料、建筑构配件和设备供应单位有隶属关系

E. 允许其他单位以本单位名义承揽工程

49.（2019—3）根据《建设工程质量管理条例》，工程监理单位与建设单位串通，弄虚作假，降低工程质量的，责令改正，并对监理单位处（　　）的罚款。

A. 10 万元以上 20 万元以下　　　　　B. 10 万元以上 30 万元以下

C. 30 万元以上 50 万元以下　　　　　D. 50 万元以上 100 万元以下

50.（2020—53）根据《建设工程质量管理条例》，工程监理单位有（　　）行为的，责令改正，处 50 万元以上 100 万元以下的罚款，降低资质等级或吊销资质证书；有违法所得的，予以没收；造成损失的，承担连带赔偿责任。

A. 超越本单位资质等级承揽工程

B. 允许其他单位或个人以本单位名义承揽工程

C. 与建设单位或施工单位串通，弄虚作假，降低工程质量

D. 将不合格的建设工程、建筑材料、建筑构配件和设备按合格签字

E. 转让工程监理业务

51.（2021—4）根据《建设工程安全生产管理条例》，工程监理单位未对施工组织设计中的安全技术措施或者专项施工方案进行审查且逾期未改正的，将被处以（　　）罚款。

A. 10 万元以上 20 万元以下　　　　　B. 10 万元以上 30 万元以下

C. 20 万元以上 50 万元以下　　　　　D. 30 万元以上 50 万元以下

52.（2022—5）根据《建设工程质量管理条例》，工程监理单位转让工程监理业务的，应责令改正，没收违法所得，处合同约定的监理酬金（　　）的罚款。

A. 10% 以上 20% 以下　　　　　　　B. 15% 以上 25% 以下

C. 20% 以上 30% 以下　　　　　　　D. 25% 以上 50% 以下

53.（2022—17）根据《建设工程安全生产管理条例》，工程监理单位未对施工组织设计中的安全技术措施或专项施工方案进行审查的，责令限期改正，逾期未改正的，责令停业整顿，并处（　　）的罚款。

A. 3 万元以上 10 万元以下　　　　　B. 10 万元以上 20 万元以下

C. 10 万元以上 30 万元以下　　　　　D. 20 万元以上 30 万元以下

2. 监理工程师的法律责任

54.《建设工程质量管理条例》规定，监理工程师因过错造成质量事故并造成重大质量事故的，应承担的法律责任有（　　）。

A. 责令停止执业 1 年　　　　　　　B. 吊销执业资格证书

C. 5 年以内不予注册　　　　　　　D. 终身不予注册

E. 依法追究刑事责任

55.《建设工程安全生产管理条例》规定，注册监理工程师未执行法律、法规和工

程建设强制性标准的，情节严重的应承担的法律责任是（　　）。

A. 责令停止执业 3 个月以上 1 年以下

B. 吊销执业资格证书，5 年内不予注册

C. 吊销执业资格证书，终身不予注册

D. 依法承担相应的刑事责任

习题答案及解析

1. B	2. D	3. A	4. D	5. C
6. ABCD	7. C	8. A	9. B	10. B
11. B	12. C	13. C	14. ACD	15. A
16. ABDE	17. A	18. CDE	19. B	20. D
21. C	22. ABCD	23. A	24. A	25. D
26. A	27. B	28. D	29. D	30. A
31. A	32. A	33.C	34. B	35. B
36. D	37. BD	38. C	39. D	40. D
41. A	42. BCE	43. B	44. A	45. ACD
46. BCE	47. D	48. BE	49. D	50. CD
51. B	52. D	53. C	54. BC	55. B

【解析】

2. D。总承包单位对分包单位的监督管理也不能视为建设工程监理，故 D 选项错误。

3. A。建设工程监理定位于工程施工阶段，工程监理单位受建设单位委托，按照建设工程监理合同约定，在工程勘察、设计、保修等阶段提供的服务活动均为相关服务。

5.C。工程监理单位的基本职责是在建设单位委托授权范围内，通过合同管理和信息管理，以及协调工程建设相关方关系，控制建设工程质量、造价和进度三大目标，即"三控两管一协调"。故本题选 C。

6. ABCD。建设工程监理的性质可概括为服务性、科学性、独立性和公平性四个方面。在 2014 年度的考试中，同样对本题涉及的采分点进行了考查。

10. B。建设工程监理的性质中的科学性主要表现在：工程监理企业应当由组织管理能力强、工程建设经验丰富的人员担任领导；应当有足够数量的、有丰富的管理经验和应变能力的监理工程师组成的骨干队伍；要有一套健全的管理制度；要有现代化的管理手段；要掌握先进的管理理论、方法和手段；要积累足够的技术、经济资料和数据；要有科学的工作态度和严谨的工作作风，要实事求是、创造性地开展工作。在 2006 年度的考试中，同样对本题涉及的采分点进行了考查，且提问形式与选项设置基本与本题一致。

14. ACD。《建筑法》规定，工程监理单位与被监理工程的承包单位以及建筑材料、

建筑构配件和设备供应单位不得有隶属关系或者其他利害关系。

15. A。当建设单位与施工单位发生利益冲突或者矛盾时，工程监理单位应以事实为依据，以法律法规和有关合同为准绳，在维护建设单位合法权益的同时，不能损害施工单位的合法权益。在调解建设单位与施工单位之间争议，处理费用索赔和工程延期、进行工程款支付控制及结算时，应尽量客观、公平地对待建设单位和施工单位。

16. ABDE。自建设工程监理制度实施以来，有关法律、行政法规、部门规章等逐步明确了建设工程监理的法律地位：（1）明确了强制实施监理的工程范围；（2）明确了建设单位委托工程监理单位的职责；（3）明确了工程监理单位的职责；（4）明确了工程监理人员的职责。

22. ABCD。根据《建设工程质量管理条例》规定，对于国家重点建设工程、大中型公用事业工程、成片开发建设的住宅小区工程、利用外国政府或者国际组织贷款、援助资金的工程、国家规定必须实行监理的其他工程，必须实行监理。

根据《建设工程监理范围和规模标准规定》，总投资额在 3000 万元以上通信项目，必须实行监理。故 E 选项不选，本题选 ABCD。

28. D。根据《建设工程监理范围和规模标准规定》的规定，必须实行监理的工程范围和规模标准包括：国家重点建设工程；大中型公用事业工程（项目总投资额在 3000 万元以上的供水、体育等工程项目）；成片开发建设的住宅小区工程；利用外国政府或者国际组织贷款、援助资金的工程；国家规定必须实行监理的其他工程（项目总投资额在 3000 万元以上关系社会公共利益、公众安全的邮政、电信枢纽、通信、生态环境保护项目等基础设施项目和学校、影剧院、体育场馆项目）。

33. C。A、B、D 选项描述的基础设施项目的项目投资额需要在 3000 万元以上才必须实施监理，C 选项的影剧院工程没有总投资数额的限制，故 C 选项描述的项目必须实施监理。

34. B。对于工程监理企业而言，守法就是要依法经营，主要体现在不与被监理工程的施工及材料、构配件和设备供应单位有隶属关系或其他利害关系，不谋取非法利益。故 C 选项错误。工程监理单位应当依照法律、法规以及有关技术标准、设计文件和建设工程承包合同、代表建设单位对施工质量实施监理，并对施工质量承担监理责任。故 D 选项错误。建设工程监理基本工作内容包括：工程质量、造价、进度三大目标控制，合同管理和信息管理，组织协调，以及履行建设工程安全生产管理的法定职责。故 B 选项正确。《建筑法》第三十条规定，国家推行建筑工程监理制度。国务院可以规定实行强制监理的建筑工程的范围。故 A 选项错误。

36. D。《建设工程质量管理条例》规定，未经监理工程师签字，建筑材料、建筑构配件和设备不得在工程上使用或者安装，施工单位不得进行下一道工序的施工。未经总监理工程师签字，建设单位不拨付工程款，不进行竣工验收。

37. BD。工程监理单位在实施监理过程中，发现存在安全事故隐患的，应当要求施工单位整改；情况严重的，应当要求施工单位暂时停止施工，并及时报告建设单位。

施工单位拒不整改或者不停止施工的，工程监理单位应当及时向有关主管部门报告。

41. A。监理工程师应按照工程监理规范的要求，采取旁站、巡视和平行检验等形式，对建设工程实施监理。

42. BCE。根据《建筑法》规定，工程监理人员认为工程施工不符合工程设计要求、施工技术标准和合同约定的，有权要求建筑施工企业改正。

43. B。《建筑法》规定，工程监理人员发现工程设计不符合建筑工程质量标准或者合同约定的质量要求的，应当报告建设单位要求设计单位改正。

44. A。工程监理人员发现工程设计不符合建筑工程质量标准或者合同约定的质量要求的，应当报告建设单位要求设计单位改正。

46. BCE。《建设工程质量管理条例》规定，工程监理单位有下列行为之一的，责令改正，处 50 万元以上 100 万元以下的罚款，降低资质等级或者吊销资质证书；有违法所得的，予以没收；造成损失的，承担连带赔偿责任：（1）与建设单位或者施工单位串通，弄虚作假、降低工程质量的；（2）将不合格的建设工程、建筑材料、建筑构配件和设备按照合格签字的。

47. D。《建设工程质量管理条例》规定，工程监理单位有下列行为的，责令停止违法行为或改正，处合同约定的监理酬金 1 倍以上 2 倍以下的罚款，可以责令停业整顿，降低资质等级；情节严重的，吊销资质证书：（1）超越本单位资质等级承揽工程的；（2）允许其他单位或者个人以本单位名义承揽工程的。

51. B。《建设工程安全生产管理条例》规定，工程监理单位有下列行为之一的，责令限期改正；逾期未改正的，责令停业整顿，并处 10 万元以上 30 万元以下的罚款；情节严重的，降低资质等级，直至吊销资质证书；造成重大安全事故，构成犯罪的，对直接责任人员，依照刑法有关规定追究刑事责任；造成损失的，依法承担赔偿责任：（1）未对施工组织设计中的安全技术措施或者专项施工方案进行审查的；（2）发现安全事故隐患未及时要求施工单位整改或者暂时停止施工的；（3）施工单位拒不整改或者不停止施工，未及时向有关主管部门报告的；（4）未依照法律、法规和工程建设强制性标准实施监理的。

52. D。《建设工程质量管理条例》第六十二条规定，工程监理单位转让工程监理业务的，责令改正，没收违法所得，处合同约定的监理酬金 25% 以上 50% 以下的罚款；可以责令停业整顿，降低资质等级；情节严重的，吊销资质证书。

54. BC。《建设工程质量管理条例》规定，监理工程师因过错造成质量事故的，责令停止执业 1 年；造成重大质量事故的，吊销执业资格证书，5 年以内不予注册；情节特别恶劣的，终身不予注册。

55. B。《建设工程安全生产管理条例》规定，注册监理工程师未执行法律、法规和工程建设强制性标准的，责令停止执业 3 个月以上 1 年以下；情节严重的，吊销执业资格证书，5 年内不予注册；造成重大安全事故的，终身不予注册；构成犯罪的，依照刑法有关规定追究刑事责任。

第二节　建设工程监理相关制度

知识导学

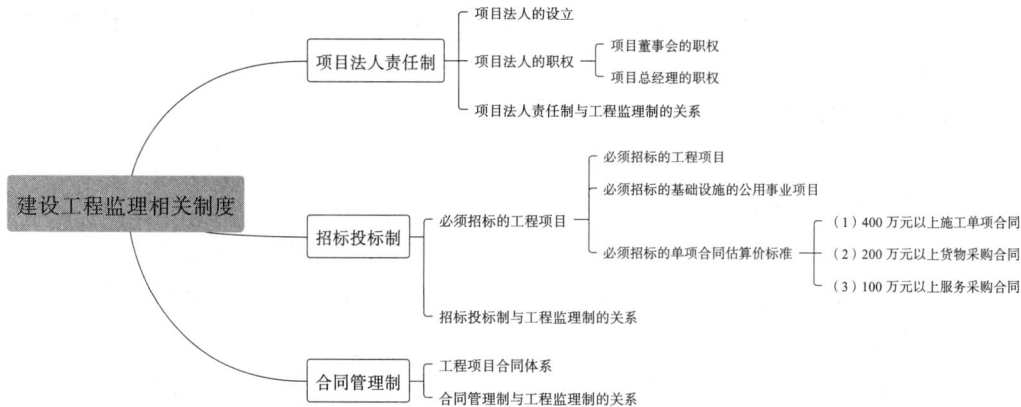

习题汇总

一、项目法人责任制

1.（2014—5）建设项目法人责任制的核心内容是明确由项目法人（　　）。

A. 组织工程建设　　　　　　　　　B. 策划工程项目

C. 负责生产经营　　　　　　　　　D. 承担投资风险

2.（2021—5）关于项目法人责任制和项目法人的说法，正确的是（　　）。

A. 项目法人对项目建设实施承担责任，对项目生产经营不承担责任

B. 项目法人责任制的核心内容是项目法人承担投资风险

C. 项目法人须在申报项目可行性研究报告前正式成立

D. 新上项目在项目建议书被批准后成立项目法人

（一）项目法人的设立

3.（2010—4）根据项目法人责任制的规定，项目法人应当在（　　）批准后成立。

A. 项目建议书　　　　　　　　　　B. 项目可行性研究报告

C. 初步设计文件　　　　　　　　　D. 施工图设计文件

4.（2017—5）对于实施项目法人责任制的项目，正式成立项目法人的时间是在（　　）后。

A. 申报项目可行性研究报告　　　　B. 办理公司设立登记

C. 可行性研究报告批准　　　　　　D. 资本金按时到位

5. 下列关于设立项目法人的说法中，正确的是（　　）。

A. 新上项目在项目建议书被批准后，应由项目的施工方派代表组成项目法人筹备

组，具体负责项目法人的筹建工作

B. 正式成立项目法人的时间是申报项目可行性研究报告后

C. 由原有企业负责建设的大中型基建项目，需新设立子公司的，无需重新设立项目法人

D. 由原有企业负责建设的大中型基建项目，只设分公司或分厂的，原企业法人即是项目法人

（二）项目法人的职权

1. 项目董事会的职权

6.（2011—53）建设项目董事会的职权包括（　　）。

A. 负责筹措建设资金　　　　　　　　B. 负责提出开工报告

C. 负责控制工程投资、工期和质量　　D. 负责生产准备和培训人员

E. 负责提出项目竣工验收申请报告

7.（2017—53）对于实施项目法人责任制的项目，项目董事会的职权有（　　）。

A. 负责筹措建设资金　　　　　　　　B. 组织编制项目初步设计文件

C. 审核项目概算文件　　　　　　　　D. 拟定生产经营计划

E. 提出项目后评价报告

8.（2018—6）实行建设项目法人责任制的项目中，项目董事会的职权是（　　）。

A. 编制和确定招标方案　　　　　　　B. 编制项目年度投资计划

C. 提供项目竣工验收申请报告　　　　D. 提出项目后评价报告

9.（2019—54）根据项目法人责任制的有关要求，项目董事会的职权包括（　　）。

A. 审核项目的初步设计和概算文件　　B. 编制项目财务预算、决算

C. 研究解决建设过程中出现的重大问题　D. 确定招标方案、标底

E. 组织项目后评价

10.（2020—2）对于实行项目法人责任制的项目，项目董事会的职权是（　　）。

A. 编制年度投资计划　　　　　　　　B. 确定中标单位

C. 提出项目开工报告　　　　　　　　D. 组织项目后评价

11.（2021—51）根据项目法人责任制有关规定，项目董事会的职权有（　　）。

A. 上报项目初步设计和概算文件

B. 组织工程建设实施

C. 解决建设过程中出现的重大问题

D. 负责提出项目竣工验收申请报告

E. 组织项目后评价

2. 项目总经理的职权

12.（2005—53）实施建设项目法人责任制的情况下，项目总经理的职权包括（　　）。

A. 负责筹措建设资金

B. 组织工程建设实施

C.负责组织项目试生产和单项工程预验收

D.负责提出项目竣工验收申请报告

E.编制并组织实施归还贷款和其他债务计划

13.（2006—53）实行项目法人责任制的前提下，属于项目总经理职权的是（　　）。

A.负责提出项目竣工验收申请报告　　　　B.编制项目财务预算、决算

C.组织工程建设实施　　　　　　　　　　D.审核初步设计和概算文件

E.拟订生产经营计划

14.（2008—5）实行项目法人责任制的工程项目中，项目法人单位总经理的职权是（　　）。

A.筹措建设资金

B.审定偿还债务计划

C.审核上报项目初步设计文件

D.组织工程设计、施工的招标工作

15.（2014—54）根据《关于实行建设项目法人责任制的暂行规定》，项目总经理的职权有（　　）。

A.负责筹措建设资金　　　　　　　　　　B.组织编制项目初步设计文件

C.组织项目后评价　　　　　　　　　　　D.组织项目竣工验收

E.提出项目开工报告

16.（2017—9）在实行项目法人责任制的项目中，属于项目总经理职权的是（　　）。

A.组织编制项目初步设计文件

B.负责筹措建设资金

C.提出项目开工报告

D.审核、上报项目初步设计和概算文件

17.（2018—53）实行建设项目法人责任制的项目中，项目总经理的职权有（　　）。

A.上报项目初步设计　　　　　　　　　　B.编制和确定招标方案

C.编制项目年度投资计划　　　　　　　　D.提出项目开工报告

E.提出项目后评价报告

18.（2019—7）对于实行项目法人责任制的项目，属于项目总经理职权的工作是（　　）。

A.提出项目开工报告

B.提出项目竣工验收申请报告

C.编制归还贷款和其他债务计划

D.聘任或解聘项目高级管理人员

19.（2022—51）根据建设项目法人责任制有关规定，项目总经理的职权有（　　）。

A.组织编制项目初步设计文件　　　　　　B.上报项目初步设计和概算文件

C.编制和确定招标方案　　　　　　　　　D.组织工程建设实施

E.提出项目竣工验收申请报告

（三）项目法人责任制与工程监理制的关系

20.（2004—56）我国建设领域改革实行了多项配套制度，其中项目法人责任制与建设工程监理制之间的关系是（　　）。

A.项目法人责任制是实行建设工程监理制的必要条件

B.项目法人责任制是实行建设工程监理制的基本保障

C.项目法人责任制是实行建设工程监理制的经济基础

D.建设工程监理制是实行项目法人责任制的约束机制

E.建设工程监理制是实行项目法人责任制的基本保障

21.（2007—5）项目法人通过招标确定监理单位，委托监理单位实施监理是实行（　　）的基本保障。

A.招标投标制　　　　　　　　　　B.合同管理制

C.建设工程监理制　　　　　　　　D.项目法人责任制

二、招标投标制

（一）必须招标的工程项目

22.（2020—51）根据《必须招标的工程项目规定》，下列使用国有资金的项目中，必须进行招标的有（　　）。

A.施工单项合同估算价为400万元人民币的项目

B.设计单项合同估算价为150万元人民币的项目

C.监理单项合同估算价为50万元人民币的项目

D.工程材料采购单项合同估算价为300万元人民币的项目

E.重要设备采购单项合同估算价为100万元人民币的项目

23.（2021—6）根据《必须招标的工程项目规定》，国有资金投资的项目，必须进行招标的是（　　）的项目。

A.施工单项合同估算价为300万元

B.设计单项合同估算价为80万元

C.监理单项合同估算价为50万元

D.工程设备采购单项合同估算价200万元

24.根据《必须招标的工程项目规定》，下列项目属于必须进行招标的有（　　）。

A.使用国有企业资金，并且该资金占控股或者主导地位的项目

B.使用世界银行、亚洲开发银行等国际组织贷款、援助资金的项目

C.使用外国政府及其机构贷款、援助资金的项目

D.使用财政预算资金200万元以上，并且该资金占投资额10%以上的项目

E.使用有限公司资金的项目

25.（2022—6）根据《必须招标的工程项目规定》，国有资金投资项目，必须进行招标的是（　　）的项目。

A. 施工单项合同估算价为 300 万元　　B. 设备采购合同结算价为 150 万元

C. 设计合同估算价为 50 万元　　D. 监理合同估算价为 100 万元

（二）招标投标制与工程监理制的关系

26. 招标投标制是实行工程监理制的（　　）。

A. 重要手段　　　　　　　　　　B. 必要条件

C. 重要保证　　　　　　　　　　D. 基本保障

三、合同管理制

27.（2018—7）关于工程监理制和合同管理制两者关系的说法，正确的是（　　）。

A. 合同管理制是实行工程监理制的重要保证

B. 合同管理制是实行工程监理制的必要条件

C. 合同管理制是实行工程监理制的充分条件

D. 合同管理制是实行工程监理制的充分必要条件

28. 建设单位可通过签订合同将工程项目有关活动委托给相应的专业承包单位或专业服务机构，相应的合同有（　　）。

A. 工程咨询合同　　　　　　　　B. 运输合同

C. 租赁合同　　　　　　　　　　D. 工程设计合同

E. 工程监理合同

习题答案及解析

1. D	2. B	3. B	4. C	5. D
6. ABE	7. AC	8. C	9. AC	10. C
11. ACD	12. BCE	13. BCE	14. D	15. BC
16. A	17. BCE	18. C	19. ACD	20. AE
21. D	22. ABD	23. D	24. ABCD	25.D
26. C	27. A	28. ADE		

【解析】

4. C。项目可行性研究报告经批准后，正式成立项目法人，并按有关规定确保资金按时到位，同时及时办理公司设立登记。

5. D。A 选项错在"施工方"正确应为"投资方"。B 选项的正确表述为：正式成立项目法人的时间是在项目可行性研究报告被批准后。C 选项错在"无需重新"，正确应为"要重新"。

19. ACD。A、C、D 选项属于项目总经理的职权，B、E 选项属于项目董事会的职权。

20. AE。项目法人责任制与建设工程监理制的关系是：项目法人责任制是实行建设工程监理制的必要条件；建设工程监理制是实行项目法人责任制的基本保障。

22. ABD。必须招标范围内的项目，其勘察、设计、施工、监理以及与工程建设有关的重要设备、材料等的采购达到下列标准之一的，必须进行招标：（1）施工单项合同估算价在400万元人民币以上；（2）重要设备、材料等货物的采购，单项合同估算价在200万元人民币以上；（3）勘察、设计、监理等服务的采购，单项合同估算价在100万元人民币以上；同一项目中可以合并进行的勘察、设计、施工、监理以及与工程建设有关的重要设备、材料等的采购，合同估算价合计达到上述规定标准的，必须进行招标。

24. ABCD。《招标投标法》规定，在中华人民共和国境内进行下列工程建设项目包括项目的勘察、设计、施工、监理以及与工程建设有关的重要设备、材料等的采购，必须进行招标：（1）大型基础设施、公用事业等关系社会公共利益、公众安全的项目；（2）全部或者部分使用国有资金投资或者国家融资的项目；（3）使用国际组织或者外国政府贷款、援助资金的项目。

《必须招标的工程项目规定》中规定，全部或者部分使用国有资金投资或者国家融资的项目包括：（1）使用预算资金200万元人民币以上，并且该资金占投资额10%以上的项目；（2）使用国有企业事业单位资金，并且该资金占控股或者主导地位的项目。

使用国际组织或者外国政府贷款、援助资金的项目包括：（1）使用世界银行、亚洲开发银行等国际组织贷款、援助资金的项目；（2）使用外国政府及其机构贷款、援助资金的项目。

25. D。根据《必须招标的工程项目规定》（国家发展改革委令第16号），勘察、设计、施工、监理以及与工程建设有关的重要设备、材料等的采购达到施工单项合同估算价在400万元人民币以上的，必须进行招标。故A选项不属于必须招标的项目。

重要设备、材料等货物的采购，单项合同估算价在200万元人民币以上的，必须进行招标。B选项中，描述的是"结算价"，正确的是"估算价"，且数额也没有超出规定值，故不属于必须招标的项目。

勘察、设计、监理等服务的采购，单项合同估算价在100万元人民币以上的，必须进行招标。C选项中，描述的合同估算价没有超出规定数额，故也是不属于必须招标的项目。D选项符合规范规定，故本题选D。

27. A。合同管理制是实行工程监理制的重要保证。建设单位委托监理时，需要与工程监理单位建立合同关系，明确双方的义务和责任。工程监理单位实施监理时，需要通过合同管理控制工程质量、造价和进度目标。合同管理制的实施，为工程监理单位开展合同管理工作提供了法律和制度支持。

第二章

工程建设程序及组织实施模式

第一节　工程建设程序

知识导学

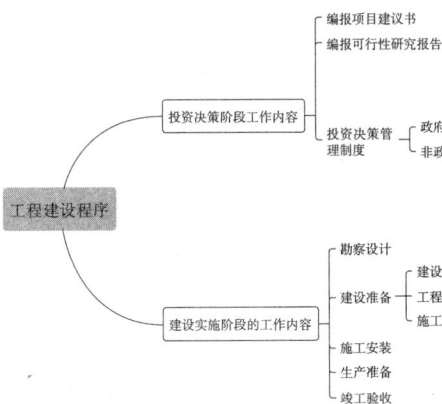

项目	投资决策管理制度	说明
政策投资工程	审批制	①直接投资、资本金注入工程审批；项目建议书和可行性研究报告；初步设计和概算（除特殊情况外不审批开工报告） ②投资补助、转贷、贷款贴息的工程只审批资金申请报告
非政府投资工程	核准制	仅需向政府提交项目申请报告
	备案制	——

习题汇总

一、投资决策阶段工作内容

（一）编报项目建议书

1.（2017—52）根据《建设工程监理规范》GB/T 50319—2013，项目建议书的内容包括（　　）。

A. 项目提出的必要性和依据

B. 投资估算、资金筹措及还贷方案设想

C. 产品方案、拟建规模和建设地点的初步设想

D. 项目建设重点、难点的初步分析

E. 环境影响的初步评价

2.（2018—52）项目建议书是拟建项目单位向政府投资主管部门提出的要求建设某一工程项目的建议文件，应包括的内容有（　　）。

A.项目提出的必要性和依据 　　　　B.项目社会稳定风险评估

C.项目建设地点的初步设想 　　　　D.项目的进度安排

E.项目融资风险分析

3.（2019—4）对于政府投资项目，不属于可行性研究应完成的工作是（　　）。

A.进行市场研究 　　　　B.进行工艺技术方案研究

C.进行环境影响的初步评价 　　　　D.进行财务和经济分析

4.（2019—52）项目建议书是针对拟建工程项目编制的建议文件，其主要内容包括（　　）。

A.项目提出的必要性和依据

B.拟建规模和建设地点的初步设想

C.项目的技术可行性

D.项目投资估算

E.项目进度安排

5.（2021—7）下列工作内容中，属于工程项目建议书内容的是（　　）。

A.比选确定设计方案 　　　　B.环境影响的初步评价

C.经济效益测算分析 　　　　D.技术方案论证

（二）编报可行性研究报告

6.（2019—4）对于政府投资项目，不属于可行性研究应完成的工作是（　　）。

A.进行市场研究 　　　　B.进行工艺技术方案研究

C.进行环境影响的初步评价 　　　　D.进行财务和经济分析

7.对于政府投资项目，进行（　　）的目的是解决工程项目建设的必要性问题。

A.市场研究 　　　　B.工艺技术方案研究

C.财务和经济分析 　　　　D.环境影响的初步评价

8.（2022—7）工程项目可行性研究应完成的工作内容是（　　）。

A.进行项目的经济分析和财务评价 　　　　B.编制工程概算

C.提出拟建规模的初步设想 　　　　D.进行环境影响的初步评价

（三）投资决策管理制度

1.政府投资工程

9.（2011—4）政府投资项目决策前，需由咨询机构对项目进行评估论证，特别重大的项目还应实行专家（　　）制度。

A.决策

B.评议

C.审定

D.验收

10.（2012—4）对于采用（　　）方式建设的政府投资项目，政府要审批项目建议书、可行性研究报告、初步设计和概算。

A. 转贷
B. 贷款贴息

C. 投资补助
D. 资本金注入

11.（2014—52）根据《国务院关于投资体制改革的决定》，下列工程需由政府主管部门审批资金申请报告的有（　　）。

A. 采用投资补助方式的政府投资工程

B. 采用资本金注入方式的政府投资工程

C. 采用贷款贴息方式的政府投资工程

D. 采用银行贷款方式的企业投资工程

E. 采用直接投资方式的政府投资工程

12.（2017—6）根据《国务院关于投资体制改革的决定》，采用直接投资的政府投资项目，除特殊情况外，不再审批（　　）。

A. 项目可行性研究报告
B. 资金申请报告

C. 初步设计和概算
D. 开工报告

13.（2018—51）根据《国务院关于投资体制改革的决定》，采用资本金注入方式的政府投资工程，政府需要从投资决策角度审批的事项有（　　）。

A. 项目建议书
B. 可行性研究报告

C. 初步设计
D. 工程预算

E. 开工报告

14.（2020—3）根据《国务院关于投资体制改革的决定》，采用贷款贴息方式的政府投资工程，政府需要从投资的角度审批（　　）。

A. 项目建议书
B. 项目可行性研究报告

C. 初步设计和概算
D. 资金申请报告

2. 非政府投资工程

15.（2016—4）根据《国务院关于投资体制改革的决定》，对于企业投资《政府核准的投资项目目录》以外的项目，投资决策实行的制度是（　　）。

A. 审批制
B. 核准制

C. 备案制
D. 公示制

16.（2018—3）根据《国务院关于投资体制改革的决定》，对于企业不使用政府资金投资建设的工程，区别不同情况实行（　　）。

A. 核准制或登记备案制
B. 公示制或登记备案制

C. 听证制或公示制
D. 听证制或核准制

17.（2019—5）根据《国务院关于投资体制改革的决定》，民营企业投资建设《政府核准的投资项目目录》中的项目时，需向政府提交（　　）。

A. 项目申请报告
B. 可行性研究报告

C. 初步设计和概算
D. 开工报告

18.（2021—11）根据《国务院关于投资体制改革的决定》，关于投资决策管理的说法，正确的是（　　）。

　　A. 采用贷款贴息的政府投资工程需审批开工报告

　　B. 非政府投资工程需审批可行性研究报告

　　C. 采用投资补助的政府投资工程需审批工程概算

　　D. 非政府投资工程不需审批开工报告

19.（2022—4）根据《国务院关于投资体制改革的决定》对于需要政府核准的投资项目，投资决策阶段需向政府提交的文件是（　　）。

　　A. 项目申请报告　　　　　　　　　　B. 项目建议书

　　C. 初步设计概算　　　　　　　　　　D. 开工报告

二、建设实施阶段工作内容

（一）勘察设计

1. 工程勘察

本部分内容考查概率较小，仅做了解即可。

2. 工程设计

20.（2009—4）如果初步设计提出的总概算超过可行性研究报告中总投资估算的10%以上，应当重新（　　）。

　　A. 编制项目建议书

　　B. 编制可行性研究报告

　　C. 评估可行性研究报告

　　D. 向原审批单位报批可行性研究报告

21.（2014—4）建设工程初步设计是根据（　　）的要求进行具体实施方案的设计。

　　A. 可行性研究报告　　　　　　　　　B. 项目建议书

　　C. 使用功能　　　　　　　　　　　　D. 批准的投资额

22.（2016—5）在建设工程勘察设计工作中，对于重大工程和技术复杂工程，可根据需要增加（　　）阶段。

　　A. 详细勘察　　　　　　　　　　　　B. 方案设计

　　C. 技术设计　　　　　　　　　　　　D. 施工图审查

23.（2022—8）工程项目初步设计提出的总概算超过可行性研究报告确定的总投资（　　）以上时，应重新向原审批单位报批可行性研究报告。

　　A. 3%　　　　　　　　　　　　　　　B. 5%

　　C. 10%　　　　　　　　　　　　　　D. 15%

3. 施工图设计文件的审查

24.（2017—7）根据《房屋建筑和市政基础设施工程施工图设计文件审查管理办法》，施工图审查机构需要审查的内容是（　　）。

　　A. 施工人员及设备配置的确定性

B. 地基基础和主体结构的稳定性

C. 工程建设强制性标准和符合性

D. 注册执业人员合格的符合性

25.（2019—53）根据《房屋建筑和市政基础设施工程施工图设计文件审查管理办法》，审查施工图设计文件的主要内容包括（　　）。

A. 结构选型是否经济合理

B. 地基基础的安全性

C. 主体结构的安全性

D. 勘察设计企业是否按规定在施工图上盖章

E. 注册执业人员是否按规定在施工图上签字，并加盖执业印章

（二）建设准备

1. 建设准备的工作内容

26.（2015—53）下列工作中，属于建设准备工作的有（　　）。

A. 准备必要的施工图纸　　　　　　　　B. 办理施工许可手续

C. 组建生产管理机构　　　　　　　　　D. 办理工程质量监督手续

E. 审查施工图设计文件

2. 工程质量监督手续的办理

27.（2014—53）实施监理的工程，办理工程质量监督注册手续需提供的资料有（　　）。

A. 必要的施工图纸

B. 施工图设计文件审查报告和批准书

C. 中标通知书和施工、监理合同

D. 建设单位、施工单位和监理单位工程项目负责人和机构组成

E. 施工组织设计和监理规划（监理实施细则）

28.（2017—8）建设单位在办理工程质量监督注册手续时不需提供的资料是（　　）。

A. 施工图设计文件审查报告和批准书

B. 中标通知书和施工、监理合同

C. 施工组织设计和监理规划

D. 施工现场的施工图纸

29.（2018—5）办理工程质量监督手续时需提供的文件是（　　）。

A. 施工图设计文件　　　　　　　　　　B. 施工组织设计文件

C. 监理单位质量管理体系文件　　　　　D. 建筑工程用地审批文件

3. 施工许可证的办理

30. 从事各类房屋建筑及其附属设施的建造、装修装饰和与其配套的线路、管道、设备的安装，以及城镇市政基础设施工程的施工，建设单位应向工程所在地县级以上人民政府建设主管部门申请领取（　　）。

A. 建设用地规划许可证　　　　　　　　B. 建设工程规划许可证

C. 施工许可证　　　　　　　　　　　　D. 安全生产许可证

31. 建设单位申请领取施工许可证应在（　　）。

A. 领取建设工程规划许可证前

B. 工程开工前

C. 领取建设用地规划许可证前

D. 中标通知书发出后签订施工合同前

（三）施工安装

32.（2011—5）某工程，施工单位于 3 月 10 日进入施工现场开始建设临时设施，3 月 15 日开始拆除旧有建筑物，3 月 25 日开始永久性工程基础正式打桩，4 月 10 日开始平整场地。该工程的开工时间为（　　）。

A. 3 月 10 日　　　　　　　　　　　　B. 3 月 15 日

C. 3 月 25 日　　　　　　　　　　　　D. 4 月 10 日

33.（2019—6）建设工程开工时间是指工程设计文件中规定的任何一项永久性工程的（　　）开始日期。

A. 地质勘察　　　　　　　　　　　　B. 场地旧建筑物拆除

C. 施工用临时道路施工　　　　　　　D. 正式破土开槽

（四）生产准备

34. 建设单位招聘和培训生产人员，组织生产人员参加设备的安装、调试和工程验收工作是（　　）阶段的工作。

A. 建设准备　　　　　　　　　　　　B. 施工安装

C. 竣工验收　　　　　　　　　　　　D. 生产准备

35. 生产准备是衔接建设和生产的桥梁，是工程项目建设转入生产经营的必要条件。下列属于生产准备主要工作内容的有（　　）。

A. 准备必要的施工图纸

B. 组织生产人员参加设备的安装、调试和工程验收工作

C. 落实原材料、协作产品、燃料、水、电、气等的来源

D. 组建生产管理机构，制定管理有关制度和规定

E. 组织工装、器具、备品、备件等的制造或订货

（五）竣工验收

36. 投资成果转入生产或使用的标志是（　　），同时这也是全面考核工程建设成果、检验设计和施工质量的关键步骤。

A. 建设准备　　　　　　　　　　　　B. 竣工验收

C. 生产准备　　　　　　　　　　　　D. 施工安装

37. 下列关于竣工验收的说法中，正确的是（　　）。

A. 竣工验收是衔接建设和生产的桥梁

B.竣工验收是工程项目建设转入生产经营的必要条件

C.竣工验收是全面考核工程建设成果、检验设计和施工质量的关键步骤

D.竣工验收由施工单位组织进行

习题答案及解析

1. ABCE	2. ACD	3. C	4. ABDE	5. B
6. C	7. A	8. A	9. B	10. D
11. AC	12. D	13. ABC	14. D	15. C
16. A	17. A	18. D	19. A	20. D
21. A	22. C	23. C	24. C	25. BCDE
26. ABD	27. BCDE	28. D	29. B	30. C
31. B	32. C	33. D	34. D	35. BCDE
36. B	37. C			

【解析】

7. A。可行性研究应完成以下工作内容：（1）进行市场研究，以解决工程项目建设的必要性问题；（2）进行工艺技术方案研究，以解决工程项目建设的技术可行性问题；（3）进行财务和经济分析，以解决工程项目建设的经济合理性问题。

8. A。C、D选项属于项目建议书的内容，B选项属于建筑工程设计中初步设计阶段的工作。

10. D。对于采用直接投资和资本金注入方式的政府投资项目，政府需要从投资决策的角度审批项目建议书和可行性研究报告，除特殊情况外不再审批开工报告，同时还要严格审批其初步设计和概算。在2011年度的考试中，同样对本题涉及的采分点进行了考查，且提问形式基本与本题一致。

13. ABC。对于采用直接投资和资本金注入方式的政府投资工程，政府需要从投资决策的角度审批项目建议书和可行性研究报告，除特殊情况外，不再审批开工报告，同时还要严格审批其初步设计和概算；对于采用投资补助、转贷和贷款贴息方式的政府投资工程，则只审批资金申请报告。在2015年度的考试中，同样对本题涉及的采分点进行了考查，且提问形式基本与本题一致。

14. D。对于采用直接投资和资本金注入方式的政府投资工程，政府需要从投资决策的角度审批项目建议书和可行性研究报告，除特殊情况外，不再审批开工报告，同时还要严格审批其初步设计和概算；对于采用投资补助、转贷和贷款贴息方式的政府投资工程，则只审批资金申请报告。在2015年度的考试中，同样对本题涉及的采分点进行了考查，且提问形式基本与本题一致。

16. A。对于企业不使用政府资金投资建设的工程，政府不再进行投资决策性质的审批，区别不同情况实行核准制或登记备案制。

17. A。对于企业不使用政府资金投资建设的工程，政府不再进行投资决策性质的

审批。企业投资建设《政府核准的投资项目目录》中的项目时，仅需向政府提交项目申请报告，不再经过批准项目建议书、可行性研究报告和开工报告的程序。

19. A。企业投资建设《政府核准的投资项目目录》中的项目时，仅需向政府提交项目申请报告，不再经过批准项目建议书、可行性研究报告和开工报告的程序。

20. D。如果初步设计提出的总概算超过可行性研究报告总投资的 10% 以上，或者其他主要指标需要变更时，应重新向原审批单位报批。

21. A。初步设计是根据可行性研究报告的要求进行具体实施方案设计，目的是为了阐明在指定的地点、时间和投资控制数额内，拟建项目在技术上的可行性和经济上的合理性，并通过对建设工程所作出的基本技术经济规定，编制工程总概算。

22. C。工程设计工作一般划分为两个阶段，即初步设计和施工图设计。重大工程和技术复杂工程，可根据需要增加技术设计阶段。

25. BCDE。施工图审查机构对施工图审查的主要内容包括：（1）是否符合工程建设强制性标准；（2）地基基础和主体结构的安全性；（3）勘察设计企业和注册执业人员以及相关人员是否按规定在施工图上加盖相应的图章和签字；（4）法律、法规、规章规定必须审查的其他内容等。

29. B。办理质量监督注册手续时需提供下列资料：（1）施工图设计文件审查报告和批准书；（2）中标通知书和施工、监理合同；（3）建设单位、施工单位和监理单位工程项目的负责人和机构组成；（4）施工组织设计和监理规划（监理实施细则）；（5）其他需要的文件资料。

30. C。从事各类房屋建筑及其附属设施的建造、装修装饰和与其配套的线路、管道、设备的安装，以及城镇市政基础设施工程的施工，建设单位在开工前应当向工程所在地县级以上人民政府建设主管部门申请领取施工许可证。

32. C。按照规定，工程新开工时间是指建设工程设计文件中规定的任何一项永久性工程第一次正式破土开槽的开始日期。不需开槽的工程，以正式打桩作为正式开工日期。

33. D。工程地质勘察、平整场地、旧建筑物拆除、临时建筑、施工用临时道路和水、电等工程开始施工的日期不能算作正式开工日期。

34. D。建设工程实施阶段的工作内容主要包括勘察设计、建设准备、施工安装、生产准备及竣工验收。其中生产准备阶段的主要工作内容包括：组建生产管理机构，制定管理有关制度和规定；招聘和培训生产人员，组织生产人员参加设备的安装、调试和工程验收工作；落实原材料、协作产品、燃料、水、电、气等的来源和其他需协作配合的条件，并组织工装、器具、备品、备件等的制造或订货等。

第二节 工程建设组织实施模式

知识导学

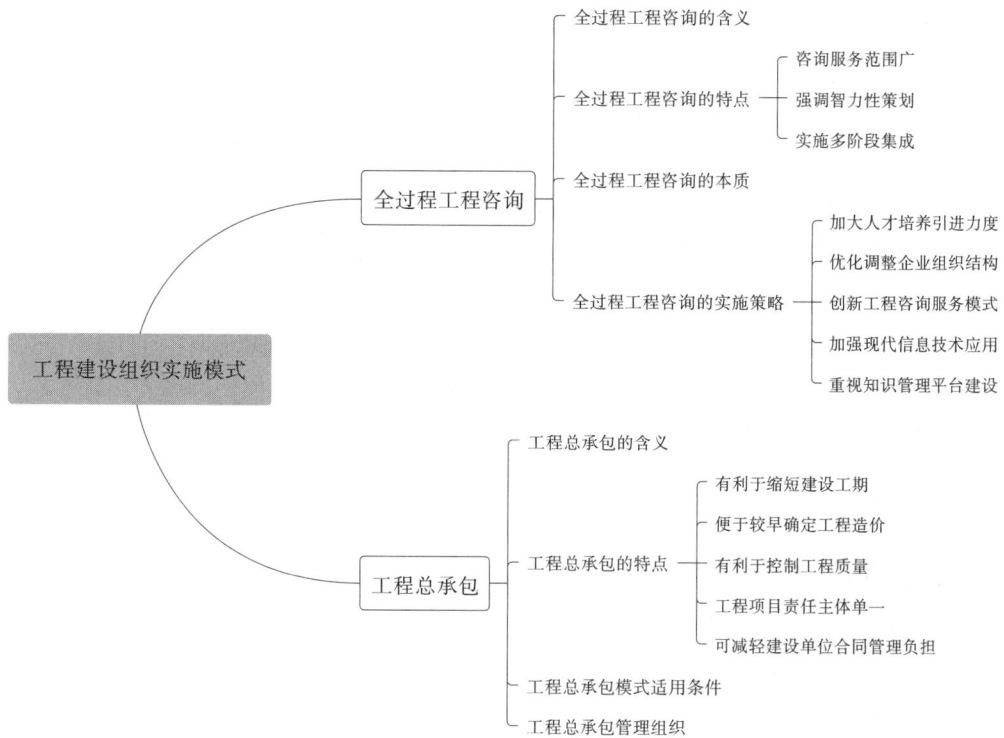

习题汇总

一、全过程工程咨询

（一）全过程工程咨询的含义及特点

1. 下列不属于全过程工程咨询特点的是（　　）。

A. 量化所有评标指标 　　　　　　　B. 咨询服务范围广

C. 强调智力性策划 　　　　　　　　D. 实施多阶段集成

2. （2021—10）关于全过程工程咨询的说法，正确的是（　　）。

A. 全过程工程咨询是一项新的制度

B. 全过程工程咨询不包含投资决策综合性咨询

C. 全过程工程咨询包含技术咨询和管理咨询

D. 全过程工程咨询是项目管理的一种新形式

3. 全过程工程咨询含义中的"工程咨询方"与"委托方"指的是（　　）。

A. "工程咨询方"，可以是具备相应资质和能力的一家咨询单位

B. "工程咨询方"可以是多家咨询单位组成的联合体

C. "委托方"可以是投资方

D. "委托方"可以是建设单位

E. "委托方"不能是项目使用或运营单位

4.（2022—10）关于全过程工程咨询的说法，正确的是（　　）。

A. 全过程工程咨询侧重于工程建设实施阶段

B. 全过程工程咨询侧重于管理咨询

C. 全过程工程咨询是一种制度

D. 全过程工程咨询是一种智力性服务

（二）全过程工程咨询的本质和实施策略

5.（2020—54）工程监理企业发展为全过程工程咨询企业，需要做出的努力有（　　）。

A. 加强市场的宣传力度　　　　　　　B. 优化调整企业组织结构

C. 加大人才培养引进力度　　　　　　D. 创新工程咨询服务模式

E. 重视知识管理平台建设

二、工程总承包

（一）工程总承包的含义及特点

6. 工程总承包模式具有的特点包括（　　）。

A. 可减轻建设单位合同管理负担　　　B. 便于较早确定工程造价

C. 有利于控制工程质量　　　　　　　D. 有利于缩短建设工期

E. 有利于工程建设的总体控制与协调

（二）工程总承包模式适用条件

工程总承包模式适用条件考查概率较小，仅做了解即可。

（三）工程总承包管理组织

7. 工程总承包项目经理应具备的条件有（　　）。

A. 具有良好的信誉

B. 无任何犯罪记录

C. 能正确处理和协调与建设单位、项目相关方之间及企业内部各专业、各部门之间的关系

D. 具有工程总承包项目管理及相关的经济、法律法规和标准化知识

E. 具有类似项目的管理经验

8. 项目部的基本职能包括（　　）。

A. 具有工程总承包项目组织实施和控制职能

B. 具有内外部沟通协调管理职能

C. 完成项目管理目标责任书规定的任务

D. 对项目质量、安全、费用、进度、职业健康和环境保护目标负责

E. 负责组织项目的管理收尾和合同收尾工作

习题答案及解析

| 1. A | 2. C | 3. ABCD | 4. D | 5. BCDE |
| 6. ABCD | 7. ACDE | 8. ABD |

【解析】

1. A。全过程工程咨询具有以下特点：咨询服务范围广；强调智力性策划；实施多阶段集成。

2. C。全过程工程咨询是一种工程建设组织模式，不是一种制度，故 A 选项错误。全过程工程咨询服务内容包括投资决策综合性咨询和工程建设全过程咨询，故 B 选项错误。"全过程工程咨询"要与"项目管理服务"相区别，全过程工程咨询强调技术、经济、管理的综合集成服务，而项目管理服务主要侧重于管理咨询，故 D 选项错误。

4. D。所谓全过程工程咨询，是指工程咨询方综合运用多学科知识、工程实践经验、现代科学技术和经济管理方法，采用多种服务方式组合，为委托方在项目投资决策、建设实施阶段提供阶段性或整体解决方案的智力性服务活动。故 D 选项正确。全过程工程咨询是一种工程建设组织模式，不是一种制度。故 C 选项错误。全过程工程咨询服务覆盖面广，主要体现在两个方面：一是从服务阶段看，全过程工程咨询覆盖项目投资决策、建设实施（设计、招标、施工）全过程集成化服务。有时还会包括运营维护阶段咨询服务；二是从服务内容看，全过程工程咨询包含技术咨询和管理咨询，而不只是侧重于管理咨询。故 A、B 选项错误。

第三章 / 建设工程监理相关法律法规及标准

第一节　建设工程监理相关法律及行政法规

知识导学

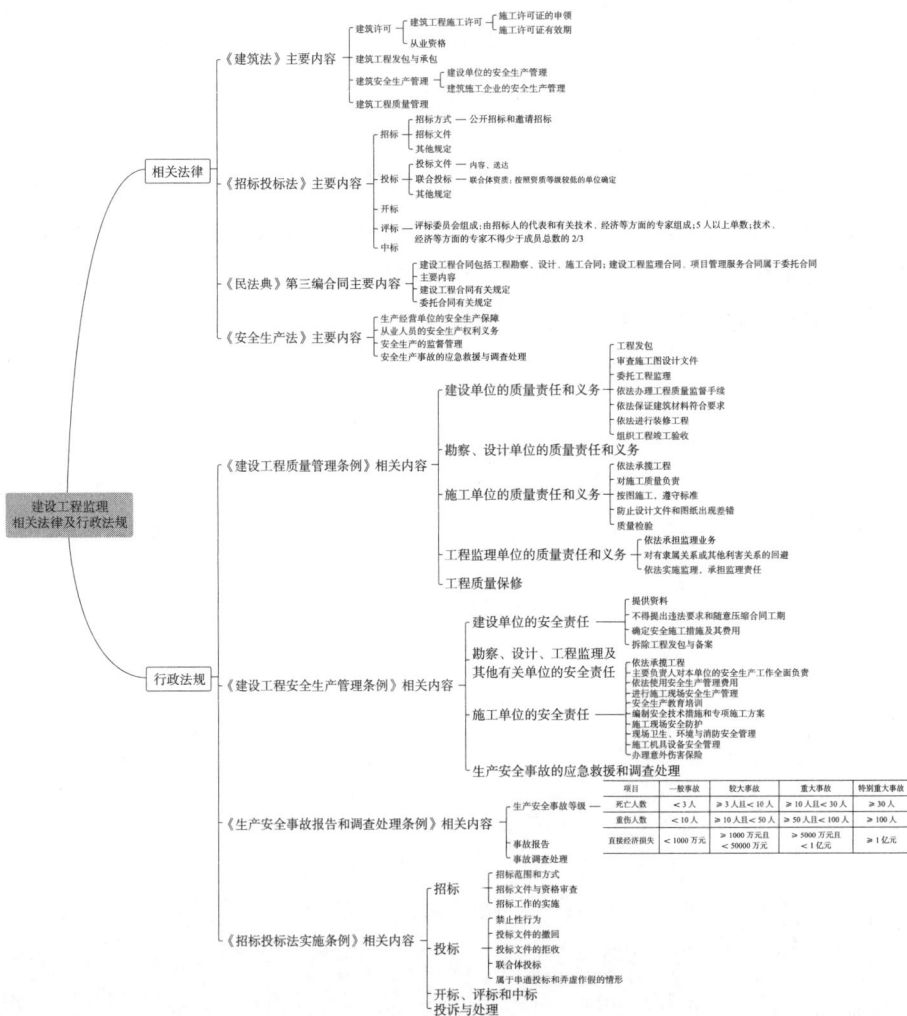

习题汇总

一、相关法律

（一）《建筑法》主要内容

1.（2014—55）根据《建筑法》，实施建设工程监理前，建设单位应当将（　　）书面通知被监理的建筑施工企业。

A. 工程监理单位　　　　　　　　　　B. 总监理工程师

C. 监理内容　　　　　　　　　　　　D. 监理权限

E. 监理组织机构

2.（2015—1）由全国人民代表大会及其常务委员会通过，国家主席签署主席令予以公布的规范工程建设活动的文件属于（　　）。

A. 法律　　　　　　　　　　　　　　B. 行政法规

C. 国家规范　　　　　　　　　　　　D. 部门规章

1. 建筑许可

3.（2001—37）某在建的建筑工程，因建设单位资金的原因于 2000 年 4 月 15 日中止施工，该建设单位应在（　　）之前向发证机关报告。

A. 2000 年 4 月 30 日　　　　　　　　B. 2000 年 5 月 15 日

C. 2000 年 6 月 15 日　　　　　　　　D. 2000 年 7 月 15 日

4.（2003—42）下列表述中不属于《建筑法》规定内容的是（　　）。

A. 建设单位应当自领取施工许可证之日起 3 个月内开工，因故不能按期开工的，应当向发证机关申请延期

B. 工程监理人员认为工程施工不符合工程设计要求、施工技术标准和合同约定的，有权要求建筑施工企业改正

C. 监理工程师应当按照工程监理规范的要求，采取旁站、巡视和平行检验等形式，对建设工程实施监理

D. 设计单位对设计文件选用的建筑材料、建筑构配件和设备，不得指定生产厂供应

5.（2004—43）《建筑法》规定，从事建筑活动的专业技术人员，应当依法取得（　　）的范围内从事建筑活动。

A. 相应的专业技术职务，并在其专业许可

B. 相应的执业资格证书，并在执业资格证书许可

C. 相应的职称证书，并在相应职称等级许可

D. 相应的资质等级证书，并在资质等级许可

6.（2005—41）《建筑法》规定，从事建筑活动的（　　），应当依法取得相应的执业资格证书，并在执业资格证书许可的范围内从事建筑活动。

A. 专业技术人员　　　　　　　　　　B. 监理工程师

C. 建设管理人员 　　　　　　　　D. 建筑施工人员

7.（2006—41）建设单位领取了施工许可证，但因故不能按期开工，应当向发证机关申请延期，延期（　　）。

A. 以两次为限，每次不超过 3 个月

B. 以一次为限，最长不超过 3 个月

C. 以两次为限，每次不超过 1 个月

D. 以一次为限，最长不超过 1 个月

8.（2006—75）《建筑法》规定，从事建筑活动的建筑施工企业、勘察单位、设计单位和工程监理单位应当具备的条件包括（　　）。

A. 有已经完成的建筑工程业绩

B. 有符合国家规定的注册资本

C. 有从事相关建筑活动所应有的技术装备

D. 企业负责人或企业技术负责人应具有高级职称

E. 有与从事建筑活动相适应的具有法定执业资格的专业技术人员

9.（2007—42）《建筑法》规定，从事建筑活动的专业技术人员，应当依法取得（　　）的范围内从事建筑活动。

A. 相应的专业毕业证书，并在其专业领域涉及

B. 相应的职称证书，并在其职称等级对应

C. 相应的执业资格证书，并在执业资格证书许可

D. 相应的继续教育证明，并在其接受继续教育

10.（2008—40）《建筑法》规定，建设单位应当自领取施工许可证之日起 3 个月内开工，因故不能按期开工的，应当向发证机关申请延期，且延期以（　　）为限，每次不超过 3 个月。

A. 1 次 　　　　　　　　　　　　B. 2 次

C. 3 次 　　　　　　　　　　　　D. 4 次

11.（2011—41）根据《建筑法》，中止施工满 1 年的工程恢复施工时，施工许可证应由（　　）。

A. 施工单位报发证机关核验

B. 监理单位向发证机关提出核验

C. 建设单位报发证机关核验

D. 建设单位向发证机关提出核验

12.（2017—11）根据《建筑法》，关于施工许可证的说法，正确的是（　　）。

A. 建设单位应当自领取施工许可证之日起 1 个月内开工

B. 建设单位申领施工许可证时，应有保证工程质量和安全的具体措施

C. 中止施工满 3 年的工程恢复施工前，建设单位应当报发证机关核验施工许可证

D. 建筑工程开工前，建设单位应当按照国家有关规定向工程所在地市级以上人民

政府建设主管部门申请领取施工许可证

13.（2019—10）根据《建筑法》，在建的建筑工程因故中止施工的，建设单位应当自中止施工之日起（　　）内，向施工许可证发证机关报告。

A. 10 日
B. 15 日
C. 1 个月
D. 2 个月

14.（2021—12）根据《建筑法》，建设单位应当自领取施工许可证之日起（　　）个月内开工。因故不能按期开工的，应当向发证机关申请延期。

A. 1
B. 2
C. 3
D. 6

15.（2022—12）根据《建筑法》，施工许可证申请延期以两次为限，每次不超过（　　）个月。

A. 1
B. 2
C. 3
D. 6

16.（2022—52）根据《建筑法》，申请领取施工许可证应具备的条件有（　　）。

A. 已经办理建筑工程用地批准手续
B. 有满足施工需要的资金安排
C. 已经确定建筑施工企业
D. 已经确定工程监理单位
E. 有保证工程质量和安全的具体措施

2. 建筑工程发包与承包

17.（2006—43）《建筑法》规定，建筑工程主体结构的施工（　　）。

A. 经总监理工程师批准，可以由总承包单位分包给具有相应资质的其他施工单位
B. 经建设单位批准，可以由总承包单位分包给具有相应资质的其他施工单位
C. 可以由总承包单位分包给具有相应资质的其他施工单位
D. 必须由总承包单位自行完成

18.（2016—7）根据《建筑法》，关于建筑工程发包与承包的说法，错误的是（　　）。

A. 分包单位按照分包合同的约定对建设单位负责
B. 主体结构工程施工必须由总承包单位自行完成
C. 除总承包合同中约定的分包工程，其余工程分包必须经建设单位认可
D. 总承包单位不得将工程分包给不具备相应资质条件的单位

19.（2017—55）根据《建筑法》，关于建筑工程发包与承包的说法，正确的有（　　）。

A. 建筑工程造价应按国家有关规定，自发包单位与承包单位在合同中约定
B. 发包单位可以将建筑工程的设计、施工、设备采购一并发包给一个工程总承包单位
C. 按照合同约定，自承包单位采购的设备，发包单位可以指定生产厂
D. 两个资质等级相同的企业，方可组成联合体共同承包
E. 总包单位与分包单位就分包工程对建设单位承担连带责任

20.（2020—56）根据《建筑法》，关于工程发承包的说法，正确的有（　　）。

A. 提倡建设工程实行设计—招标—建造模式

B. 发包单位不得指定承包单位购入用于工程的建筑材料

C. 联合体各方按联合体协议约定分别承担合同责任

D. 禁止承包单位将其承包的全部建筑工程转包他人

E. 建筑工程主体结构的施工必须由总承包单位自行完成

3. 建筑安全生产管理

21.（2002—42）《建筑法》规定，涉及建筑主体和承重结构变动的装修工程，建设单位应当在施工前委托原设计单位或者（　　）提出设计方案。

A. 其他设计单位

B. 具有相应资质条件的设计单位

C. 具有相应资质条件的监理单位

D. 具有相应资质条件的装修施工单位

22.（2012—41）根据《建筑法》，建筑施工企业（　　）。

A. 必须为从事危险作业的职工办理意外伤害保险，支付保险费

B. 应当为从事危险作业的职工办理意外伤害保险，支付保险费

C. 必须为职工参加工伤保险缴纳工伤保险费

D. 应当为职工参加工伤保险缴纳工伤保险费

23.（2015—30）建筑施工企业应当依法为职工参加工伤保险，缴纳工伤保险费。（　　）企业为从事危险作业的职工办理意外伤害保险，支付保险费用。

A. 强制　　　　　　　　　　　　　B. 禁止

C. 应当　　　　　　　　　　　　　D. 鼓励

24.（2019—9）根据《建筑法》实施施工总承包的工程，由（　　）负责施工现场安全。

A. 总承包单位　　　　　　　　　　B. 具体施工的分包单位

C. 总承包单位的项目经理　　　　　D. 分包单位的项目经理

25.（2019—55）根据《建筑法》，建设单位领取施工许可证后，还应按照国家有关规定办理申请批准手续的情形包括（　　）。

A. 临时占用规划批准范围以内的场地　　B. 拆除场地内的旧建筑物

C. 可能损坏电力、邮政等设施　　　　　D. 需要临时停水

E. 需要临时中断道路交通

26.（2021—13）根据《建筑法》，关于建筑安全生产管理的说法，正确的是（　　）。

A. 房屋拆除应当由具备保证安全条件的施工单位承担

B. 需要临时停水、停电的，施工单位应办理申请批准手续

C. 涉及承重结构变动的装修工程，施工单位应事前委托设计单位提出设计方案

D. 施工单位负责收集与施工现场相关的地下管线资料，并对管线采取保护措施

4. 建筑工程质量管理

27. 关于总分包单位的质量责任说法，正确的是（　　）。

A. 分包工程质量由分包单位自行向建设单位负责

B. 总承包单位与分包单位对分包工程的质量各自向建设单位承担相应的责任

C. 分包单位应当接受总承包单位的质量管理

D. 分包工程发生质量问题，建设单位只能向总承包单位请求赔偿

（二）《招标投标法》主要内容

1. 招标

28.（2017—56）根据《招标投标法》，关于招标的说法，正确的有（　　）。

A. 邀请招标，是指招标人以投标邀请书的方式邀请特定的法人投标

B. 采用邀请招标的，招标人可以告知拟邀投标人向他人发出邀请的情况

C. 招标人不得以不合理的条件限制或排斥潜在投标人

D. 招标文件不得要求或标明特定的生产供应者

E. 招标人需澄清招标文件的，应以电话或书面形式通知所有招标文件收受人

29.（2019—12）根据《招标投标法》，依法必须进行招标的项目，自招标文件开始发出之日起至投标人提供投标文件截止之日止，最短不得少于（　　）日。

A. 10   B. 15

C. 20   D. 30

30.（2020—7）根据《招标投标法》，招标人对已发出的招标文件进行必要的澄清时，应在提交投标文件截止时间至少（　　）日前，以书面形式通知所有招标文件收受人。

A. 5   B. 10

C. 15   D. 20

31.（2022—77）根据《招标投标法》，关于招标的说法，正确的有（　　）。

A. 行政机关可以与其他单位合作，共同依法设立招标代理机构

B. 招标人具有编制招标文件和组织评标能力的，可以自行办理招标事宜

C. 招标代理机构应当在招标人委托的范围内办理招标事宜

D. 招标人应当根据招标项目的特点和需要编制招标文件

E. 招标人不得对已发出的招标文件进行修改和补充

2. 投标

32.（2015—56）根据《招标投标法》，关于联合投标的说法，正确的有（　　）。

A. 联合体资质等级按联合体各方较高资质确定

B. 联合体各方均应具备承担招标项目的相应能力

C. 联合体各方应当签订共同投标协议

D. 联合体各方共同投标协议应作为合同文件组成部分

E. 中标的联合体各方应当共同与招标人签订合同

33.（2016—55）根据《招标投标法》，在招标投标活动中，投标人不得采取的行为包括（　　）。

A. 相互串通投标报价   B. 以低于成本的报价竞标

C.要求进行现场踏勘　　　　　　　　　　　　D.以他人名义投标

E.以联合体方式投标

34.（2017—13）根据《招标投标法》，关于招标要求的说法，正确的是（　　）。

A.招标人在不影响他人竞争的情况下，可向他人透露有关招标投标的其他情况

B.自招标文件开始发出之日起至投标人提交投标文件截止之日止，最短不得少于7日

C.招标只能是公开招标方式进行招标

D.招标人不得强制投标人组成联合体共同投标

3.开标、评标和中标

35.（2016—8）依法必须进行招标的项目，其评标委员会由招标人的代表和有关技术、经济等方面的专家组成。其中技术、经济等方面的专家不得少于成员总数的（　　）。

A.1/2　　　　　　　　　　　　　　　　　　B.2/3

C.1/4　　　　　　　　　　　　　　　　　　D.1/3

36.（2019—13）根据《招标投标法》，招标人应当自确定中标人之日起（　　）日内，向有关行政监督部门提交招标投标情况的书面报告。

A.10　　　　　　　　　　　　　　　　　　B.15

C.20　　　　　　　　　　　　　　　　　　D.30

37.（2021—14）根据《招标投标法》，招标人和中标人应当自中标通知书发出之日起（　　）日内，按照招标文件和中标人的投标文件订立书面合同。

A.7　　　　　　　　　　　　　　　　　　B.10

C.20　　　　　　　　　　　　　　　　　　D.30

38.（2021—53）根据《招标投标法》，关于开标、评标、中标和合同订立的说法，正确的有（　　）。

A.开标应当在招标文件确定的提交投标文件截止时间的同一时间公开进行

B.评标由招标人依法组建的评标委员会负责

C.中标通知书对招标人和中标人具有法律效力

D.评标委员会应当提出书面评标报告并确定中标人

E.招标人和中标人不得再行订立背离合同实质性内容的其他协议

（三）《民法典》第三编合同主要内容

39.（2021—45）根据《民法典》合同编，工程设计合同属于（　　）。

A.委托合同　　　　　　　　　　　　　　　　B.技术合同

C.技术开发合同　　　　　　　　　　　　　　D.建设工程合同

40.根据《民法典》合同编，下列合同中不属于建设工程合同的是（　　）。

A.工程勘察合同　　　　　　　　　　　　　　B.工程设计合同

C.工程咨询合同　　　　　　　　　　　　　　D.工程施工合同

41.根据《民法典》合同编，工程勘察合同属于（　　）。

A. 承揽合同　　　　　　　　　　　　B. 技术咨询合同

C. 委托合同　　　　　　　　　　　　D. 建设工程合同

42. 建设工程项目管理服务合同属于（　　）。

A. 委托合同　　　　　　　　　　　　B. 承揽合同

C. 技术合同　　　　　　　　　　　　D. 建设工程合同

43. 根据《民法典》合同编，属于委托合同的有（　　）。

A. 工程勘察合同　　　　　　　　　　B. 工程设计合同

C. 建设工程监理合同　　　　　　　　D. 施工合同

E. 项目管理合同

1.《民法典》合同编通则主要内容

44. 根据《民法典》合同编，关于要约与承诺的说法，错误的有（　　）。

A. 要约是希望与他人订立合同的意思表示

B. 要约邀请是合同成立过程中的必要过程

C. 要约到达受要约人可以撤回

D. 承诺是受要约人同意要约的意思表示

E. 承诺的内容应当与要约的内容一致

45. 根据《民法典》合同编，关于要约的说法，正确的有（　　）。

A. 拒绝要约的通知到达要约人，该要约失效

B. 撤回要约的通知在受要约人发出承诺通知时到达受要约人，要约可撤销

C. 受要约人对要约的内容做出实质性变更，该要约失效

D. 承诺期限届满，受要约人未做出承诺，该要约有效

E. 要约人依法撤销要约，该要约失效

46.（2021—59）根据《民法典》合同编，关于合同效力的说法，正确的有（　　）。

A. 因未办理批准手续而影响生效的，合同中履行报批义务条款相应失效

B. 超越经营范围订立的合同，不得仅以超越经营范围确认合同无效

C. 因重大过失造成对方财产损失的，合同免责条款无效

D. 造成对方人身损害的，合同免责条款无效

E. 合同被撤销的，合同中有关解决争议方法的条款相应失效

47. 合同内容约定不明确，不能达成补充协议，按照交易习惯不能解决时，根据《民法典》合同编的规定，正确的说法有（　　）。

A. 履行地点不明确，给付货币的，在给付货币一方所在地履行

B. 履行费用负担不明确的，由债权人承担

C. 质量要求不明确，可按照国家标准、行业标准履行

D. 履行期限不明确，债务人可以随时履行，但应当给对方必要的准备时间

E. 价款不明确的，可按照合同签订时履行地的市场价格履行

48. 材料供应合同中对钢材的价款约定不明确，双方不能协商一致，且依合同有关

条款等仍不能推定。则该价款按（　　）履行。

　　A.订立时履行地市场价格　　　　　　B.履行时订立地市场价格

　　C.履行时履行地市场价格　　　　　　D.政府指导价格

49.根据《民法典》合同编的规定，当事人对合同变更的内容约定不明确的，推定为（　　）。

　　A.变更　　　　　　　　　　　　　　B.重新协定

　　C.原则上变更　　　　　　　　　　　D.未变更

50.合同权利转让未通知债务人，则（　　）。

　　A.转让合同无效　　　　　　　　　　B.对债务人不发生效力

　　C.推定为未转让　　　　　　　　　　D.抗辩权发生转移

51.根据《民法典》合同编，允许单方解除合同的情形是（　　）。

　　A.由于不可抗力致使合同不能履行　　B.法定代表人变更

　　C.当事人一方发生合并、分立　　　　D.当事人一方违约

52.当事人一方不履行合同义务或者履行合同义务不符合约定的，应当承担的违约责任是（　　）。

　　A.继续履行、消除危险或赔偿损失

　　B.返还财产、赔礼道歉或者采取补救措施

　　C.继续履行、采取补救措施或者赔偿损失

　　D.恢复原状、赔偿损失或者支付违约金

53.关于违约金的说法，正确的有（　　）。

　　A.支付违约金是一种民事责任的承担方式

　　B.约定的违约金低于造成的损失时，当事人可以请求人民法院或者仲裁机构予以增加

　　C.违约方支付违约金后，非违约方有权要求其继续履行

　　D.当事人既约定违约金又约定定金的，一方违约时对方可以同时适用违约金条款和定金条款

　　E.约定的违约金过分高于造成的损失的，当事人可以请求人民法院或者仲裁机构予以减少

54.根据《民法典》合同编，先履行债务的当事人有确切证据证明对方有（　　）情形的，可以中止履行合同。

　　A.资产负债率大幅增加　　　　　　　B.经营状况严重恶化

　　C.转移财产逃避债务　　　　　　　　D.抽逃资金逃避债务

　　E.丧失商业信誉

55.（2022—76）根据《民法典》，关于要约和承诺的说法，正确的有（　　）。

　　A.承诺是受要约人同意要约的意思表示

　　B.要约以信件作出且未载明日期的，承诺期限自投寄该信件的日期开始计算

C. 承诺不需要通知的，在根据要约的要求作出承诺的行为时生效

D. 承诺的内容应当与要约的内容一致

E. 要约生效的地点为合同成立的地点

2. 建设工程合同有关规定

56. 根据《民法典》合同编的规定，下列关于发包人权利和义务的说法中，错误的是（　　）。

A. 发包人在不妨碍承包人正常作业的情况下，可以随时对作业进度、质量进行检查

B. 承包人将建设工程转包、违法分包的，发包人可以解除合同

C. 因发包人变更计划而造成勘察、设计的返工、停工，发包人无需增付费用

D. 因施工人的原因致使建设工程质量不符合约定的，发包人有权要求施工人在合理期限内无偿修理或者返工、改建

57. 隐蔽工程在隐蔽以前，承包人应当通知发包人检查。对于发包人没有及时检查的，承包人可以（　　）。

A. 要求发包人采取措施弥补或者减少损失　　　　B. 解除合同

C. 要求顺延工程日期　　　　D. 要求赔偿停工、窝工等损失

E. 催告发包人在合理期限内支付价款

58.（2022—78）根据《民法典》，关于建设工程合同的说法，正确的有（　　）。

A. 建设工程合同包括工程勘察、设计、施工、监理合同

B. 建设工程合同是承包人进行工程建设，发包人支付价款的合同

C. 建设工程施工合同无效，但工程验收合格的，可参照合同关于工程价款的约定折价补偿承包人

D. 承包人将建设工程转包的，发包人可解除合同

E. 在不妨碍承包人正常作业的情况下，发包人可随时检查作业进度

3. 委托合同有关规定

59. 根据《民法典》合同编，关于委托合同的说法，错误的是（　　）。

A. 受托人应当亲自处理委托事务

B. 受托人处理委托事务取得的财产应转交给委托人

C. 对无偿的委托合同，因受托人过失给委托人造成损失的，委托人不应要求赔偿

D. 受托人为处理委托事务垫付的必要费用，委托人应偿还该费用及利息

60. 根据《民法典》合同编，关于委托合同中委托人权利和义务的说法，正确的有（　　）。

A. 委托人应当预付处理委托事务的费用

B. 对无偿委托合同，受托人过失给委托人造成损失的，委托人不应要求赔偿

C. 受托人超越权限给委托人造成损失的，应当向委托人赔偿损失

D. 委托人不经受托人同意，可以在受托人之外委托第三人处理委托事务

E. 经同意的转委托，委托人可以就委托事务直接指示转委托的第三人

（四）《安全生产法》主要内容

1. 生产经营单位的安全生产保障

61.（2020—55）根据《安全生产法》，生产经营单位对重大危险源应当登记建档，进行定期（　　），并制定应急预案。

A. 检测　　　　　　　　　　　B. 监测

C. 评估　　　　　　　　　　　D. 监控

E. 报告

62.（2021—52）根据《安全生产法》，生产经营单位的主要负责人需要履行的安全生产管理职责有（　　）。

A. 组织制定本单位安全生产规章制度和操作流程

B. 保证本单位安全生产投入的有效实施

C. 统筹使用生产经营资金和安全生产专项资金

D. 组织生产安全事故调查和处理

E. 组织制定并实施本单位安全生产教育和培训计划

63.（2021—60）根据《安全生产法》，生产经营单位的安全生产管理人员应履行的职责有（　　）。

A. 组织制定本单位的生产安全事故应急救援预案

B. 建立本单位的安全生产责任制

C. 参与本单位应急救援演练

D. 制止违章指挥，强令违反规程的作为

E. 督促落实本单位重大危险源的安全管理措施

64.（2022—57）根据《安全生产法》，关于生产经营单位安全生产保障的说法，正确的是（　　）。

A. 生产经营单位必须依法参加工伤保险

B. 生产经营单位必须设置安全生产管理机构

C. 生产经营单位的主要负责人应保证本单位安全生产投入的有效实施

D. 生产经营单位的主要负责人应组织本单位应急救援演练

E. 生产经营单位应建立安全风险分级管控制度

2. 从业人员的安全生产权利义务

65. 根据《安全生产法》，关于从业人员的安全生产权利义务的说法，正确的是（　　）。

A. 从业人员有权对本单位安全生产工作中存在的问题提出批评、检举、控告

B. 从业人员无权拒绝违章指挥和强令冒险作业

C. 从业人员发现直接危及人身安全的紧急情况时，有权停止作业或者在采取可能的应急措施后撤离作业场所

D. 因生产安全事故受到损害的从业人员，除依法享有工伤保险外，依照有关民事法律尚有获得赔偿的权利的，有权提出赔偿要求

E.从业人员在作业过程中，应当严格落实岗位安全责任，遵守本单位的安全生产规章制度和操作规程，服从管理

3. 安全生产的监督管理

安全生产的监督管理考查概率较小，仅做了解即可。

4. 生产安全事故的应急救援与调查处理

66. 根据《安全生产法》，事故调查处理应当按照（　　）的原则。

A.科学严谨　　　　　　　　　　B.依法依规

C.实事求是　　　　　　　　　　D.注重实效

E.公开公平

二、行政法规

67.（2007—4）下列法律文件中，与建设工程监理有关的行政法规是（　　）。

A.《建筑法》　　　　　　　　　B.《建设工程安全生产管理条例》

C.《注册监理工程师管理规定》　　D.《建筑工程施工许可管理办法》

（一）《建设工程质量管理条例》相关内容

1. 建设单位的质量责任和义务

68.（2001—47）依据《建设工程质量管理条例》，（　　）在建设工程竣工验收后，应及时向建设行政主管部门或者其他有关部门移交建设项目档案。

A.设计单位　　　　　　　　　　B.施工单位

C.监理单位　　　　　　　　　　D.建设单位

69.（2012—42）根据《建设工程质量管理条例》，建设工程发包单位（　　）。

A.不得迫使承包方以低于成本的价格竞标，不得压缩合同约定的工期

B.不得迫使承包方以低于成本的价格竞标，不得任意压缩合理工期

C.不得暗示承包方以低于成本的价格竞标，不得压缩合同约定的工期

D.不得暗示承包方以低于成本的价格竞标，不得任意压缩合理工期

70.（2018—57）根据《建设工程质量管理条例》，建设单位的质量责任和义务有（　　）。

A.不使用未经审查批准的施工图设计文件　B.责令改正工程质量问题

C.不得任意压缩合理工期　　　　　　　　D.签署工程质量保修书

E.向有关部门移交建设项目档案

71.（2018—58）根据《建设工程质量管理条例》，建设工程竣工验收应具备的条件有（　　）。

A.有完整的技术档案和施工管理资料

B.有施工、监理等单位分别签署的质量合格文件

C.有质量监督机构签署的质量合格文件

D.有工程造价结算报告

E.有施工单位签署的工程保修书

72.（2019—15）根据《建设工程质量管理条例》，建设单位有（　　）行为的，责令改正，处20万元以上50万元以下的罚款。

A. 未组织竣工验收，擅自交付使用

B. 对验收不合格的工程，擅自交付使用

C. 将不合格的建设工程按照合格工程验收

D. 暗示设计单位违反工程建设强制性标准，降低工程质量

73.（2020—11）根据《建设工程质量管理条例》，属于建设单位质量责任和义务的是（　　）。

A. 办理工程质量监督手续 　　　　　　　B. 抽样检测现场试块

C. 建立健全教育培训制度 　　　　　　　D. 组织竣工预验收

74.（2022—9）根据《建设工程质量管理条例》，涉及承重结构变动的装修工程，建设单位应当委托（　　）提出设计方案。

A. 装修设计单位 　　　　　　　　　　　B. 原设计单位

C. 装修施工单位 　　　　　　　　　　　D. 工程监理单位

75.（2022—53）根据《建设工程质量管理条例》，建设工程竣工验收应具备的条件有（　　）。

A. 完成建设工程设计和合同约定的各项内容

B. 有完整的技术档案和施工管理资料

C. 有勘察、设计单位分别签署的质量合格文件

D. 有完整的监理文件资料

E. 工程竣工预验收合格

2. 勘察、设计单位的质量责任和义务

76.（2002—44）《建设工程质量管理条例》规定，设计文件应当符合国家规定的设计深度要求，并注明工程（　　）使用年限。

A. 经济 　　　　　　　　　　　　　　　B. 最长

C. 合理 　　　　　　　　　　　　　　　D. 法定

77.（2016—57）根据《建设工程质量管理条例》，工程设计单位的质量责任和义务包括（　　）。

A. 将工程概算控制在批准的投资估算之内

B. 设计方案先进可靠

C. 就审查合格的施工图设计文件向施工单位做出详细说明

D. 除有特殊要求的，不得指定生产厂、供应商

E. 参与建设工程质量事故分析

3. 施工单位的质量责任和义务

78.（2001—41）根据《建设工程质量管理条例》的规定，（　　）应建立健全教育培训制度。

A. 施工单位　　　　　　　　　　　B. 监理单位

C. 勘察单位　　　　　　　　　　　D. 设计单位

79.（2004—45）《建设工程质量管理条例》规定,施工人员对涉及结构安全的试块、试件以及有关材料,应当在（　）监督下现场取样,并送具有相应资质等级的质量检测单位进行检测。

A. 施工单位质检人员　　　　　　　B. 建设单位或监理单位

C. 监理单位和施工单位　　　　　　D. 工程质量监理机构

80.（2005—43）《建设工程质量管理条例》规定,施工单位必须建立、健全（　）制度,严格工序管理,做好隐蔽工程的质量检查和记录。

A. 合同管理　　　　　　　　　　　B. 施工技术交底

C. 质量的预控　　　　　　　　　　D. 质量的检验

81.（2005—77）《建设工程安全生产管理条例》规定,建设工程施工前,施工单位负责项目管理的技术人员应当对有关安全施工的技术要求向（　）作出详细说明。

A. 监理工程师　　　　　　　　　　B. 施工作业班组

C. 施工作业人员　　　　　　　　　D. 现场安全员

E. 现场技术员

82.（2008—41）《建设工程质量管理条例》规定,施工单位的质量责任和义务有（　）。

A. 总承包单位与分包单位对分包工程的质量承担连带责任

B. 施工单位有权改正施工过程中发现的设计图纸差错

C. 施工单位可以将工程转包给符合资质条件的其他单位

D. 施工单位可以将主体工程分包给具有资质的分包单位

83.（2010—77）根据《建设工程质量管理条例》,施工人员对涉及结构安全的（　）以及有关材料,应当在建设单位或者监理单位监督下现场取样,并送具有相应资质等级的质量检测单位进行检测。

A. 设备　　　　　　　　　　　　　B. 机具

C. 试块　　　　　　　　　　　　　D. 试件

E. 器具

84.（2011—42）根据《建设工程质量管理条例》,施工单位在施工过程中发现设计文件和图纸有差错的,应当（　）。

A. 及时提出意见和建议

B. 要求设计单位改正

C. 报告建设单位要求设计单位改正

D. 报告监理单位要求设计单位改正

85.（2013—43）根据《建设工程质量管理条例》,隐蔽工程在隐蔽前,施工单位应当通知（　）。

A. 建设单位和监理单位

B. 建设单位和建设工程质量监督机构

C. 监理单位和设计单位

D. 设计单位和建设工程质量监督机构

86.（2014—10）根据《建设工程质量管理条例》，施工单位的质量责任和义务是（　　）。

A. 工程开工前，应按照国家有关规定办理工程质量监督手续

B. 工程完工后，应组织竣工预验收

C. 施工过程中，应立即改正所发现的设计图纸差错

D. 隐蔽工程在隐蔽前，应通知建设单位和建设工程质量监督机构

87.（2015—58）根据《建设工程质量管理条例》，施工单位的质量责任和义务有（　　）。

A. 报审施工图设计文件

B. 及时通知设计单位修改设计文件和图纸的差错

C. 不得使用未经检验或检验不合格的建筑材料

D. 做好隐蔽工程的质量检查和记录

E. 建立健全职工教育培训制度

88.（2019—14）根据《建设工程质量管理条例》，属于施工单位质量责任和义务的是（　　）。

A. 申领施工许可证

B. 办理工程质量监督手续

C. 建立健全教育培训制度

D. 向有关主管部门移交建设项目档案

89.（2020—52）根据《建设工程质量管理条例》，关于施工单位质量责任的说法，正确的有（　　）。

A. 未经教育培训或考试不合格人员，不得上岗作业

B. 发现设计文件有差错应及时要求设计单位修改

C. 按有关要求对建筑材料、构配件进行检验

D. 涉及结构安全的试块直接取样送检

E. 隐蔽工程在隐蔽前，应通知建设单位和质量监督机构

90.（2021—54）根据《建设工程质量管理条例》，施工单位的质量责任和义务有（　　）。

A. 工程开工前按规定办理工程质量监督手续

B. 装修工程施工前委托设计单位提出设计方案

C. 需要安装的设备委托设计单位注明生产厂家、规格和型号

D. 总承包单位与分包单位对依法分包的工程质量承担连带责任

E.隐蔽工程隐蔽前通知建设单位和工程质量监督机构

4. 工程监理单位的质量责任和义务

91.（2014—58）根据《建设工程质量管理条例》，工程监理单位的质量责任和义务有（　　）。

A.依法取得相应等级资质证书，并在其资质等级许可范围内承担工程监理业务

B.与被监理工程的施工承包单位不得有隶属关系或其他利害关系

C.按照施工组织设计要求，采取旁站、巡视和平行检验等形式实施监理

D.未经监理工程师签字，建筑材料、建筑构配件和设备不得在工程上使用或安装

E.未经监理工程师签字，建设单位不拨付工程款，不进行竣工验收

92.（2018—11）根据《建设工程质量管理条例》，关于工程监理单位质量责任和义务的说法，正确的是（　　）。

A.监理单位代表建设单位对施工质量实施监理

B.监理单位发现施工图有差错应要求设计单位修改

C.监理单位把施工单位现场取样的试块送检测单位

D.监理单位组织设计、施工单位进行竣工验收

5. 工程质量保修

93.（2002—45）《建设工程质量管理条例》规定，屋面防水工程和有防水要求的卫生间，最低保修期限为（　　）。

A.1 年　　　　　　　　　　　B.2 年

C.3 年　　　　　　　　　　　D.5 年

94.（2003—43）依据《建设工程质量管理条例》的规定，供暖系统的最低保修期限为（　　）个采暖期。

A.1　　　　　　　　　　　　B.2

C.3　　　　　　　　　　　　D.4

95.（2009—76）某工程，施工合同中对最低保修期限做出如下约定，其中符合《建设工程质量管理条例》规定的有（　　）。

A.主体结构工程的保修期限为设计文件规定的合理使用年限

B.屋面防水工程的保修期限为 10 年

C.房间和外墙面防渗漏的保修期限为 5 年

D.装修工程的保修期限为 1 年

E.安装工程的保修期限为 2 年

96.（2011—76）某房屋建筑工程，建设单位与施工单位在工程质量保修书中对保修期限作如下规定，其中符合《建设工程质量管理条例》规定的有（　　）。

A.装修工程 1 年　　　　　　　B.安装工程 2 年

C.屋面防水工程 10 年　　　　　D.主体结构工程 30 年

E.其他有防水要求的工程 5 年

97.（2014—59）根据《建设工程质量管理条例》，关于建设工程在正常使用条件下最低保险期限的说法，正确的有（   ）。

A. 屋面防水工程，3 年   B. 电气管线工程，2 年

C. 给水排水管道工程，2 年   D. 外墙面防渗漏，3 年

E. 地基基础工程，3 年

98.（2015—8）根据《建设工程质量管理条例》规定，装修工程最低保修期限为（   ）年。

A. 1   B. 2

C. 3   D. 5

99.（2015—59）根据《建设工程质量管理条例》，建设工程承包单位向建设单位出具的质量保修书中应明确建设工程的（   ）。

A. 保修范围   B. 保修期限

C. 保修要求   D. 保修责任

E. 保修费用

100.（2016—12）根据《建设工程质量管理条例》，正常使用条件下，设备安装工程的最低保修期限为（   ）年。

A. 5   B. 4

C. 3   D. 2

101.（2017—15）根据《建设工程质量管理条例》，建设工程的保修期，应自（   ）之日起计算。

A. 竣工   B. 竣工验收合格

C. 建设单位竣工自检   D. 总监理工程师验收

102.（2017—59）根据《建设工程质量管理条例》,关于建设工程最低保修期限的说法，正确的有（   ）。

A. 房屋主体结构工程为设计文件规定的合理使用年限

B. 屋面防水工程为 3 年

C. 供热系统为 2 个采暖期

D. 电气管道工程为 3 年

E. 给水排水管道工程为 3 年

103.（2019—59）根据《建设工程质量管理条例》，关于质量保修期限的说法，正确的有（   ）。

A. 地基基础工程最低保修期限为设计文件规定的该工程合理使用年限

B. 屋面防水工程最低保修期限为 3 年

C. 给水排水管道工程最低保修期限为 2 年

D. 供热工程最低保修期限为 2 个采暖期

E. 建设工程的保修期自交付使用之日起计算

104.（2022—14）根据《建设工程质量管理条例》，关于最低保修期限的说法，正确的是（　　）。

A. 外墙面防渗漏保修期限为 5 年　　　　B. 给水排水管道保修期限为 3 年

C. 电气管线保修期限为 3 年　　　　　　D. 装修工程保修期限为 1 年

6. 工程竣工验收备案和质量事故报告

105. 建设单位应当自建设工程竣工验收合格之日起（　　）日内，将建设工程竣工验收报告和规划、公安消防、环保等部门出具的认可文件或者准许使用文件报建设行政主管部门或者其他有关部门备案。

A. 10　　　　　　　　　　　　　　　　B. 20

C. 15　　　　　　　　　　　　　　　　D. 30

106.（2017—16）根据《建设工程质量管理条例》，建设工程发生质量事故，有关单位应在（　　）h 内向当地建设行政主管部门和其他有关部门报告。

A. 1　　　　　　　　　　　　　　　　B. 12

C. 48　　　　　　　　　　　　　　　　D. 24

（二）《建设工程安全生产管理条例》相关内容

1. 建设单位的安全责任

107.（2017—17）根据《建设工程安全生产管理条例》，对于依法批准开工报告的建设工程，建设单位应自开工报告批准之日起（　　）日内，将保证安全施工的措施报送当地建设行政主管部门或其他有关部门备案。

A. 7　　　　　　　　　　　　　　　　B. 15

C. 3　　　　　　　　　　　　　　　　D. 30

108.（2019—17）根据《建设工程安全生产管理条例》，下列属于建设单位的安全责任是（　　）。

A. 确定安全施工措施所需费用　　　　　B. 确定施工现场安全生产

C. 确定安全技术措施　　　　　　　　　D. 确定安全生产责任制度

109.（2020—58）根据《建设工程安全生产管理条例》，关于工程参建各方安全责任的说法，正确的有（　　）。

A. 建设单位应当向施工单位提供施工现场相邻建筑物和构筑物的有关资料

B. 施工单位应当在拆除工程施工前，将相关资料报有关部门备案

C. 设计单位应当对涉及施工安全的重点部位和环节在设计文件中注明，并对防范生产安全事故提出意见

D. 监理单位应当审查专项施工方案是否符合施工组织设计要求

E. 施工单位编制的地下暗挖工程专项施工方案须组织专家论证、审查

2. 勘察、设计、工程监理及其他有关单位的安全责任

110.（2013—44）根据《建设工程安全生产管理条例》，工程监理单位和监理工程师应按照法律、法规和（　　）实施监理，并对建设工程安全生产承担监理责任。

A. 工程监理合同　　　　　　　　　B. 建设工程合同

C. 设计文件　　　　　　　　　　　D. 工程建设强制性标准

111.（2019—51）根据《建设工程安全生产管理条例》，设计单位的安全责任包括（　　）。

A. 在设计文件中注明设计施工安全的重点部位和环节

B. 采用新结构的建设工程，应当在设计中提出保障施工作业人员安全的措施建议

C. 审查危险性较大的专项施工方案是否符合强制性标准

D. 对特殊结构的建设工程，应在设计中提出防范生产安全事故的指导意见

E. 审查监测方案是否符合设计要求

3. 施工单位的安全责任

112.（2006—44）《建设工程安全生产管理条例》规定，分包单位应当服从总承包单位的安全生产管理，分包单位不服从管理导致生产安全事故的，（　　）。

A. 由总承包单位承担主要责任

B. 由分包单位承担主要责任

C. 由总承包单位和分包单位共同承担主要责任

D. 由分包单位承担责任，总承包单位不承担责任

113.（2008—43）依据《建设工程安全生产管理条例》的规定，下列关于分包工程的安全生产责任的表述中，正确的是（　　）。

A. 分包单位承担全部责任

B. 总包单位承担全部责任

C. 分包单位承担主要责任

D. 总承包单位和分包单位承担连带责任

114.（2008—49）《建设工程安全生产管理条例》规定，施工单位专职安全生产管理人员发现安全事故隐患，应当及时向项目负责人和（　　）报告。

A. 管理机构　　　　　　　　　　　B. 安全生产管理机构

C. 建设单位　　　　　　　　　　　D. 建设主管部门

115.（2012—77）根据《建设工程安全生产管理条例》，施工单位对因建设工程施工可能造成损害的毗邻（　　），应当采取专项防护措施。

A. 施工现场临时设施　　　　　　　B. 建筑物

C. 构筑物　　　　　　　　　　　　D. 地下管线

E. 施工现场道路

116.（2014—61）根据《建设工程安全生产管理条例》，施工单位的安全责任有（　　）。

A. 主要负责人应当依法对本单位的安全生产工作全面负责

B. 应当设立安全生产管理机构，配备专职安全生产管理人员

C. 总包单位应当对分包工程的安全生产全面负责，分包单位承担连带责任

D. 应对达到一定规模的危险性较大的分部分项工程编制专项施工方案

E. 主要负责人、项目负责人、专职安全生产管理人员应当经建设行政主管部门或其他有关部门考核合格后方可任职

117.（2016—13）根据《建设工程安全生产管理条例》，施工单位对列入（　　）的安全作业环境及安全施工措施费用，不得挪作他用。

A. 建设工程概算　　　　　　　　　　B. 建设工程预算

C. 投标报价　　　　　　　　　　　　D. 施工合同价

118.（2016—58）根据《建设工程安全生产管理条例》，施工单位应满足现场卫生、环境与消防安全管理方面的要求包括（　　）。

A. 做好施工现场人员调查

B. 将现场办公、生活与作业区分开设置，保持安全距离

C. 提供的职工膳食、饮水、休息场所符合卫生标准

D. 不得在尚未竣工的建筑物内设置员工集体宿舍

E. 设置消防通道、消防水源，配备消防设施和灭火器材

119.（2018—12）根据《建设工程安全生产管理条例》，关于施工单位安全责任的说法，正确的是（　　）。

A. 不得压缩合同约定的工期

B. 应当为施工现场人员办理意外伤害保险

C. 将安全生产保证措施报有关部门备案

D. 保证本单位安全生产条件所需资金的投入

120.（2018—60）根据《建设工程质量管理条例》，属于施工单位安全责任的有（　　）。

A. 拆除工程施工前，向有关部门送达拆除施工组织方案

B. 列入工程概算的安全作业环境所需费用不得挪作他用

C. 对所承担的建设工程进行定期和专项安全检查并做好安全检查记录

D. 为施工现场从事危险作业的人员办理意外伤害保险

E. 向作业人员提供安全防护用具和安全防护服装

121.（2020—12）根据《建设工程安全生产管理条例》，属于施工单位安全责任的是（　　）。

A. 申请办理施工许可证

B. 编制安全施工措施费概算

C. 将保证安全的施工措施报有关部门备案

D. 进行定期和专项安全检查

122.（2020—13）根据《建设工程安全生产管理条例》，施工单位应组织专家论证、审查专项施工方案的工程是（　　）。

A. 起重吊装工程　　　　　　　　　　B. 脚手架工程

C. 高大模板工程　　　　　　　　　　D. 拆除、爆破工程

123.（2021—16）根据《建设工程安全生产管理条例》，属于施工单位安全责任的是（　　）。

A. 拆除工程施工前将拆除施工组织方案报有关部门备案

B. 组织专家对高大模板工程的专项施工方案进行论证、审查

C. 编制工程概算时确定安全施工所需费用

D. 申办施工许可证时提供安全施工措施资料

124.（2021—37）根据《建设工程安全生产管理条例》，对于达到一定规模的危险性较大的分部分项工程，编制的专项施工方案除应附具安全验算结果外，应经（　　）签字后方可实施。

A. 施工单位法定代表人、监理单位法定代表人

B. 施工单位技术负责人、监理单位技术负责人

C. 施工单位技术负责人、总监理工程师

D. 施工项目技术负责人、总监理工程师

125.（2022—28）根据《建设工程安全生产管理条例》，施工单位应当自施工起重机械和整体提升脚手架、模板等自升式架设设施验收合格之日起（　　）日内，向建设行政主管部门或者其他有关部门登记。

A. 60　　　　　　　　　　　　　　B. 30

C. 20　　　　　　　　　　　　　　D. 10

126.（2022—55）根据《建设工程安全生产管理条例》，施工单位的安全责任有（　　）。

A. 申领施工许可证时提供安全施工措施资料

B. 将拆除工程施工组织方案报送有关部门备案

C. 组织专家对深基坑专项施工方案进行论证

D. 施工现场临时增建的建筑物应符合安全使用要求

E. 为施工现场从事危险作业人员办理意外伤害保险

4. 生产安全事故的应急救援和调查处理

127. 实行施工总承包的工程项目，应由（　　）统一组织编制建设工程生产安全事故应急救援预案。

A. 建设单位　　　　　　　　　　　B. 施工总承包单位

C. 监理单位　　　　　　　　　　　D. 各分包单位

128. 县级以上地方人民政府建设行政主管部门应当根据本级人民政府的要求，制定本行政区域内建设工程（　　）生产安全事故应急救援预案。

A. 一般　　　　　　　　　　　　　B. 较大

C. 特大　　　　　　　　　　　　　D. 重大

（三）《生产安全事故报告和调查处理条例》相关内容

1. 生产安全事故等级

129.（2014—14）某工程发生钢筋混凝土预制梁吊装脱落事故，造成 6 人死亡，直接经济损失 900 万元，该事故属于（　）。

　　A. 特别重大事故　　　　　　　　　　B. 重大事故

　　C. 较大事故　　　　　　　　　　　　D. 一般事故

130.（2016—15）某工程施工中发生生产安全事故，造成 2 人死亡，3 人受伤，直接经济损失达 500 万元，根据《生产安全事故报告和调查处理条例》，该事故属于（　）生产安全事故。

　　A. 特别重大　　　　　　　　　　　　B. 重大

　　C. 较大　　　　　　　　　　　　　　D. 一般

131.（2018—13）根据《生产安全事故报告和调查处理条例》，某生产安全事故造成 5 人死亡、1 亿元直接经济损失，该生产安全事故属于（　）。

　　A. 特别重大事故　　　　　　　　　　B. 重大事故

　　C. 严重事故　　　　　　　　　　　　D. 较大事故

132.（2019—18）根据《生产安全事故报告和调查处理条例》，某企业发生安全事故造成 30 人死亡、9000 万元直接经济损失，该生产安全事故属于（　）。

　　A. 特别重大事故　　　　　　　　　　B. 重大事故

　　C. 较大事故　　　　　　　　　　　　D. 一般事故

133.（2020—14）根据《生产安全事故报告和调查处理条例》，属于重大事故的是（　）的事故。

　　A. 造成 3 人死亡，直接经济损失 3000 万元

　　B. 造成 5 人死亡，直接经济损失 1000 万元

　　C. 造成 30 人重伤，直接经济损失 3000 万元

　　D. 造成 10 人重伤，直接经济损失 5000 万元

134.（2020—15）根据《生产安全事故报告和调查处理条例》，对事故发生负有责任的单位处以 50 万元以上 200 万元以下罚款的事故是（　）。

　　A. 特别重大事故　　　　　　　　　　B. 重大事故

　　C. 严重事故　　　　　　　　　　　　D. 较大事故

2. 事故报告

135.（2019—27）根据《生产安全事故报告和调查处理条例》，某单位发生生产安全事故，单位负责人接到报告后，应当于（　）内向事故发生地县级以上人民政府安全生产监督管理部门报告。

　　A. 1h　　　　　　　　　　　　　　　B. 2h

　　C. 12h　　　　　　　　　　　　　　D. 24h

136.（2019—62）根据《生产安全事故报告和调查处理条例》，事故报告的内容包

括（　　）。

 A. 事故发生单位概况   B. 事故发生时间、地点

 C. 事故发生的原因   D. 已经采取的措施

 E. 事故的简要经过

137. 根据《生产安全事故报告和调查处理条例》，事故发生后，下列说法正确的是（　　）。

 A. 单位负责人接到报告后，应当于 2h 内向有关部门报告

 B. 单位负责人应当向单位所在地的有关部门报告

 C. 事故现场有关人员应当立即向本单位负责人报告

 D. 情况紧急时，事故现场有关人员可以直接向事故发生地县级以上人民政府安全生产监督管理部门和负有安全生产监督管理职责的有关部门报告

 E. 单位负责人接到报告后，应当向事故发生地县级以上人民政府安全生产监督管理部门和负有安全生产监督管理职责的有关部门报告

3. 事故调查处理

138.（2017—19）根据《生产安全事故报告和调查处理条例》，除特殊情况外，安全事故调查组应当自事故发生之日起（　　）日内提交事故调查报告。

 A. 60   B. 30

 C. 15   D. 90

139.（2019—19）根据《生产安全事故报告和调查处理条例》，对发生重大事故的单位，处以（　　）的罚款。

 A. 一年收入 60%   B.100 万元以上 500 元以下

 C.50 万元以上 200 万元以下   D. 20 万元以上 50 万元以下

（四）《招标投标法实施条例》相关内容

1. 招标

140.（2014—17）根据《招标投标法实施条例》，按照国家有关规定需要履行项目审批、核准手续依法必须进行招标的项目，若采用公开招标方式的费用占项目合同金额的比例过大，可经（　　）认定后采用邀请招标方式。

 A. 项目审批、核准部门   B. 建设单位

 C. 工程监理单位   D. 建设行政主管部门

141.（2017—20）根据《招标投标法实施条例》，潜在投标人或者其他利害关系人对招标文件有异议的，应在投标截止时间（　　）日前提出。

 A. 2   B. 3

 C. 7   D. 10

142.（2018—16）根据《招标投标法实施条例》，可采用邀请招标的情形是（　　）。

 A. 采购人依法能够自行建设

 B. 需向原中标人采购，否则影响施工

C. 需采用不可替代的专利

D. 只有少量潜在投标人可供选择

143.（2018—20）根据《招标投标法实施条例》，依法必须进行招标的项目，招标人应当组建资格审查委员会审查资格预审申请文件。自资格预审文件停止发售之日起不得少于（　　）日。

A. 3　　　　　　　　　　　　　　　　B. 5

C. 7　　　　　　　　　　　　　　　　D. 10

144.（2020—6）根据《招标投标法实施条例》，关于投标保证金的说法，正确的是（　　）。

A. 投标保证金有效期应当与投标有效期一致

B. 投标保证金不得超过招标项目估算价的 5%

C. 投标保证金应当从投标人的商业账户中转出

D. 投标保证金应当在书面合同签订后 15 日内退还

145.（2021—3）根据《招标投标法实施条例》，依法招标的项目可以不招标的情形是（　　）。

A. 技术复杂，只有少量潜在投标人可供选择的

B. 受自然环境限制，只有少量潜在投标人可供选择的

C. 采购人依法能够自行建设的

D. 招标费用占项目合同金额的比例过大的

146.（2021—58）根据《招标投标法实施条例》，关于招标的说法，正确的有（　　）。

A. 资格预审文件或者招标文件的发售期不得少于 7 日

B. 潜在投标人对招标文件有异议的，应当在投标截止时间 15 日前提出

C. 招标人可以自行决定是否编制标底

D. 招标人不得组织部分潜在投标人踏勘工程现场

E. 招标人应当合理确定提交资格预审申请文件的时间

147.（2022—56）根据《招标投标法实施条例》，可采用邀请招标方式的情形有（　　）。

A. 技术复杂，有特殊要求，潜在投标人数量较少的

B. 受自然环境限制，只有少量潜在投标人可选择的

C. 公开招标方式的费用占项目合同金额比例过大的

D. 采用不可替代的专利或专有技术的

E. 采购人依法能够自行建设的

2. 投标

148. 下列投标文件中，应当拒收的是（　　）。

A. 提前送达的投标文件

B. 投标联合体提交的未附共同投标协议的投标文件

C. 未通过资格预审的申请人提交的投标文件

D. 未提交投标保证金的投标文件

149. 下列情形中，属于投标人相互串通投标的是（　　）。

A. 投标人之间协商投标报价等投标文件的实质性内容

B. 两个以上投标人的投标文件具有特殊标记

C. 不同投标人的投标文件在同一文印店装订

D. 不同投标人的投标保函由同一银行开具

150.（2016—59）根据《招标投标法实施条例》，应视为投标人相互串通投标的情形有（　　）。

A. 互相借用投标保证金　　　　　　　B. 投标文件由同一单位编制

C. 投标保证金从同一单位账户转出　　D. 投标文件出现异常一致

E. 有相同的类似工程业绩

3. 开标、评标和中标

151.（2014—18）根据《招标投标法实施条例》，招标人最迟应在书面合同签订后（　　）日内向中标人和未中标的投标人退还投标保证金及银行同期存款利息。

A. 3　　　　　　　　　　　　　　　　B. 5

C. 10　　　　　　　　　　　　　　　 D. 15

152.（2015—6）依法必须进行招标的项目，招标人应当自确定中标人之日起（　　）日内，向有关行政监督部门提交招标投标情况的书面报告。

A. 7　　　　　　　　　　　　　　　　B. 15

C. 20　　　　　　　　　　　　　　　 D. 30

153.（2019—20）根据《招标投标法》，依法必须进行招标的项目，招标人自收到评标报告之日起公示中标候选人，公示期不得少于（　　）日。

A. 10　　　　　　　　　　　　　　　 B. 7

C. 5　　　　　　　　　　　　　　　　D. 3

154.（2020—16）根据《招标投标法实施条例》，招标文件要求中标人提交履约保证金的，履约保证金不得超过中标合同金额的（　　）。

A. 2%　　　　　　　　　　　　　　　B. 5%

C. 10%　　　　　　　　　　　　　　 D. 15%

4. 投诉与处理

155. 投标人或者其他利害关系人认为招标投标活动不符合法律、行政法规规定的，可以自知道或者应当知道之日起（　　）日内向有关行政监督部门投诉。

A. 5　　　　　　　　　　　　　　　　B. 10

C. 15　　　　　　　　　　　　　　　 D. 20

习题答案及解析

1. ACD	2. A	3. B	4. C	5. B
6. A	7. A	8. BCE	9. C	10. B
11. C	12. B	13. C	14. C	15. C
16. ABCE	17. D	18. A	19. ABE	20 .DE
21. B	22. D	23. D	24. A	25. CDE
26. A	27. C	28. ACD	29. C	30. C
31. BCD	32. BCE	33. ABD	34. D	35. B
36. B	37. D	38. ABCE	39. D	40. C
41. D	42. A	43. CE	44. BC	45. ACE
46. BCD	47. CDE	48. A	49. D	50. B
51. A	52. C	53. ABCE	54. BCDE	55. ACD
56. C	57. CD	58. BCDE	59. C	60. ACE
61. ACD	62. ABE	63. CDE	64. ACE	65. ACDE
66.ABCD	67. B	68. D	69. B	70. ACE
71. ABE	72. D	73. A	74. B	75. AB
76. C	77. CDE	78. A	79. B	80. D
81. BC	82. A	83. CD	84. A	85. B
86. D	87. CDE	88. C	89. ACE	90. DE
91. ABD	92. A	93. D	94. B	95. ABCE
96. BCE	97. BC	98. B	99. ABD	100. D
101. B	102. AC	103. ACD	104. A	105. C
106. D	107. B	108. A	109. ACE	110. D
111. AB	112. B	113. D	114. B	115. BCD
116. ABDE	117. A	118. BCDE	119. D	120. BCDE
121. D	122. C	123. B	124. C	125. B
126. CDE	127. B	128. C	129. C	130. D
131. A	132. A	133. D	134. B	135. A
136. ABDE	137. CDE	138. A	139. C	140. A
141. D	142. D	143. B	144. A	145. C
146. CDE	147. ABC	148. C	149. A	150. BCD
151. B	152. B	153. D	154. C	155. B

【解析】

1. ACD。《建筑法》第三十三条规定，实施建筑工程监理前，建设单位应当将委托的工程监理单位、监理的内容及监理权限，书面通知被监理的建筑施工企业。

4. C。《建筑法》规定，建设单位应当自领取施工许可证之日起 3 个月内开工，因故不能按期开工的，应当向发证机关申请延期，延期以两次为限，每次不超过 3 个月。既不开工又不申请延期或者超过延期的，施工许可证自行废止。工程监理人员认为工程施工不符合工程设计要求，施工技术标准和合同约定的，有权要求建筑施工企业改正。建筑设计单位对设计文件选用的建筑材料，建筑构配件和设备，不得指定生产厂、供应商。

12. B。建设单位应当自领取施工许可证之日起 3 个月内开工，故 A 选项错误。建设单位申请领取施工许可证要有保证工程质量和安全的具体措施，故 B 选项正确。中止施工满 1 年的工程恢复施工前，建设单位应当报发证机关核验施工许可证，故 C 选项错误。建筑工程开工前，建设单位应当按照国家有关规定向工程所在地县级以上人民政府建设主管部门申请领取施工许可证，故 D 选项错误。

18. A。A 选项内容错误，分包单位按照分包合同的约定对总承包单位负责。总承包单位和分包单位就分包工程对建设单位承担连带责任。

20. DE。提倡对建筑工程实行总承包，故 A 选项错误。按照合同约定，建筑材料、建筑构配件和设备由工程承包单位采购的，发包单位不得指定承包单位购入用于工程的建筑材料、建筑构配件和设备或者指定生产厂、供应商，B 选项缺少前提条件，故不选。联合体各方对承包合同的履行承担连带责任，故 C 选项错误。

26. A。需要临时停水、停电、中断道路交通的，建设单位应当按照国家有关规定办理申请批准手续，故 B 选项错误。涉及建筑主体和承重结构变动的装修工程，建设单位应当在施工前委托原设计单位或者具有相应资质条件的设计单位提出设计方案，故 C 选项错误。建设单位应当向建筑施工企业提供与施工现场相关的地下管线资料，建筑施工企业应当采取措施加以保护，故 D 选项错误。

28. ACD。邀请招标，是指招标人以投标邀请书的方式邀请特定的法人或者其他组织投标，故 A 选项正确。招标人采用邀请招标方式的招标人不得以不合理的条件限制或者排斥潜在投标人，不得对潜在投标人实行歧视待遇（招标人可以告知拟邀投标人向他人发出邀请的情况，属于对他人的不公平歧视待遇），故 B 选项错误、C 选项正确。招标文件不得要求或者标明特定的生产供应者以及含有倾向或者排斥潜在投标人的其他内容，故 D 选项正确。招标人对已发出的招标文件进行必要的澄清或者修改的，应当在招标文件要求提交投标文件截止时间至少 15 日前，以书面形式通知所有招标文件收受人，故选项 E 错误。

29. C。依法必须进行招标的项目，自招标文件开始发出之日起至投标人提交投标文件截止之日止，最短不得少于 20 日。在 2022 年度的考试中，同样对本题涉及的采分点进行了考查，且提问形式与选项设置与本题基本一致。

31. BCD。《招标投标法》第十四条规定，招标代理机构与行政机关和其他国家机关不得存在隶属关系或者其他利益关系。故 A 选项错误。第二十三条规定，招标人对已发出的招标文件进行必要的澄清或者修改的，应当在招标文件要求提交投标文件截止时间至少十五日前，以书面形式通知所有招标文件收受人。该澄清或修改的内容为招标文件的组成部分。故 E 选项错误。

34. D。招标人不得向他人透露已获取招标文件的潜在投标人的名称、数量及可能影响公平竞争的有关招标投标的其他情况，故 A 选项错误。自招标文件开始发出之日起至投标人提交投标文件截止之日止，最短不得少于 20 日，故 B 选项错误。招标分为公开招标和邀请招标两种方式，故 C 选项错误。

38. ABCE。评标委员会完成评标后，应当向招标人提出书面评标报告，并推荐合格的中标候选人，故 D 选项错误。

46. BCD。未办理批准等手续影响合同生效的，不影响合同中履行报批等义务条款以及相关条款的效力，故 A 选项错误。合同不生效、无效、被撤销或者终止的，不影响合同中有关解决争议方法的条款的效力，故 E 选项错误。

55. ACD。要约以信件或者电报作出的，承诺期限自信件载明的日期或者电报交发之日开始计算，信件未载明日期的，自投寄该信件的邮戳日期开始计算。故 B 选项错误。承诺生效的地点为合同成立的地点。故 E 选项错误。

58. BCDE。建设工程合同包括工程勘察、设计、施工合同，建设工程监理合同、项目管理服务合同则属于委托合同，故 A 选项错误。

61. ACD。《安全生产法》规定，生产经营单位对重大危险源应当登记建档，进行定期检测、评估、监控，并制定应急预案，告知从业人员和相关人员在紧急情况下应当采取的应急措施。

63. CDE。A、C 选项，属于生产经营单位的主要负责人对本单位安全生产工作的职责。

64. ACE。生产经营单位的安全生产管理机构及安全生产管理人员职责：矿山、金属冶炼、建筑施工、运输单位和危险物品的生产、经营、储存、装卸单位，应当设置安全生产管理机构或者配备专职安全生产管理人员。上述单位以外的其他生产经营单位，从业人员超过 100 人的，应当设置安全生产管理机构或者配备专职安全生产管理人员；从业人员在 100 人以下的，应当配备专职或者兼职的安全生产管理人员。故 B 选项错误。生产经营单位的安全生产管理机构及安全生产管理人员履行的职责包括：组织或参与本单位应急救援演练。故 D 选项错误。

65. ACDE。从业人员有权拒绝违章指挥和强令冒险作业。故 B 选项错误。

69. B。《建设工程质量管理条例》规定，建设工程发包单位不得迫使承包方以低于成本的价格竞标，不得任意压缩合理工期。在 2001、2005、2006 年度的考试中，同样对本题涉及的采分点进行了考查，且提问形式与选项设置与本题基本一致。

75. AB。建设工程竣工验收应当具备下列条件：（1）完成建设工程设计和合同约定的各项内容。故 A 选项正确。（2）有完整的技术档案和施工管理资料。故 B 选项正确。（3）有工程使用的主要建筑材料、建筑构配件和设备的进场试验报告。（4）有勘察、设计、施工、工程监理等单位分别签署的质量合格文件。故 C 选项错误。（5）有施工单位签署的工程保修书。D、E 选项内容未提及，故不选。

79. B。《建设工程质量管理条例》规定，施工人员应当在建设单位或者工程监理单位监督下现场取样。在 2001 年度的考试中，同样对本题涉及的采分点进行了考查，且提问形式与选项设置基本与本题一致。

85. B。施工单位必须建立、健全施工质量的检验制度，严格工序管理，做好隐蔽工程的质量检查和记录。隐蔽工程在隐蔽前，施工单位应当通知建设单位和建设工程质量监督机构。在 2010 年度的考试中，同样对本题涉及的采分点进行了考查，且提问形式与选项设置基本与本题一致。

92. A。建设工程监理实施，工程监理单位应当依照法律、法规以及有关技术标准、设计文件和建设工程承包合同，代表建设单位对施工质量实施监理，并对施工质量承担监理责任。

96. BCE。《建设工程质量管理条例》规定，在正常使用条件下，建设工程的最低保修期限为：（1）基础设施工程、房屋建筑的地基基础工程和主体结构工程，为设计文件规定的该工程的合理使用年限；（2）屋面防水工程、有防水要求的卫生间、房间和外墙面的防渗漏，为 5 年；（3）供热与供冷系统，为 2 个采暖期、供冷期；（4）电气管道、给排水管道、设备安装和装修工程，为 2 年。在 2009 年度的考试中，同样对本题涉及的采分点进行了考查，且提问形式与选项设置基本与本题一致。

99. ABD。建设工程承包单位在向建设单位提交工程竣工验收报告时，应当向建设单位出具质量保修书。质量保修书中应当明确建设工程的保修范围、保修期限和保修责任等。在 2004、2010 年度的考试中，同样对本题涉及的采分点进行了考查，且提问形式与选项设置基本与本题一致。

100. D。在正常使用条件下，电气管道、给水排水管道、设备安装和装修工程的最低保修期限为 2 年。在 2001、2004、2007、2014 年度的考试中，同样对本题涉及的采分点进行了考查，且提问形式与选项设置基本与本题一致。

106. D。建设工程发生质量事故，有关单位应当在 24h 内向当地建设行政主管部门和其他有关部门报告。在 2001 年度的考试中，同样对本题涉及的采分点进行了考查，且提问形式与选项设置基本与本题一致。

108. A。B、D 选项属于施工单位的安全责任；C 选项属于设计单位的安全责任。在 2014、2017 年度的考试中，同样对本题涉及的采分点进行了考查。

110. D。《建设工程安全生产管理条例》规定，工程监理单位和监理工程师应当按照法律、法规和工程建设强制性标准实施监理，并对建设工程安全生产承担监理责任。在 2005 年度的考试中，同样对本题涉及的采分点进行了考查，且提问形式与选项设置基本与本题一致。

111. AB。设计单位应当考虑施工安全操作和防护的需要，对涉及施工安全的重点部位和环节在设计文件中注明，并对防范生产安全事故提出指导意见。采用新结构、新材料、新工艺的建设工程和特殊结构的建设工程，设计单位应当在设计中提出保障施工作业人员安全和预防生产安全事故的措施建议。

117. A。施工单位对列入建设工程概算的安全作业环境及安全施工措施所需费用，应当用于施工安全防护用具及设施的采购和更新、安全施工措施的落实、安全生产条件的改善，不得挪作他用。

122. C。施工单位应当在施工组织设计中编制安全技术措施和施工现场临时用电方案，对下列达到一定规模的危险性较大的分部分项工程编制专项施工方案，并附具安全验算结果，经施工单位技术负责人、总监理工程师签字后实施，由专职安全生产管理人员进行现场监督：（1）基坑支护与降水工程；（2）土方开挖工程；（3）模板工程；（4）起重吊装工程；（5）脚手架工程；（6）拆除、爆破工程；（7）国务院建设行政主管部门或者其他有关部门规定的其他危险性较大的工程。上述工程中涉及深基坑、地下暗挖工程、高大模板工程的专项施工方案，施工单位还应当组织专家进行论证、审查。在2007、2010、2012、2013、2014、2018年度的考试中，同样对本题涉及的采分点进行了考查。

124. C。对于达到一定规模的危险性较大的分部分项工程编制专项施工方案，并附具安全验算结果，经施工单位技术负责人、总监理工程师签字后实施，由专职安全生产管理人员进行现场监督。在2007年度的考试中，同样对本题涉及的采分点进行了考查，且提问形式与选项设置基本与本题一致。

125. B。施工单位应当自施工起重机械和整体提升脚手架、模板等自升式架设设施验收合格之日起30日内，向建设行政主管部门或者其他有关部门登记。登记标志应当置于或者附着于该设备的显著位置。

126. CDE。C、D、E选项属于施工单位的安全责任，A、B选项属于建设单位的安全责任。

129. C。较大生产安全事故，是指造成3人及以上10人以下死亡，或者10人及以上50人以下重伤，或者1000万元及以上5000万元以下直接经济损失的事故。

130. D。一般生产安全事故，是指造成3人以下死亡，或者10人以下重伤，或者1000万元以下直接经济损失的事故。

132. A。特别重大生产安全事故是指造成30人及以上死亡，或者100人及以上重伤，或者1亿元及以上直接经济损失的事故。且"以上"包括本数，"以下"不包括本数。

133. D。重大生产安全事故是指造成10人及以上30人以下死亡，或者50人及以上100人以下重伤，或者5000万元及以上1亿元以下直接经济损失的事故。

134. B。《生产安全事故报告和调查处理条例》规定，事故发生单位对事故发生负有责任的，依照下列规定处以罚款：（1）发生一般事故的，处10万元以上20万元以下的罚款；（2）发生较大事故的，处20万元以上50万元以下的罚款；（3）发生重大事故的，处 50 万元以上 200 万元以下的罚款；（4）发生特别重大事故的，处 200 万元以上 500 万元以下的罚款。

135. A。事故发生后，事故现场有关人员应当立即向本单位负责人报告；单位负责人接到报告后，应当于 1h 内向事故发生地县级以上人民政府安全生产监督管理部门和负有安全生产监督管理职责的有关部门报告。在 2014 年度的考试中，同样对本题涉及的采分点进行了考查，且提问形式与选项设置基本与本题一致。

136. ABDE。事故报告应当包括下列内容：（1）事故发生单位概况；（2）事故发生的时间、地点以及事故现场情况；（3）事故的简要经过；（4）事故已经造成或者可能造成的伤亡人数（包括下落不明的人数）和初步估计的直接经济损失；（5）已经采取的措施；（6）其他应当报告的情况。C 选项属于事故调查报告的内容。在 2015、2018 年度的考试中，同样对本题涉及的采分点进行了考查。

139. C。事故发生单位对事故发生负有责任的，依照下列规定处以罚款：（1）发生一般事故的，处 10 万元以上 20 万元以下的罚款；（2）发生较大事故的，处 20 万元以上 50 万元以下的罚款；（3）发生重大事故的，处 50 万元以上 200 万元以下的罚款；（4）发生特别重大事故的，处 200 万元以上 500 万元以下的罚款。

142. D。国有资金占控股或者主导地位的依法必须进行招标的项目，应当公开招标；但有下列情形之一的，可以邀请招标：（1）技术复杂、有特殊要求或者受自然环境限制，只有少量潜在投标人可供选择；（2）采用公开招标方式的费用占项目合同金额的比例过大。

144. A。B 选项错在"5%"正确应为"2%"。依法必须进行招标的项目的境内投标单位，以现金或者支票形式提交的投标保证金应当从其基本账户转出，故 C 选项错误。投标保证金应当自收到投标人书面撤回通知之日起 5 日内退还，故 D 选项错误。

146. CDE。资格预审文件或者招标文件的发售期不得少于 5 日，故 A 选项错误。潜在投标人或者其他利害关系人对招标文件有异议的，应当在投标截止时间 10 日前提出，故 B 选项错误。

147. ABC。国有资金占控股或者主导地位的依法必须进行招标的项目，应当公开招标；但有下列情形之一的，可以邀请招标：（1）技术复杂、有特殊要求或者受自然环境限制，只有少量潜在投标人可供选择。（2）采用公开招标方式的费用占项目合同金额的比例过大。故 A、B、C 选项可采用邀请招标方式。D、E 选项可以不进行招标。

148. C。未通过资格预审的申请人提交的投标文件，以及逾期送达或者不按照招标文件要求密封的投标文件，招标人应当拒收。

150. BCD。有下列情形之一的，视为投标人相互串通投标：（1）不同投标人的投标文件由同一单位或者个人编制；（2）不同投标人委托同一单位或者个人办理投标事宜；（3）不同投标人的投标文件载明的项目管理成员为同一人；（4）不同投标人的投标文件异常一致或者投标报价呈规律性差异；（5）不同投标人的投标文件相互混装；（6）不同投标人的投标保证金从同一单位或者个人的账户转出。

154. C。招标文件要求中标人提交履约保证金的，中标人应当按照招标文件的要求提交。履约保证金不得超过中标合同金额的 10%。在 2016、2018 年度的考试中，同样对本题涉及的采分点进行了考查，且提问形式与选项设置基本与本题一致。

第二节　建设工程监理规范

知识导学

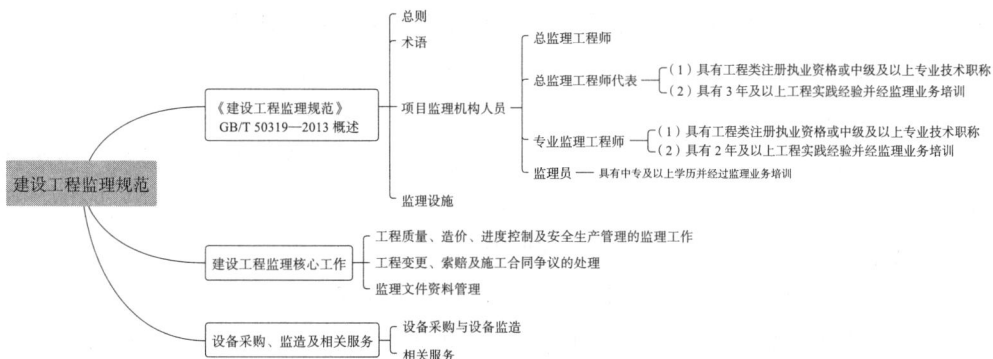

习题汇总

一、《建设工程监理规范》GB/T 50319—2013 概述

（一）总则

1.《建设工程监理规范》规定，工程开工前，建设单位应将（　）书面通知施工单位。

　　A. 工程监理单位的名称　　　　　　　　B. 监理的范围、内容和权限

　　C. 项目监理机构的组织形式　　　　　　D. 项目监理机构的人员构成

　　E. 总监理工程师的姓名

（二）术语

本部分内容考查概率较小，仅做了解即可。

（三）项目监理机构及其设施

2.（2014—19）根据《建设工程监理规范》GB/T 50319—2013，总监理工程师代表可由具有中级以上专业技术职称、（　）年及以上工程实践经验并经监理业务培训的人员担任。

　　A. 1　　　　　　　　　　　　　　　　B. 2

　　C. 3　　　　　　　　　　　　　　　　D. 5

3.（2019—16）根据《建设工程监理规范》GB/T 50319—2013，专业监理工程师应具有中级以上专业技术职称、（　）年及以上工程实践经验并经监理业务培训的人员担任。

A. 1　　　　　　　　　　　　　　B. 2

C. 3　　　　　　　　　　　　　　D. 5

4.（2019—28）一名注册监理工程师要同时担任三项建设工程的总监理工程师时，应（　）。

A. 征得质量监督机构书面同意　　　B. 书面通知施工单位

C. 征得建设单位书面同意　　　　　D. 书面通知建设单位

5. 根据《建设工程监理规范》GB/T 50319—2013 的规定，项目监理机构宜妥善使用和保管建设单位提供的设施，并按建设工程监理合同约定的时间移交（　）。

A. 建设单位　　　　　　　　　　　B. 施工单位

C. 设计单位　　　　　　　　　　　D. 勘察单位

6.（2022—62）根据《建设工程监理规范》，关于工程监理人员的说法，正确的有（　）。

A. 总监理工程师应由注册监理工程师担任

B. 总监理工程师应由工程监理单位法定代表人书面任命

C. 总监理工程师代表可由具有中级专业技术职称、3 年及以上工程实践经验并经监理业务培训的人员担任

D. 专业监理工程师可由具有中级专业技术职称、2 年及以上工程实践经验的人员担任

E. 监理员可由其具有初级专业技术职称并经监理业务培训的人员担任

（四）监理规划及监理实施细则

这部分内容考查概率较小，仅做了解即可。

二、建设工程监理核心工作

（一）工程质量、造价、进度控制及安全生产管理的监理工作

1. 一般规定

7.（2016—18）根据《建设工程监理规范》GB/T 50319—2013，总监理工程师应组织专业监理工程师审查施工单位报送的（　）及相关资料，报建设单位批准后签发工程开工令。

A. 施工组织设计报审表　　　　　　B. 分包单位资格报审表

C. 施工控制测量成果表　　　　　　D. 开工报审表

8.（2019—44）工程开工应在总监理工程师审查（　）及相关材料，报建设单位审批盖章后进行。

A. 工程开工报审表　　　　　　　　B. 施工组织设计

C. 工程开工令　　　　　　　　　　D. 施工方案报审表

9.（2019—64）根据《建设工程监理规范》GB/T 50319—2013，属于总监理工程师的职责且不得委托给总监理工程师代表的工作包括（　　）。

A. 组织审查施工组织设计　　　　　　B. 组织审查工程开工报审表

C. 组织审核施工单位的付款申请　　　D. 组织工程竣工预验收

E. 组织编写工程质量评估报告

10. 下列关于工程质量、造价、进度控制及安全生产管理监理工作一般规定的说法中，正确的有（　　）。

A. 工程开工前，项目监理机构监理人员应参加由施工单位主持召开的第一次工地会议

B. 项目监理机构应定期召开监理例会，并组织有关单位研究解决与监理相关的问题

C. 项目监理机构应协调工程建设相关方的关系

D. 项目监理机构应审查施工单位报审的施工组织设计

E. 总监理工程师应组织专业监理工程师审查施工单位报送的施工控制测量成果表及相关资料，报建设单位批准后，总监理工程师签发工程开工令

11.（2022—27）根据《建设工程监理规范》，监理人员应参加（　　）主持召开的图纸会审会议。

A. 建设单位　　　　　　　　　　　　B. 施工单位

C. 施工图审查机构　　　　　　　　　D. 设计单位

2. 工程质量控制

12.（2015—64）根据《建设工程监理规范》GB/T 50319—2013，项目监理机构控制工程质量的工作有（　　）。

A. 组织调查处理工程质量事故

B. 审查施工单位报审的施工方案

C. 查验施工单位报送的施工测量放线成果

D. 参与工程竣工预验收

E. 检查施工单位为工程提供服务的试验室

3. 工程造价控制

13. 根据《建设工程监理规范》GB/T 50319—2013，项目监理机构控制工程造价的主要工作包括（　　）。

A. 检查施工进度计划的实施情况

B. 对实际完成量与计划完成量进行比较分析

C. 核查施工机械和设施的安全许可验收手续

D. 进行工程计量和付款签证

E. 审核竣工结算款，签发竣工结算款支付证书

4. 工程进度控制

14.（2016—60）项目监理机构控制工程进度的主要工作包括（　　）。

A. 审查施工方案

B. 审查施工总进度计划和阶段性施工进度计划

C. 检查施工进度计划的实施情况

D. 对实际进度进行调整

E. 比较分析工程施工实际进度与计划进度

5. 安全生产管理的监理工作

15. 根据《建设工程监理规范》GB/T 50319—2013，项目监理机构对安全生产管理的监理工作包括（　　）。

A. 审查施工单位报送的工程材料、构配件、设备的质量证明文件

B. 审查施工单位报审的专项施工方案

C. 核查施工机械和设施的安全许可验收手续

D. 审查施工单位现场安全生产规章制度的建立和实施情况

E. 处置安全事故隐患

（二）工程变更、索赔及施工合同争议处理

16. 《建设工程监理规范》GB/T 50319—2013 规定，项目监理机构应依据建设工程监理合同约定进行施工合同管理处理工程暂停及复工等事宜，具体包括（　　）。

A. 处理费用索赔的依据和程序

B. 总监理工程师签发工程暂停令的权力和情形

C. 工程复工申请的批准或指令

D. 发生工期延误时的监理职责

E. 处理工程延期要求的程序

（三）监理文件资料管理

17. 根据《建设工程监理规范》GB/T 50319—2013 的规定，下列关于监理文件资料管理的说法中，错误的是（　　）。

A. 项目监理机构宜设专人管理监理文件资料

B. 项目监理机构宜采用信息技术进行监理文件资料管理

C. 项目监理机构应及时整理、分类汇总监理文件资料，并应按规定组卷，形成监理档案

D. 建设单位应根据工程特点和有关规定，保存监理档案

三、设备采购、监造及相关服务

（一）设备采购与设备监造

18. （2014—20）根据《建设工程监理规范》GB/T 50319—2013，项目监理机构应由（　　）审查设备制造单位报送的设备制造结算文件。

A. 监理员　　　　　　　　　　　　　B. 总监理工程师代表

C. 专业监理工程师　　　　　　　　　D. 总监理工程师

19.（2021—76）根据《建设工程监理规范》GB/T 50319—2013，属于设备监造工作的有（　　）。

　　A. 编制设备制造计划　　　　　　　B. 编制设备制造方案

　　C. 审查原材料的质量证明文件　　　D. 参加设备整机性能检测

　　E. 参加设备运到现场的交接

20. 根据《建设工程监理规范》GB/T 50319—2013，项目监理机构检查设备制造单位的质量管理体系时应审查的内容有（　　）。

　　A. 设备制造单位报送的设备制造生产计划和工艺方案

　　B. 设备制造单位报送的设备制造结算文件

　　C. 设备制造的检验计划和检验要求

　　D. 设备制造的原材料、外购配套件、元器件、标准件的质量证明文件及检验报告

　　E. 设备制造过程的检验结果

（二）相关服务

21.（2015—5）承担工程保修阶段的服务时，监理单位的工作内容不包括（　　）。

　　A. 工程监理单位应当定期回访

　　B. 对于建设或使用单位提出的工程质量缺陷，应当安排监理人员检查和记录

　　C. 对工程质量缺陷原因进行调查，并与建设施工单位协商确定责任归属

　　D. 对非施工原因造成的工程质量缺陷，不承担监理责任

22.《建设工程监理规范》GB/T 50319—2013 规定，监理单位承担工程勘察设计阶段服务时的工作内容包括（　　）。

　　A. 协助建设单位选择勘察设计单位并签订工程勘察设计合同

　　B. 对工程质量缺陷原因进行调查

　　C. 审核勘察单位提交的勘察费用支付申请

　　D. 审查各专业、各阶段设计进度计划

　　E. 审核设计单位提交的设计费用支付申请

四、附录

23. 由工程监理单位或项目监理机构签发的表式是（　　）。

　　A. 通用表　　　　　　　　　　　B. 施工单位报审用表

　　C. 工程监理单位用表　　　　　　D. 施工单位报验用表

习题答案及解析

1. ABE	2. C	3. B	4. C	5. A
6. ABCD	7. D	8. A	9. ADE	10. BCD
11. A	12. BCE	13. BDE	14. BCE	15. BCDE
16. BC	17. D	18. C	19. CDE	20. ACD

21. D   22. ACDE   23. C

【解析】

4. C。一名注册监理工程师可担任一项建设工程监理合同的总监理工程师。当需要同时担任多项建设工程监理合同的总监理工程师时，应经建设单位书面同意，且最多不得超过三项。

6. ABCD。监理员是指从事具体监理工作，具有中专及以上学历并经过监理业务培训的人员。故 E 选项错误。

8. A。总监理工程师应组织专业监理工程师审查施工单位报送的开工报审表及相关资料，报建设单位批准后，总监理工程师签发工程开工令。

9. ADE。总监理工程师应组织专业监理工程师审查施工单位报送的开工报审表及相关资料，故 B 选项错误。总监理工程师应组织审核施工单位的付款申请，签发工程款支付证书，组织审核竣工结算，故 C 选项错误。

10. BCD。A 选项错在"施工单位"正确应为"建设单位"。E 选项错在"施工控制测量成果表"正确应为"开工报审表"。

11. A。项目监理机构监理人员应熟悉工程设计文件，并参加建设单位主持的图纸会审和设计交底会议。

20. ACD。项目监理机构检查设备制造单位的质量管理体系时应审查：设备制造单位报送的设备制造生产计划和工艺方案，设备制造的检验计划和检验要求，设备制造的原材料、外购配套件、元器件、标准件，以及坯料的质量证明文件及检验报告等。

第四章
工程监理企业与监理工程师

第一节　工程监理企业

知识导学

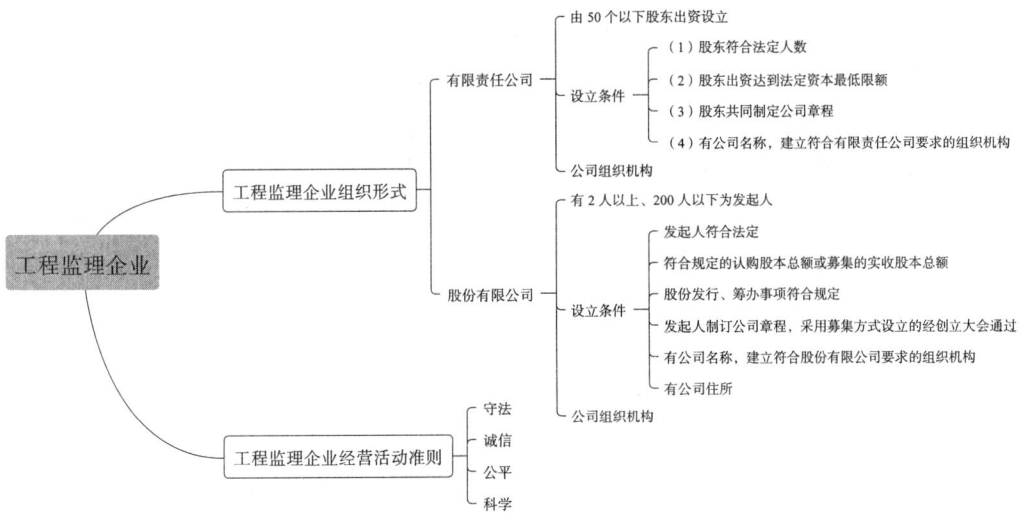

习题汇总
一、工程监理企业组织形式

（一）有限责任公司

1. 公司设立条件

1. 根据《公司法》的规定，有限责任公司应由（　　）个以下的股东出资设立。

A. 25 　　　　　　　　　　　　　　　　　 B. 50

C. 100 　　　　　　　　　　　　　　　　　 D. 200

2. 根据《公司法》的规定，设立有限责任公司，应当具备的条件有（　　）。

A. 股东符合法定人数

B. 发起人制定公司章程

C. 有公司住所

D. 股东出资达到法定资本最低限额

E. 有公司名称，建立符合有限责任公司要求的组织机构

2. 公司注册资本

这部分内容一般不会单独进行考查，仅做了解即可。

3. 公司组织结构

3. 下列关于有限责任公司组织机构的说法中，正确的是（   ）。

A. 董事会是公司的权力机构

B. 执行董事不得兼任公司经理

C. 有限责任公司的经理由董事会决定聘任或解聘

D. 监事会的成员不得少于 5 人

4.（2020—61）关于监理有限责任公司的说法，正确的有（   ）。

A. 股东会是公司的权力机构

B. 设董事会时，其成员数量为 2 ～ 13 人

C. 公司经理对董事会负责，行使公司管理职权

D. 设监事会时，其成员数量为 1 ～ 3 人

E. 公司应有名称和住所

5.（2021—17）关于监理有限责任公司设立董事会的说法，正确的是（   ）。

A. 董事会成员为 3 ～ 13 人

B. 董事会成员不超过 5 人

C. 董事会成员应在 23 人以下

D. 执行董事不得兼任公司经理

6.（2022—18）关于有限责任公司的说法，正确的是（   ）。

A. 公司应由 50 个股东出资设立   B. 公司董事会成员为 3 ～ 13 人

C. 公司经理由董事长聘任或解聘   D. 公司监事会成员不得少于 5 人

（二）股份有限公司

1. 公司设立条件

7.（2020—18）关于设立公司制企业的要求，正确的是（   ）。

A. 股份有限公司的章程由股东共同制定

B. 股份有限公司的发起人应在 3 人以上、200 人以下

C. 有限责任公司应由 50 个以下的股东出资设立

D. 有限责任公司的经理经股东会选举产生、由董事长聘任

8. 设立股份有限公司，应当具备的条件有（   ）。

A. 发起人符合法定人数

B. 建立符合股份有限公司要求的组织机构

C. 股东出资达到法定资本最低限额

D. 有公司住所

E. 股份发行、筹办事项符合法律规定

2. 公司注册资本

这部分内容考查概率较小，仅做了解即可。

3. 公司组织结构

9. 股份有限公司的权力机构是（　　）。

A. 董事会　　　　　　　　　　B. 监事会

C. 总经理　　　　　　　　　　D. 股东大会

10. 下列关于股份有限公司组织机构的说法中，正确的是（　　）。

A. 董事会成员为 3 ~ 13 人

B. 上市公司需要设立独立董事和董事会秘书

C. 董事会成员不得兼任经理

D. 监事会成员不得少于 5 人

二、工程监理企业经营活动准则

11.（2001—59）监理单位经营活动应遵循（　　）准则。

A. 守法　　　　　　　　　　　B. 公正

C. 诚信　　　　　　　　　　　D. 自主

E. 科学

（一）守法

12.（2020—19）工程监理企业在核定的资质等级和业务范围内从事监理活动，体现了监理企业从事工程监理活动的（　　）准则。

A. 守法　　　　　　　　　　　B. 诚信

C. 公平　　　　　　　　　　　D. 科学

（二）诚信

13. 工程监理企业应当建立企业内部信用管理责任制度，及时检查和评估企业信用实施情况，这体现了工程监理企业从事建设工程监理活动应遵循（　　）的准则。

A. 守法　　　　　　　　　　　B. 诚信

C. 公平　　　　　　　　　　　D. 科学

14.（2010—7）信用是企业经营理念、经营责任和（　　）的集中体现。

A. 经营方针　　　　　　　　　B. 经营目标

C. 经营业绩　　　　　　　　　D. 经营文化

15.（2020—62）关于工程监理企业遵循"诚信"经营活动准则的说法，正确的有（　　）。

A. 配置先进的科学仪器开展监理工作

B. 诚信原则的主要作用在于指导当事人按合同约定履行义务

C. 应及时处理不诚信、履职不到位的工程监理人员

D. 按有关规定和合同约定进行施工现场检查和工程验收

E. 提高专业技术能力

（三）公平

16. 工程监理企业在监理活动中既要维护建设单位利益，又不能损害施工单位合法权益，并依据合同公平合理地处理建设单位与施工单位之间的争议，体现出工程监理企业从事工程监理活动应遵循（　　）的准则。

A. 守法 　　　　　　　　　　　　　B. 诚信

C. 公平 　　　　　　　　　　　　　D. 科学

17. 工程监理企业要做到公平，必须做到（　　）。

A. 要坚持实事求是

B. 要熟悉建设工程合同有关条款

C. 要提高专业技术能力

D. 要具有良好的职业道德

E. 要按标准进行工程验收

（四）科学

18. 建设工程监理方案主要是指（　　）。

A. 监理大纲和监理规划

B. 监理规划和监理实施细则

C. 监理大纲和监理实施细则

D. 监理规划和监理合同

19. 工程监理企业实施科学化管理主要体现在（　　）。

A. 在建设实施工程监理前，要尽可能准确地预测出各种可能的问题

B. 在建设实施工程监理前，制定出切实可行、行之有效的监理规划和监理实施细则

C. 组建监理机构和派遣监理人员，配备必要的设备设施

D. 开展廉洁执业教育，及时检查和评估企业信用实施情况

E. 实施建设工程监理，必须借助于各种检测、试验、化验仪器、摄录像设备及计算机等先进的科学仪器

20.（2022—42）下列行为中，体现工程监理单位科学化实施监理的是（　　）。

A. 配备相应的检测试验设备

B. 以合同为依据调解建设单位与施工单位的争议

C. 实事求是地编写监理日志

D. 按工程量清单进行工程计量

习题答案及解析

1. B	2. ACDE	3. C	4. ACE	5. A
6. B	7. C	8. ABDE	9. D	10. B
11. ACE	12. A	13. B	14. D	15. BCD
16. C	17. ABCD	18. B	19. ABE	20. A

【解析】

3. C。股东会是公司的权力机构，故选项 A 错误。执行董事可以兼任公司经理，故选项 B 错误。有限责任公司设监事会，其成员不得少于 3 人，故选项 D 错误。

4. ACE。B 选项错在"2 ~ 13"正确应为"3 ~ 13"。有限责任公司设监事会，其成员不得少于 3 人，故 D 选项错误。

5. A。有限责任公司设董事会，其成员为 3 ~ 13 人。股东人数较少或者规模较小的有限责任公司，可以设一名执行董事，不设董事会。执行董事可以兼任公司经理。

6. B。有限责任公司由 50 个以下股东出资设立。故 A 选项错误。有限责任公司设董事会，其成员为 3 ~ 13 人。故 B 选项正确。有限责任公司可以设经理，由董事会决定聘任或者解聘。故 C 选项错误。有限责任公司设监事会，其成员不得少于 3 人。故 D 选项错误。

7. C。股份有限公司的章程由发起人制定，故 A 选项错误。股份有限公司的发起人应在 2 人以上、200 人以下，故 B 选项错误。有限责任公司可以设经理，由董事会决定聘任或者解聘，故 D 选项错误。

8. ABDE。设立股份有限公司，应当具备下列条件：（1）发起人符合法定人数；（2）有符合公司章程规定的全体发起人认购的股本总额或者募集的实收股本总额；（3）股份发行、筹办事项符合法律规定；（4）发起人制订公司章程，采用募集方式设立的经创立大会通过；（5）有公司名称，建立符合股份有限公司要求的组织机构；（6）有公司住所。

12. A。工程监理企业从事工程监理活动，应当遵循"守法、诚信、公平、科学"的准则。对于工程监理企业而言，守法就是要依法经营，主要体现在以下几个方面：（1）自觉遵守相关法律法规及行业自律公约和诚信守则，在核定的资质等级和业务范围内从事监理活动，不得超越资质或挂靠承揽业务。（2）不伪造、涂改、出租、出借、转让、出卖《资质等级证书》及从业人员执业资格证书，不出租、出借企业相关资信证明，不转让监理业务。（3）在监理投标活动中，坚持诚实信用原则，不弄虚作假，不串标、不围标，不低于成本价参与竞争。（4）依法依规签订建设工程监理合同，不签订有损国家、集体或他人利益的虚假合同或附加条款。（5）不与被监理工程的施工及材料、构配件和设备供应单位有隶属关系或其他利害关系，不谋取非法利益。（6）在异地承接监理业务的，自觉遵守工程所在地有关规定，主动向工程所在地建设主管部门备案登记，接受其指导和监督管理。

14. D。诚信的实质是解决经济活动中经济主体之间的利益关系。诚信是企业经营理念、经营责任和经营文化的集中体现。在 2003、2004 年度的考试中，同样对本题涉及的采分点进行了考查。

15. BCD。工程监理企业从事工程监理活动，应当遵循"守法、诚信、公平、科学"的准则。其中的诚信原则的主要作用在于指导当事人以善意的心态、诚信的态度行使民事权利，承担民事义务，正确地从事民事活动。工程监理企业诚信行为主要体现在以下几方面：（1）建立诚信建设制度，激励诚信，惩戒失信。定期进行诚信建设制度实施情况检查考核，及时处理不诚信和履职不到位人员。（2）依据相关法律法规、建设工程监理规范及合同约定，组建监理机构和派遣监理人员，配备必要的设备设施，开展工程监理工作。（3）不弄虚作假、降低工程质量，不将不合格的建设工程、建筑材料、建筑构配件和设备按照合格签字，不以索、拿、卡、要等手段向建设单位、施工单位谋取不当利益，不以虚假行为损害工程建设各方合法权益。（4）按规定进行检查和验证，按标准进行工程验收，确保工程监理全过程各项资料的真实性、时效性和完整性。（5）加强内部管理，建立企业内部信用管理责任制度，开展廉洁执业教育，及时检查和评估企业信用实施情况，健全服务质量考评体系和信用评价体系，不断提高企业信用管理水平。（6）履行保密义务，不泄露商业秘密及保密工程的相关情况。（7）不用虚假资料申报各类奖项、荣誉，不参与非法社团组织的各类评奖等活动。（8）积极承担社会责任，践行社会公德，确保监理服务质量，维护国家和公众利益。（9）自觉践行自律公约，接受政府主管部门对监理工作的监督检查。

20. A。科学的手段实施建设工程监理，必须借助于先进的科学仪器才能做好监理工作，如各种检测、试验、化验仪器、摄录像设备及计算机等。

第二节　监理工程师

知识导学

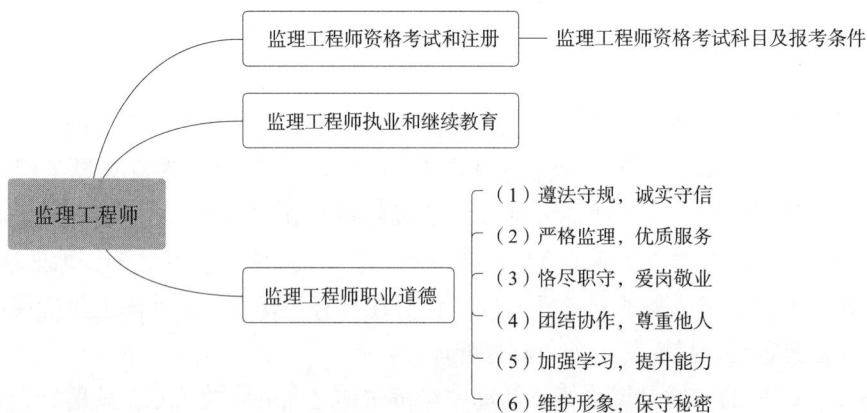

习题汇总

一、监理工程师资格考试和注册

（一）监理工程师资格考试

1. 监理工程师资格制度的建立和发展

1.（2004—57）我国按照（　　）等原则，在涉及国家、人民生命财产安全的专业技术工作领域，实行专业技术人员执业资格制度。

A. 有利于国家经济发展　　　　　　B. 得到社会公认

C. 具有国际先进性　　　　　　　　D. 具有国际可比性

E. 事关社会公共利益

2. 监理工程师资格考试科目及报考条件

2.（2020—20）根据《监理工程师职业资格制度规定》，监理工程师职业资格考试成绩实行（　　）为一个周期的滚动管理办法。

A. 1 年　　　　　　　　　　　　　B. 2 年

C. 3 年　　　　　　　　　　　　　D. 4 年

3.（2021—19）根据《监理工程师职业资格考试实施办法》，对于免考基础科目和增加专业类别的人员，专业科目成绩实行（　　）年为一个周期的滚动管理办法。

A. 4　　　　　　　　　　　　　　B. 3

C. 2　　　　　　　　　　　　　　D. 1

4. 具有各工程大类专业大学专科学历，从事工程监理、施工、设计等业务工作满（　　）年者，可以申请参加监理工程师职业资格考试。

A. 3　　　　　　　　　　　　　　B. 4

C. 5　　　　　　　　　　　　　　D. 6

5. 关于监理工程师资格考试的说法，正确的有（　　）。

A. 监理工程师职业资格考试属于水平评价类职业资格考试

B. 监理工程师职业资格考试全国统一考试大纲、统一命题、统一阅卷

C. 已取得监理工程师一种专业职业资格证书的人员，报考其他专业科目的，可以免考基础科目

D. 具有各工程大类专业大学本科学历，从事工程施工业务工作满 3 年即可报考

E. 具有工学一级学科博士学位，从事工程设计工作满 1 年即可报考

6.（2022—43）根据《监理工程师职业资格考试实施办法》，已取得监理工程师一种专业职业执业资格证书的人员，报名参加其他专业科目考试的，可免考（　　）。

A. 专业　　　　　　　　　　　　　B. 基础

C. 案例　　　　　　　　　　　　　D. 实务

3. 内地监理工程师与香港建筑测量师资格互认

这部分内容考查概率较小，仅做了解即可。

（二）监理工程师注册

7.（2021—62）关于注册监理工程师的说法，正确的有（　　）。

A. 国家对监理工程师职业资格实行执业注册管理制度

B. 监理工程师注册是政府对工程监理执业人员实行市场准入控制的有效手段

C. 住房和城乡建设部、交通运输部，水利部按专业类别分别负责监理工程师注册工作

D. 取得监理工程师职业资格证书且从事工程监理工作的人员，方可以注册监理工程师名义执业

E. 取得监理工程师职业资格证书且经注册的人员，方可以注册监理工程师名义执业

二、监理工程师执业和继续教育

8. 下列关于监理工程师执业相关事项的说法中，错误的是（　　）。

A. 监理工程师不得同时受聘于两个或两个以上单位执业

B. 监理工程师可以从事建设工程监理、全过程工程咨询

C. 监理工程师不得从事工程建设某一阶段工程咨询

D. 监理工程师不得允许他人以本人名义执业

三、监理工程师职业道德

9.（2018—63）注册监理工程师在执业活动中应严格遵守的职业道德守则有（　　）。

A. 履行工程监理合同规定的义务

B. 根据本人的能力从事监理的执业活动

C. 不以个人名义承揽监理业务

D. 接受继续教育

E. 坚持独立自主地开展工作

10.（2022—59）监理工程师的职业道德要求中，"廉洁从业，不谋取不正当利益"的具体行为要求有（　　）。

A. 不为所监理工程指定建筑构配件、设备生产厂家

B. 不收受所监理工程施工单位的任何礼金、有价证券

C. 不同时在两个以上工程监理单位注册和从事监理活动

D. 严格按工程技术标准提供专业化技术服务

E. 保守商业秘密，不泄露所监理工程各参建方认为需要保密的事项

习题答案及解析

1. ABDE　　　　　2. D　　　　　3. C　　　　　4. B　　　　　5. CD

6. B　　　　7. ABCE　　　　8. C　　　　9. ACE　　　　10. ABCE

【解析】

2. D。监理工程师职业资格考试成绩实行 4 年为一个周期的滚动管理办法，在连续的 4 个考试年度内通过全部考试科目，方可取得监理工程师职业资格证书。

5. CD。监理工程师职业资格考试属于准入类职业资格考试，故 A 选项错误。监理工程师职业资格考试全国统一大纲、统一命题、统一组织，故 B 选项错误。具有工学、管理科学与工程一级学科博士学位，可直接报考，故 E 选项错误。在 2020 年度的考试中，同样对本题涉及的采分点进行了考查，且提问形式与选项设置基本与本题一致。

9. ACE。关于监理工程师的职业道德有：（1）遵法守规，诚实守信。维护国家的荣誉和利益，遵守法规和行业自律公约，讲信誉，守承诺，坚持实事求是，"公平、独立、诚信、科学"地开展工作。（2）严格监理，优质服务。执行有关工程建设法律、法规、标准和制度，履行工程监理合同规定的义务，提供专业化服务，保障工程质量和投资效益，改进服务措施，维护业主权益和公共利益。（3）恪尽职守，爱岗敬业。遵守建设工程监理人员职业道德行为准则，履行岗位职责，做好本职工作，热爱监理事业，维护行业信誉。（4）团结协作，尊重他人。树立团队意识，加强沟通交流，团结互助，不损害各方的名誉。（5）加强学习，提升能力。积极参加专业培训，努力学习专业技术和工程监理知识，不断提高业务能力和监理水平。（6）维护形象，保守秘密。抵制不正之风，廉洁从业，不谋取不正当利益。不为所监理工程指定承包商、建筑构配件、设备、材料生产厂家；不收受施工单位的任何礼金、有价证券等；不转借、出租、伪造、涂改监理证书及其他相关资信证明，不以个人名义承揽监理业务；不同时在两个或两个以上工程监理单位注册和从事监理活动；不在政府部门和施工、材料设备的生产供应等单位兼职。树立良好的职业形象。保守商业秘密，不泄露所监理工程各方认为需要保密的事项。在2002、2006、2012、2013、2017 年度的考试中，同样对本题涉及的采分点进行了考查。

第五章

建设工程监理招标投标与合同管理

第一节 建设工程监理招标程序和评标方法

知识导学

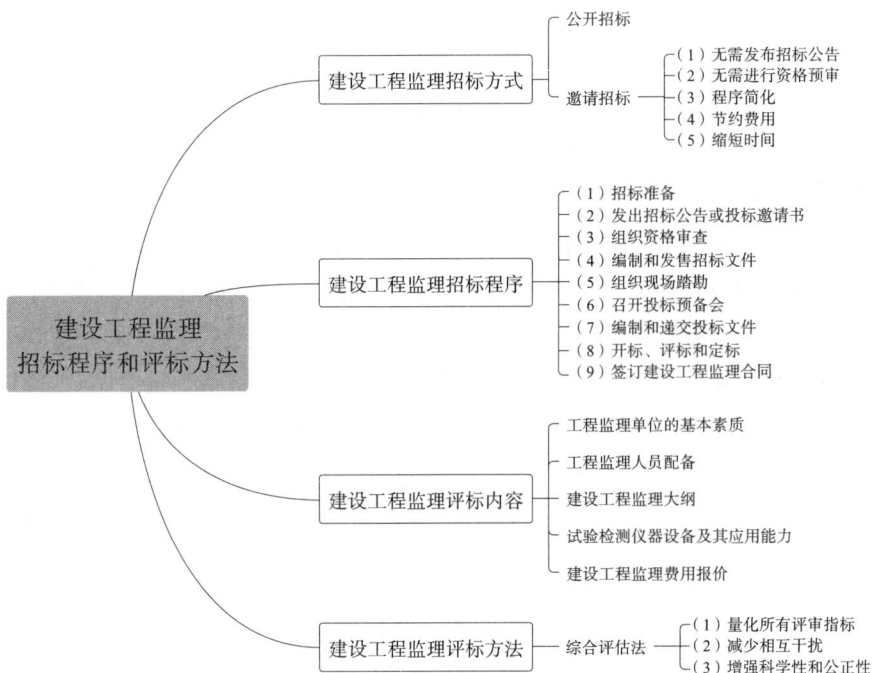

习题汇总

一、建设工程监理招标方式和程序

（一）建设工程监理招标方式

1.（2020—63）建设单位在选择监理招标方式时，应重点考虑的因素有（   ）。

A. 有关必须招标项目的法律法规规定　　　B. 工程项目的特点

C. 工程项目的工程量　　　　　　　　　D. 监理单位的选择空间

E. 工程实施的紧迫程度

1. 公开招标

2. 建设单位以招标公告的方式邀请不特定工程监理单位参加投标，向其发售监理招标文件，按照招标文件规定的评标方法、标准，从符合投标资格要求的投标人中优选中标人，并与中标人签订建设工程监理合同的过程被称为（　　）。

A. 公开招标　　　　　　　　　　　　B. 邀请招标

C. 议标　　　　　　　　　　　　　　D. 定向招标

3. 国有资金占控股或者主导地位等依法必须进行监理招标的项目，应当采用（　　）方式委托监理任务。

A. 公开招标　　　　　　　　　　　　B. 邀请招标

C. 议标　　　　　　　　　　　　　　D. 定向招标

4. 公开招标属于非限制性竞争招标，其优点表现在（　　）。

A. 可使建设单位有较大的选择范围

B. 招标时间短，招标费用较低

C. 能够充分体现招标信息公开性、招标程序规范性、投标竞争公平性

D. 有助于打破垄断，实现公平竞争

E. 能够大大降低串标、围标、抬标和其他不正当交易的可能性

2. 邀请招标

5.（2014—26）采用邀请招标方式选择工程监理单位时，建设单位的正确做法是（　　）。

A. 只需发布招标公告，不需要进行资格预审

B. 不仅需要发布招标公告，而且需要进行资格预审

C. 既不需要发布招标公告，也不进行资格预审

D. 不需要发布招标公告，但需要进行资格预审

6.（2020—21）通过邀请招标方式确定监理人的，建设单位应进行的工作是（　　）。

A. 发出投标邀请书　　　　　　　　　B. 发出招标公告

C. 发售招标方案　　　　　　　　　　D. 进行资格预审

7. 建设工程监理招标分为公开招标和邀请招标两种方式，下列关于邀请招标特点的说法中，正确的有（　　）。

A. 邀请招标属于有限竞争性招标

B. 采用邀请招标方式，建设单位需要发布招标公告，但无需进行资格预审

C. 采用邀请招标方式，既可节约招标费用，又可缩短招标时间

D. 邀请招标方式的招标时间长，招标费用较高

E. 由于选择投标人的范围和投标人竞争的空间有限，邀请招标可能会失去技术和

报价方面有竞争力的投标者

8.（2021—63）关于建设工程监理招标方式的说法，正确的有（　　）。

A. 建设工程监理招标可分为公开招标、邀请招标、委托招标三种方式

B. 公开招标是建设单位以投标邀请书方式邀请工程监理单位参加投标

C. 公开招标属于非限制性竞争招标

D. 邀请招标可进行必要的资格审查

E. 邀请招标能够邀请到有经验和资信可靠的工程监理单位投标

9.（2022—50）下列工作中，公开招标和邀请招标的均包含的环节是（　　）。

A. 发布招标公告　　　　　　　　　　B. 发售招标文件

C. 进行资格后审　　　　　　　　　　D. 进行资格预审

（二）建设工程监理招标程序

10.（2021—20）工程监理公开招标的工作包括：①招标准备；②组织资格审查；③召开投标预备会；④发出中标通知书。仅就上述工作而言，正确的工作流程是（　　）。

A. ①—②—③—④　　　　　　　　　　B. ①—③—②—④

C. ③—①—②—④　　　　　　　　　　D. ②—①—③—④

1. 招标准备

11.（2014—63）建设工程监理招标方案中需要明确的内容有（　　）。

A. 监理招标组织　　　　　　　　　　B. 监理标段划分

C. 监理投标人条件　　　　　　　　　D. 监理招标工作进度

E. 监理招标程序

12.（2022—58）工程监理招标方案应包含的内容有（　　）。

A. 招标方式　　　　　　　　　　　　B. 监理标段划分

C. 投标人须知　　　　　　　　　　　D. 评标专家名单

E. 招标工作进度

2. 发出招标公告或投标邀请书

13.（2015—12）下列不属于招标公告与投标邀请书应当载明的内容是（　　）。

A. 建设单位的名称和地址　　　　　　B. 招标项目的性质

C. 招标项目的实施地点　　　　　　　D. 投标邀请函

14. 建设工程监理招标的招标公告与投标邀请书应当载明的内容有（　　）。

A. 招标项目的实施时间　　　　　　　B. 评标办法

C. 招标项目的性质　　　　　　　　　D. 招标项目的数量

E. 获取招标文件的办法

3. 组织资格审查

15.（2016—20）对申请参加监理投标的潜在投标人进行资格预审的目的是（　　）。

A. 排除不合格的投标人　　　　　　　B. 选择实力强的投标人

C. 排除不满意的投标人　　　　　　　D. 便于对投标人能力进行考察

4. 编制和发售招标文件

16. 招标人与中标人签订建设工程监理合同的基础是（　　）。

A. 投标文件
B. 招标文件
C. 监理大纲
D. 监理规划

17. 招标文件既是投标人编制投标文件的依据，也是招标人与中标人签订建设工程监理合同的基础，其内容一般包括（　　）。

A. 招标公告
B. 评标办法
C. 委托人要求
D. 投标人须知
E. 投标函及其附录

5. 组织现场踏勘

18. 招标人组织投标人进行现场踏勘的目的是（　　）。

A. 编制合格的监理规划

B. 使投标人了解工程场地和周围环境情况，以获取认为有必要的信息

C. 使项目监理机构能圆满完成所承担的建设工程监理任务

D. 减少投资、节约费用

6. 召开投标预备会

19. 招标人应按照招标文件规定的时间组织召开（　　），澄清、解答潜在投标人在阅读招标文件和现场踏勘后提出的疑问。

A. 投标预备会
B. 评标会议
C. 进度协调会
D. 专家论证会

7. 编制和递交投标文件

20. 投标人补充、修改或者撤回已提交的投标文件，并书面通知招标人的时间期限应在（　　）。

A. 评标截止时间前
B. 评标开始前
C. 提交投标文件的截止时间前
D. 投标有效期内

8. 开标、评标和定标

21.（2018—10）根据《招标投标法》，依法必须进行招标的项目，招标人应当自确定中标人之日起（　　）日内，向有关行政监理部门提交招标投标情况的书面报告。

A. 7
B. 15
C. 20
D. 30

22.（2020—22）属于评标委员会工作内容的是（　　）。

A. 组织现场踏勘
B. 熟悉招标文件
C. 编写评标方法
D. 编写评标细则

23.（2021—21）下列工作中，属于评标委员会工作内容的是（　　）。

A. 掌握招标工程的主要特点和需求

B. 编制招标文件及评标办法

C. 编写投标资格预审公告

D. 将招标投标情况书面报告招标投标监督机构

9. 签订建设工程监理合同

24. 招标人与中标人应当自发出中标通知书之日起（　　）日内，依据中标通知书、招标文件中的合同构成文件签订工程监理合同。

A. 5 　　　　　　　　　　　　B. 10

C. 20 　　　　　　　　　　　D. 30

25.（2022—44）建设单位应当自发出中标通知书之日起（　　）日内，与中标人签订书面合同。

A. 7 　　　　　　　　　　　　B. 34

C. 28 　　　　　　　　　　　D. 30

二、建设工程监理评标内容和方法

26.（2014—27）建设工程监理招标的标的是（　　）。

A. 监理酬金 　　　　　　　　B. 监理设备

C. 监理人员 　　　　　　　　D. 监理服务

27.（2016—21）在建设工程监理招标中，选择工程监理单位应遵循的最重要的原则是（　　）。

A. 报价优先 　　　　　　　　B. 基于制度的要求

C. 技术优先 　　　　　　　　D. 基于能力的选择

（一）建设工程监理评标内容

28.（2016—62）建设工程监理评标时应重点评审监理大纲的（　　）。

A. 全面性 　　　　　　　　　B. 程序性

C. 针对性 　　　　　　　　　D. 科学性

E. 创新性

29. 建设工程监理评标办法中，通常会将监理单位的基本素质、监理人员配备及监理大纲作为评标内容。对于工程监理人员配备应重点评审的内容有（　　）。

A. 工程监理单位资质、技术及服务能力

B. 现场监理人员进退场计划是否与工程进展相协调

C. 工程监理整体力量投入是否能满足工程需要

D. 项目监理机构的组织形式是否合理

E. 工程监理单位类似工程监理业绩和经验

30.（2022—79）建设工程监理评标时，对投标人着重应考察的内容有（　　）。

A. 类似工程监理业绩和经验

B. 总监理工程师的综合能力和业绩

C. 监理规划及巡视方案

D. 试验检测仪器设备配备

E. 监理服务费调整系数

（二）建设工程监理评标方法

31.（2014—66）采用综合评估法进行建设工程监理评标的优点有（　　）。

A. 可减少评标过程中的相互干扰

B. 可增强评标的科学性

C. 可增强评标委员之间的深入交流

D. 可集中体现各个评标委员的意见

E. 可增强评标的公正性

（三）建设工程监理投标示例

本部分内容考查概率较低，仅做了解即可。

习题答案及解析

1. ABDE	2. A	3. A	4. ACDE	5. C
6. A	7. ACE	8. CDE	9. B	10. A
11. BCD	12. ABE	13. D	14. ACDE	15. A
16. B	17. ABCD	18. B	19. A	20. C
21. B	22. B	23. A	24. D	25. D
26. D	27. D	28. ACD	29. BCD	30. BDE
31. ABE				

【解析】

1. ABDE。建设单位应根据法律法规、工程项目特点、工程监理单位的选择空间及工程实施的急迫程度等因素合理、合规选择招标方式，并按规定程序向招标投标监督管理部门办理相关招标投标手续，接受相应的监督管理。

5. C。邀请招标属于有限竞争性招标，也称为选择性招标。采用邀请招标方式，建设单位不需要发布招标公告，也不进行资格预审（但可组织必要的资格审查），使招标程序得到简化。

6. A。邀请招标是指建设单位以投标邀请书方式邀请特定工程监理单位参加投标，向其发售招标文件，按照招标文件规定的评标方法、标准，从符合投标资格要求的投标人中优选中标人，并与中标人签订建设工程监理合同的过程。

7. ACE。采用邀请招标方式，建设单位不需要发布招标公告，也不进行资格预审（但可组织必要的资格审查），故选项 B 错误。招标时间长，招标费用较高是公开招标的特点，故选项 D 错误。

8. CDE。建设工程监理招标可分为公开招标、邀请招标。故 A 选项错误。邀请招标是建设单位以投标邀请书方式邀请工程监理单位参加投标。故 B 选项错误。

9. B。邀请招标属于有限竞争性招标，建设单位不需要发布招标公告，也不进行资格预审。A、D是公开招标所独有的，C是邀请招标。

14. ACDE。招标公告与投标邀请书应当载明：建设单位的名称和地址；招标项目的性质；招标项目的数量；招标项目的实施地点；招标项目的实施时间；获取招标文件的办法等内容。

15. A。资格预审的目的是排除不合格的投标人，进而降低招标人的招标成本，提高招标工作效率。

21. B。招标人应当将中标结果通知所有未中标的投标人，并在15日内按有关规定将监理招标投标情况书面报告提交招标投标行政监督部门。

23. A。评标委员会应当熟悉、掌握招标项目的主要特点和需求，认真阅读、研究招标文件及其评标办法，按招标文件规定的评标办法进行评标，编写评标报告，并向招标人推荐中标候选人，或经招标人授权直接确定中标人。

27. D。建设单位选择工程监理单位最重要的原则是"基于能力的选择"，而不应将服务报价作为主要考虑因素。有时甚至不考虑建设工程监理服务报价，只考虑工程监理单位的服务能力。

28. ACD。建设工程监理大纲是反映投标人技术、管理和服务综合水平的文件，反映了投标人对工程的分析和理解程度。评标时应重点评审建设工程监理大纲的全面性、针对性和科学性。

29. BCD。对工程监理人员配备的评价内容具体包括：项目监理机构的组织形式是否合理；总监理工程师人选是否符合招标文件规定的资格及能力要求；监理人员的数量、专业配置是否符合工程专业特点要求；工程监理整体力量投入是否能满足工程需要；工程监理人员年龄结构是否合理；现场监理人员进退场计划是否与工程进展相协调等。

30. BDE。工程监理评标办法中，通常会将下列要素作为评标内容：（1）工程监理单位的基本素质。包括：工程监理单位资质、技术及服务能力、社会信誉和企业诚信度，以及类似工程监理业绩和经验。A选项属于工程监理评标内容，但不是重点评审内容。（2）工程监理人员配备。工程监理人员的素质与能力直接影响建设工程监理工作的优劣，进而影响整个工程监理目标的实现。项目监理机构监理人员的数量和素质，特别是总监理工程师的综合能力和业绩是建设工程监理评标需要考虑的重要内容。故此B选项正确。（3）建设工程监理大纲。建设工程监理大纲是反映投标人技术、管理和服务综合水平的文件，反映了投标人对工程的分析和理解程度。评标时应重点评审建设工程监理大纲的全面性、针对性和科学性。（4）试验检测仪器设备及其应用能力。重点评审投标人在投标文件中所列的设备、仪器、工具等能否满足建设工程监理要求。故D选项正确。（5）建设工程监理费用报价。要重点评审监理费用报价水平和构成是否合理、完整，分析说明是否明确，监理服务费用的调整条件和办法是否符合招标文件要求等。

故 E 选项正确。C 选项不属于工程监理评标内容。

31. ABE。综合评估法是目前我国各地广泛采用的评标方法，其特点是量化所有评标指标，由评标委员会专家分别打分，减少了评标过程中的相互干扰，增强了评标的科学性和公正性。

第二节　建设工程监理投标工作内容和策略

知识导学

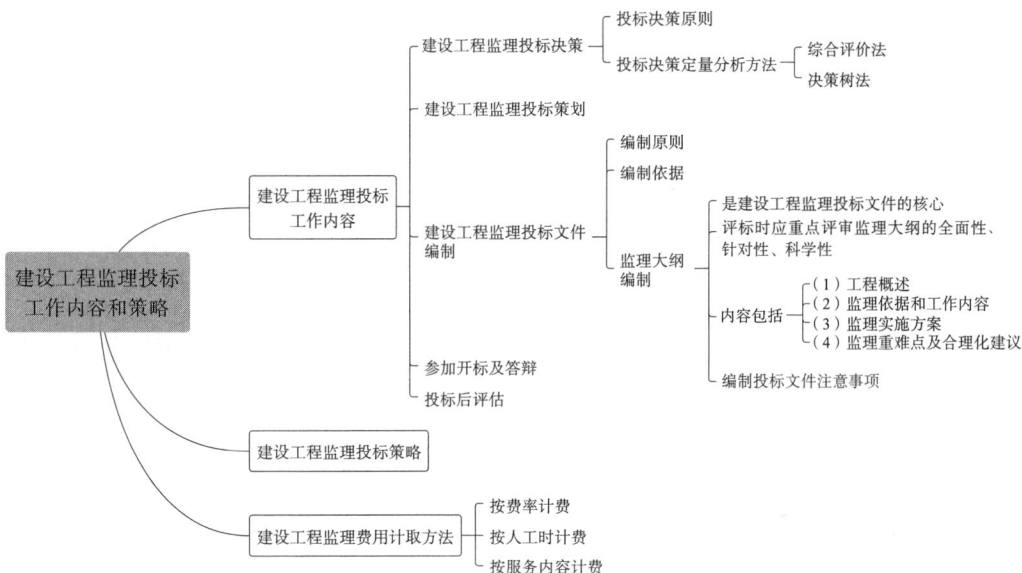

习题汇总

一、建设工程监理投标工作内容

1.（2020—23）工程监理投标工作包括：①购买招标文件。②进行投标决策。③编制投标文件。④递送投标文件并参加开标会。仅就上述工作而言，正确的工作流程是（　　）。

A.①—②—④—③　　　　　　　　　　B.①—③—④—②

C.①—②—③—④　　　　　　　　　　D.②—①—③—④

（一）建设工程监理投标决策

1.投标决策原则

2.下列关于投标决策原则的说法中，错误的是（　　）。

A. 要充分考虑国家政策、建设单位信誉、招标条件、资金落实情况等情况，以保证中标后工程项目能顺利实施

B. 充分衡量自身人员和技术实力能否满足工程项目要求，且要根据工程监理单位自身实力、经验和外部资源等因素来确定是否参与竞标

C. 应尽量将工程监理单位的人力资源分散到几个小工程投标中

D. 对于竞争激烈、风险特别大或把握不大的工程项目，应主动放弃投标

2. 投标决策定量分析方法

3.（2020—64）某工程监理企业采用决策树法对监理投标方案进行定量分析时，决策树中考虑的因素有（　　）。

　　A. 中标概率　　　　　　　　　　B. 可能的利润值

　　C. 损益期望值　　　　　　　　　D. 业主期望值

　　E. 中标率的最大值

4.（2021—64）进行监理投标决策定量分析时，利用决策树法确定是否投标的工作内容是（　　）。

　　A. 确定决策树的方案枝　　　　　B. 确定各个评价指标权重

　　C. 计算损益值　　　　　　　　　D. 比较损益期望值的大小

　　E. 确定是否投标

5.（2022—45）工程监理单位进行投标决策时，先确定投标的各项指标及其权重，再计算各项指标得分并汇总后，由此决定是否投标的方法是（　　）。

　　A. 决策树法　　　　　　　　　　B. 风险评估法

　　C. 综合评价法　　　　　　　　　D. 敏感性分析法

（二）建设工程监理投标策划

6. 从总体上规划建设工程监理投标活动的目标、组织、任务分工等，通过严格的管理过程，提高投标效率和效果的行为被称为（　　）。

　　A. 投标决策　　　　　　　　　　B. 投标后评估

　　C. 投标策划　　　　　　　　　　D. 投标策略

7.（2021—22）工程监理企业经调查分析决定投标后，首先要明确的内容是（　　）。

　　A. 投标程序　　　　　　　　　　B. 投标目标

　　C. 投标策略　　　　　　　　　　D. 投标方式

（三）建设工程监理投标文件编制

8.（2014—28）建设工程监理投标文件的核心是（　　）。

　　A. 监理实施细则　　　　　　　　B. 监理大纲

　　C. 监理服务报价单　　　　　　　D. 监理规划

9.（2014—67）工程监理单位编制投标文件应遵循的原则有（　　）。

　　A. 明确监理任务分工　　　　　　B. 响应监理招标文件要求

　　C. 调查研究竞争对手投标策略　　D. 深入领会招标文件意图

E. 尽可能使投标文件内容深入而全面

10. 建设工程监理投标文件的编制依据包括（　　）。

A. 建设工程监理招标文件

B. 企业现有的设备资源

C. 国家及地方有关建设工程监理投标的法律法规及政策

D. 勘察、设计资料

E. 企业现有的人力及技术资源

11.（2017—32）根据《建设工程监理规范》GB/T 50319—2013，关于监理大纲、监理规划和监理实施细则的说法，正确的是（　　）。

A. 建设工程监理投标文件的核心是监理实施细则

B. 监理规划的内容应具有针对性、科学性和普遍性

C. 委托监理的工程项目均应编制监理大纲、监理规划和监理实施细则

D. 已批准的可行性研究报告可作为监理实施细则编制的依据

12. 监理单位在编制投标文件时应注意的事项有（　　）。

A. 应有类似建设工程监理经验

B. 监理大纲能充分体现工程监理单位的技术、管理能力

C. 投标文件既要响应招标文件要求，还要满足建设单位的一切要求

D. 投标文件应对招标文件内容做出实质性响应

E. 项目监理机构的设置应合理，要突出监理人员素质

13. 监理大纲的内容主要包括（　　）。

A. 工程概述 　　　　　　　　　　B. 监理依据

C. 监理绩效考核标准 　　　　　　D. 监理工作内容

E. 建设工程监理难点、重点及合理化建议

14.（2022—15）工程监理投标文件的核心内容是（　　）。

A. 针对工程具体情况进行项目特征分析

B. 向建设单位提出附加服务承诺

C. 体现建设单位期望的监理服务费建议书

D. 反映监理单位服务水平的监理大纲

15.（2022—61）监理投标文件应包含的内容有（　　）。

A. 投标函 　　　　　　　　　　　B. 资格审查材料

C. 法定代表人授权委托书 　　　　D. 监理实施细则

E. 监理报酬清单

（四）参加开标及答辩

本部分内容考查概率较小，仅做了解即可。

（五）投标后评估

16. 下列关于投标后评估相关事项的说法中，错误的是（　　）。

A. 投标后评估是对投标全过程的分析和总结

B. 工程监理投标成功后才需进行投标后评估

C. 投标后评估要全面评价投标决策是否正确

D. 投标后评估要对总监理工程师的答辩准备是否充分进行评估

17. 投标后评估是对投标全过程的分析和总结，具体评估内容包括（　　）。

A. 投标报价预测是否准确

B. 总监理工程师及项目监理机构成员人数、资历及组织机构设置是否合理

C. 费用计取方法是否正确

D. 重难点和合理化建议是否有针对性

E. 参加开标和总监理工程师答辩准备是否充分

二、建设工程监理投标策略

（一）深入分析影响监理投标的因素

18. 制定投标策略的前提是（　　）。

A. 独立、公平的开展监理活动　　　　　B. 制定建设工程监理目标

C. 深入分析影响投标的因素　　　　　　D. 制定建设工程总目标

19. 建设工程监理最直接、至关重要的环境条件是（　　）。

A. 工程难易程度　　　　　　　　　　　B. 工程条件和环境风险

C. 设计单位的水平和人员素质　　　　　D. 施工单位

20. 工程监理单位要想中标，分析建设单位（买方）因素是至关重要的，具体分析内容应包括（　　）。

A. 分析工程难易程度

B. 分析建设单位对中标人的要求和建设单位提供的条件

C. 分析竞争对手的积极性

D. 分析建设单位对于工程建设资金的落实和筹措情况

E. 分析工程条件和环境风险

（二）把握和深刻理解招标文件精神

21. 把握和深刻理解招标文件精神是制定投标策略的（　　）。

A. 基础　　　　　　　　　　　　　　　B. 保障

C. 前提　　　　　　　　　　　　　　　D. 依据

22. 研究招标文件时，应先了解（　　）等内容。

A. 工程概况　　　　　　　　　　　　　B. 监理工作范围与内容

C. 监理服务报价　　　　　　　　　　　D. 工期

E. 监理目标要求

（三）选择有针对性的监理投标策略

23. 下列监理投标策略中，适用于建设单位对工期等因素比较敏感的工程的

是（　　）。

　　A. 以信誉和口碑取胜　　　　　　　　　　B. 以缩短工期等承诺取胜

　　C. 以附加服务取胜　　　　　　　　　　　D. 适应长远发展

24. 下列监理投标策略中，适用于特大或有重大影响力的工程的是（　　）。

　　A. 以信誉和口碑取胜　　　　　　　　　　B. 以缩短工期等承诺取胜

　　C. 以附加服务取胜　　　　　　　　　　　D. 适应长远发展

25.（2022—16）在监理投标文件中展示其在工程设计方面的优势，并承诺提供设计优化服务，是工程监理单位采取的（　　）取胜策略。

　　A. 信誉　　　　　　　　　　　　　　　　B. 口碑

　　C. 附加服务　　　　　　　　　　　　　　D. 正常服务

（四）充分重视项目监理机构的合理设置

26. 实现监理充分重视项目监理机构的合理设置投标策略的保证是（　　）。

　　A. 重视提出合理化建议　　　　　　　　　B. 总监理工程师是否成功答辩

　　C. 充分重视项目监理机构的设置　　　　　D. 把握和深刻理解招标文件精神

27. 对于项目监理机构的设置和人员配备，应注意的事项有（　　）。

　　A. 项目监理机构成员应满足招标文件要求

　　B. 项目监理机构人员名单应明确每一位监理人员的专业、职称、拟派职务、资格等内容

　　C. 总监理工程师应具备同类建设工程监理经验，有良好的组织协调能力

　　D. 每个工程项目必须配备总监理工程师代表

　　E. 要重点说明现有人员配备对完成建设工程监理任务的适应性和针对性

（五）重视提出合理化建议

28. 重视提出合理化建议是促进投标策略实现的（　　）。

　　A. 重要依据　　　　　　　　　　　　　　B. 有力措施

　　C. 重要保障　　　　　　　　　　　　　　D. 基本前提

（六）有效地组织项目监理团队答辩

29. 项目监理团队答辩的关键是（　　）。

　　A. 总监理工程师的答辩　　　　　　　　　B. 总监理工程师代表的答辩

　　C. 专业监理工程师的答辩　　　　　　　　D. 监理员的答辩

三、建设工程监理费用计取方法

（一）按费率计费

30. 按照工程规模大小和所委托的咨询工作繁简，以建设投资的一定百分比来计算的工程监理费用计取方法是（　　）。

　　A. 按费率计费　　　　　　　　　　　　　B. 按人工时计费

　　C. 按服务内容计费　　　　　　　　　　　D. 按服务时长计费

31. 在建设工程监理费用计取方法中，（　　）是按照工程规模大小和所委托的咨询工作繁简，以建设投资的一定百分比来计算的。

A. 按费率计费　　　　　　　　　　B. 按人工时计费

C. 按服务内容计费　　　　　　　　D. 按服务时长计费

（二）按人工时计费

32.（2021—23）下列工程监理费用计取方法中，适用于临时性、短期监理（咨询）业务活动的是（　　）。

A. 建设投资百分比法　　　　　　　B. 工程建设强度法

C. 监理（咨询）人员工时法　　　　D. 监理（咨询）服务内容法

（三）按服务内容计费

33. 在建设工程监理费用计取方法中，（　　）是指在明确咨询工作内容的基础上，业主与工程咨询公司协商一致确定的固定咨询费，或工程咨询公司在投标时以固定价形式进行报价而形成的咨询合同价格。

A. 按费率计费　　　　　　　　　　B. 按人工时计费

C. 按服务内容计费　　　　　　　　D. 按服务时长计费

34. 在建设工程监理费用计取方法中，当实际咨询工作量有所增减时，一般也不调整咨询费的是（　　）。

A. 按费率计费　　　　　　　　　　B. 按人工时计费

C. 按服务内容计费　　　　　　　　D. 按服务时长计费

习题答案及解析

1. D	2. C	3. AC	4. ACDE	5. C
6. C	7. B	8. B	9. BDE	10. ABCE
11. C	12. ABDE	13. ABDE	14. D	15. ABCE
16. B	17. ABDE	18. C	19. D	20. BD
21. A	22. ABDE	23. B	24. A	25. C
26. C	27. ABCE	28. B	29. A	30. A
31. A	32. C	33. C	34. C	

【解析】

1. D。建设工程监理投标是一项复杂的系统性工作，工程监理单位的投标工作内容及流程包括：投标决策→投标策划→投标文件编制→参加开标及答辩→投标后评估等。解答本题可采用排除法，在题干给出的四个步骤中，"递送投标文件并参加开标会"一定是最后一步，故可将A、B选项排除。在C、D选项中，主要是确定步骤①、②哪个在前哪个在后，很明显最先应进行的是投标决策，故本题的正确答案是D选项。

4. ACDE。决策过程包括:(1)先根据已知情况绘制决策树,绘制过程中从右引出若干条直(折)线,形成方案枝。(2)计算期望值,比较损益期望值。(3)确定决策方案。

5. C。综合评价法:(1)确定影响投标的评价指标。(2)确定各项评价指标权重。(3)各项评价指标评分。(4)计算综合评价总分。(5)决定是否投标。

11. C。建设工程监理投标文件的核心是反映监理服务水平高低的监理大纲,尤其是针对工程具体情况制定的监理对策,以及向建设单位提出的原则性建议等。

13. ABDE。监理大纲一般应包括以下主要内容:工程概述;监理依据和监理工作内容;建设工程监理实施方案;建设工程监理难点、重点及合理化建议。

15. ABCE。投标文件格式:投标函及投标函附录;法定代表人身份证明;授权委托书;联合体协议书;投标保证金;监理报酬清单;资格审查资料;监理大纲;其他资料。

17. ABDE。投标后评估是对投标全过程的分析和总结,对一个成熟的工程监理企业,无论建设工程监理投标成功与否,投标后评估不可缺少。投标后评估要全面评价投标决策是否正确,影响因素和环境条件是否分析全面,重难点和合理化建议是否有针对性,总监理工程师及项目监理机构成员人数、资历及组织机构设置是否合理,投标报价预测是否准确,参加开标和总监理工程师答辩准备是否充分,投标过程组织是否到位等。

25. C。以附加服务取胜:目前,随着建设工程复杂性程度的加大,招标人对于前期配套、设计管理等外延的服务需求越来越强烈,但招标人限于工程概算的限制,没有额外的经费聘请提供此类服务的项目管理单位,如工程监理单位具有工程咨询、工程设计、招标代理、造价咨询及其他相关的资质,可在投标过程中向招标人推介此项优势。

31. A。在建设工程监理费用计取方法中,按费率计费指的是按照工程规模大小和所委托的咨询工作繁简,以建设投资的一定百分比来计算。

32. C。由于建设工程类别、特点及服务内容不同,可采用不同方法计取监理费用。通行的咨询计价方式有:按费率计费、按人工时计费、按服务内容计费。其中,按人工时计费主要适用于临时性、短期咨询业务活动,或者不宜按建设投资百分比等方法计算咨询费的情形。

第三节　建设工程监理合同管理

知识导学

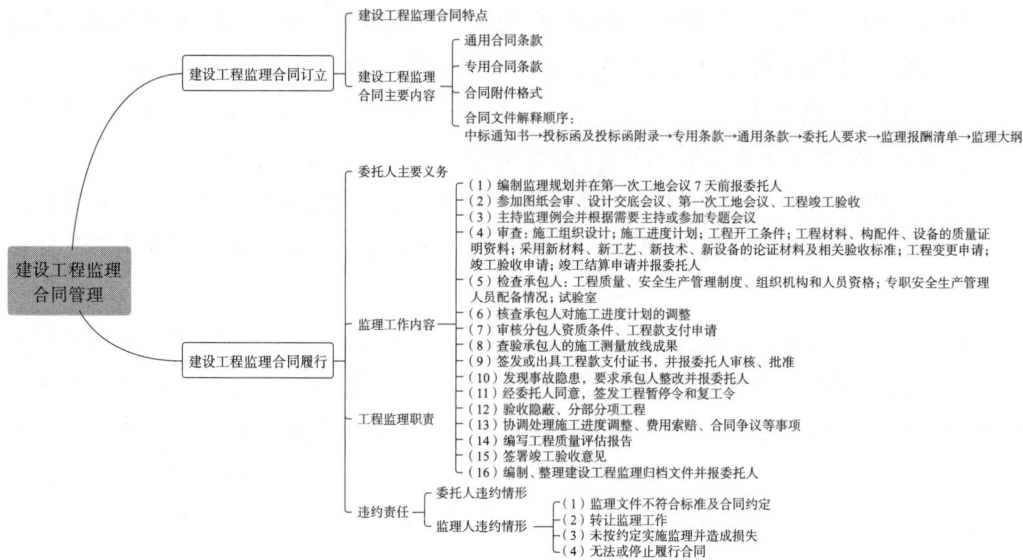

习题汇总

一、建设工程监理合同订立

（一）建设工程监理合同特点

1.（2020—24）关于建设工程监理合同的说法，正确的是（　　）。

A.工程监理合同属于建设工程合同

B.工程监理合同当事人双方必须是具有法人资格的企业单位

C.工程监理合同的标的是服务

D.工程监理合同履行结果是物质成果

2.（2021—25）关于建设工程监理合同的说法，正确的是（　　）。

A.建设工程监理合同是一种建设工程合同

B.建设工程监理合同分为通用合同条款和专用合同条款两部分

C.建设工程监理合同双方应是具有法人资格的企事业单位

D.建设工程监理合同的标的是服务

（二）建设工程监理合同主要内容

3.建设工程监理合同组成文件中唯一需要委托人和监理人签字盖章的法律文书是（　　）。

A. 合同协议书   B. 履约保函

C. 通用合同条款   D. 专用合同条款

4.（2020—25）根据《标准监理招标文件》，关于合同附件格式的说法，正确的是（　　）。

A. 合同附件格式包括合同协议书、履约保证金格式和安全、廉政责任书格式

B. 合同协议书是合同组成文件中唯一要求委托人和监理人签字盖章的法律文书

C. 合同附件格式中要求履约保证金采用有条件担保方式

D. 合同附件格式中要求履约担保至委托人签发工程竣工验收证书之日失效

5.（2020—69）根据《标准监理招标文件》通用合同条款，组成监理合同的文件有（　　）。

A. 中标通知书   B. 委托人要求

C. 监理报酬清单   D. 合同协议书

E. 监理规划

6.（2021—24）根据《标准监理招标文件》，建设工程监理合同履约担保至建设单位签发工程竣工验收证书之日起（　　）后失效。

A. 14 天   B. 28 天

C. 1 个月   D. 12 个月

7. 组成《建设工程监理合同（示范文本）》CF—2012—0202 的合同文件有：①委托人要求；②监理大纲；③监理报酬清单；④中标通知书；⑤投标函及投标函附录。当上述文件内容存在矛盾时，其正确的解释顺序是（　　）。

A. ①—③—②—④—⑤   B. ④—⑤—③—①—②

C. ④—⑤—①—③—②   D. ②—④—⑤—①—③

8.（2022—19）建设工程监理合同文件包括：①专用合同条款；②中标通知书；③监理报酬清单等。仅就上述合同文件而言，正确的优先解释顺序是（　　）。

A. ①—②—③   B. ②—③—①

C. ③—②—①   D. ②—③—①

二、建设工程监理合同履行

（一）委托人主要义务

9. 根据《建设工程监理合同（示范文本）》CF—2012—0202，委托人应在收到预付款支付申请后（　　）天内，将预付款支付给监理人。

A. 7   B. 14

C. 28   D. 56

10.（2021—31）根据《标准监理招标文件》，监理服务期限自（　　）起计算。

A. 开始监理通知中载明的开始监理日期

B. 招标文件中载明的开始监理日期

C. 监理规划中载明的开始监理日期

D. 监理人实际进场日期

（二）监理人主要义务

1. 监理工作内容

11.（2014—69）根据《建设工程监理合同（示范文本）》GF—2012—0202，监理人需要完成的基本工作内容有（　　）。

A. 主持工程竣工验收　　　　　　　B. 编制工程竣工结算报告

C. 检查施工承包人的试验室　　　　D. 验收隐蔽工程、分部分项工程

E. 主持召开第一次工地会议

12.（2016—23）监理人在履行建设工程监理合同义务时，需完成的基本工作是（　　）。

A. 收到工程设计文件后编制监理规划，并在第一次工地会议14d前报委托人

B. 熟悉工程设计文件，并参加由委托人组织的专题会议

C. 审核施工承包人资质条件

D. 检查施工承包人工程质量、安全生产管理制度及组织机构和人员资格

13.（2018—65）根据《建设工程监理合同（示范文本）》CF—2012—0202，监理人需要完成的基本工作有（　　）。

A. 主持图纸会审和设计交底会议

B. 检查施工承包人的实验室

C. 查验施工承包人的施工测量放线成果

D. 审核施工承包人提交的工程款支付申请

E. 编写工程质量评估报告

14.（2019—65）根据《建设工程监理合同（示范文本）》GF—2012—0202，属于监理人义务的有（　　）。

A. 查验施工测量放线成果

B. 协调工程建设中的全部外部关系

C. 参加工程竣工验收

D. 签署竣工验收意见

E. 向承包人明确总监理工程师具有的权限

15.（2020—68）根据《标准监理招标文件》，监理人的工作内容有（　　）。

A. 收到施工组织设计文件后编制监理规划

B. 参加由委托人主持的第一次工地会议

C. 检查施工承包人的试验室

D. 查验施工承包人的施工测量放线成果

E. 核查施工承包人对施工进度计划的调整

16.（2021—1）根据《标准监理招标文件》，工程监理单位应在收到工程设计文件后编制监理规划，并在（　　）报委托人。

A.第一次工地会议 7 天前　　　　　　　B.第一次工地会议 14 天前

C.收到开始监理通知 7 天后　　　　　　D.收到开始监理通知 14 天后

2. 工程监理职责

17.（2020—4）根据《标准监理招标文件》，总监理工程师授权下属人员履行职责的，应事先将被授权人员的姓名、授权范围书面通知（　　）。

A.招标人　　　　　　　　　　　　　　B.投标人

C.委托人和承包人　　　　　　　　　　D.监理人

18.下列关于工程监理职责的说法中，正确的是（　　）。

A.监理人更换总监理工程师应事先征得委托人同意，并应在更换 7 天前将拟更换的总监理工程师的姓名和详细资料提交委托人

B.监理人为履行合同发出的一切函件均应盖有监理人单位章或由监理人授权的项目机构章，并由监理人的专业监理工程师签字确认

C.合同履行中，监理人可对委托人要求提出合理化建议

D.监理人应在接到开始监理通知之日起 14 天内，向委托人提交监理项目机构以及人员安排的报告

（三）违约责任

1. 委托人违约

19.根据《标准监理招标文件》，在合同履行中，委托人的违约情形主要包括（　　）。

A.委托人未按合同约定支付监理报酬

B.监理文件不符合规范标准及合同约定

C.委托人原因造成监理停止

D.委托人停止履行合同

E.委托人无法履行合同

2. 监理人违约

20.（2020—65）根据《标准监理招标文件》，监理人违约的情形有（　　）。

A.编制的监理文件不符合规范标准及合同约定的

B.由于疫情暂停项目监理工作的

C.两次未及时编写监理例会会议纪要的

D.转让合同内监理业务的

E.未按建设单位的口头要求开展监理工作的

21.（2021—65）根据《标准监理招标文件》中的通用合同条款，建设工程监理合同履行过程中，属于监理人违约的情形有（　　）。

A.转让监理工作的

B.未报送监理规划并造成工程损失的

C.未按时向委托人提交监理报酬支付申请的

D.自行停止履行监理合同的

E. 监理文件不符合有关标准的

习题答案及解析

1. C	2. D	3. A	4. B	5. ABCD
6. B	7. C	8. D	9. C	10. A
11. CD	12. D	13. BCDE	14. ACD	15. BCDE
16. A	17. C	18. C	19. ACDE	20. AD
21. ABDE				

【解析】

1. C。建设工程合同包括工程勘察、设计、施工合同；建设工程监理合同、项目管理服务合同则属于委托合同，故 A 选项错误。建设工程监理合同当事人双方应是具有民事权力能力和民事行为能力、具有法人资格的企事业单位及其他社会组织，个人在法律允许的范围内也可以成为合同当事人，故 B 选项错误。工程监理合同的履行结果并不是物质成果，D 选项错误。

2. D。建设工程监理合同是一种委托合同，故 A 选项错误。监理合同条款由通用合同条款和专用合同条款两部分组成，同时还以合同附件格式明确了合同协议书和履约保证金格式，故选项 B 错误。建设工程监理合同当事人双方应是具有民事权力能力和民事行为能力、具有法人资格的企事业单位及其他社会组织，个人在法律允许的范围内也可以成为合同当事人，故 C 选项错误。

4. B。合同附件格式是订立合同时采用的规范化文件，包括合同协议书和履约保证金格式，故 A 选项错误。履约担保采用无条件担保方式，故 C 选项错误。履约担保自委托人与监理人签订的合同生效之日起，至委托人签发工程竣工验收证书之日起 28 天后失效，故 D 选项错误。

5. ABCD。合同协议书与下列文件一起构成合同文件：（1）中标通知书。（2）投标函及投标函附录。（3）专用合同条款。（4）通用合同条款。（5）委托人要求。（6）监理报酬清单。（7）监理大纲。（8）其他合同文件。

18. C。选项 A 错在"7 天"正确应为"14 天"。选项 B 错在"专业监理工程师"正确应为"总监理工程师"。选项 D 错在"14 天"正确应为"7 天"。

20. AD。在合同履行中发生下列情况之一的，属监理人违约：（1）监理文件不符合规范标准及合同约定。（2）监理人转让监理工作。（3）监理人未按合同约定实施监理并造成工程损失。（4）监理人无法履行或停止履行合同。（5）监理人不履行合同约定的其他义务。

第六章
建设工程监理组织

第一节　建设工程监理委托方式及实施程序

知识导学

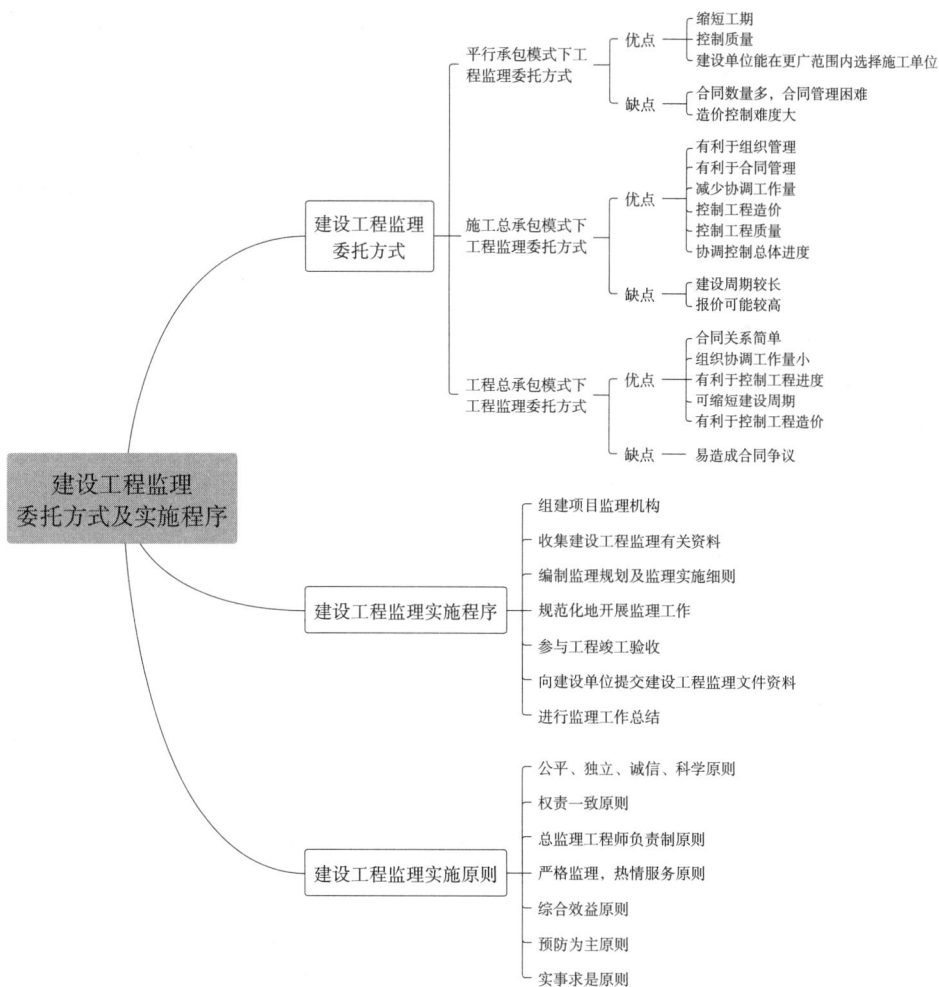

建设工程监理委托方式及实施程序
- 建设工程监理委托方式
  - 平行承包模式下工程监理委托方式
    - 优点
      - 缩短工期
      - 控制质量
      - 建设单位能在更广范围内选择施工单位
    - 缺点
      - 合同数量多，合同管理困难
      - 造价控制难度大
  - 施工总承包模式下工程监理委托方式
    - 优点
      - 有利于组织管理
      - 有利于合同管理
      - 减少协调工作量
      - 控制工程造价
      - 控制工程质量
      - 协调控制总体进度
    - 缺点
      - 建设周期较长
      - 报价可能较高
  - 工程总承包模式下工程监理委托方式
    - 优点
      - 合同关系简单
      - 组织协调工作量小
      - 有利于控制工程进度
      - 可缩短建设周期
      - 有利于控制工程造价
    - 缺点
      - 易造成合同争议
- 建设工程监理实施程序
  - 组建项目监理机构
  - 收集建设工程监理有关资料
  - 编制监理规划及监理实施细则
  - 规范化地开展监理工作
  - 参与工程竣工验收
  - 向建设单位提交建设工程监理文件资料
  - 进行监理工作总结
- 建设工程监理实施原则
  - 公平、独立、诚信、科学原则
  - 权责一致原则
  - 总监理工程师负责制原则
  - 严格监理，热情服务原则
  - 综合效益原则
  - 预防为主原则
  - 实事求是原则

习题汇总

一、建设工程监理委托方式

（一）平行承包模式下建设工程监理委托方式

1.（2006—64）对建设单位而言，平行承包模式的主要缺点有（　　）。

A. 工程招标任务量大 　　　　　　B. 工程造价控制难度大

C. 不利于缩短工期 　　　　　　　D. 质量控制难度大

E. 选择承包方范围小

2. 建设工程采用平行承包模式的优点之一是（　　）。

A. 有利于工程总价的确定

B. 有利于建设单位在更广范围内选择施工单位

C. 有利于建设单位合同管理和组织协调

D. 有利于减少施工过程中的设计变更

3.（2014—32）在建设工程平行承包模式下，需委托多家工程监理单位实施监理时，各工程监理单位之间的关系需要由（　　）进行协调。

A. 设计单位 　　　　　　　　　　B. 建设单位

C. 质量监督机构 　　　　　　　　D. 施工总承包单位

4.（2017—66）关于平行承包模式下建设单位委托多家监理单位实施监理的说法，正确的有（　　）。

A. 监理单位之间的配合需建设单位协调

B. 监理单位的监理对象相对复杂，不便于管理

C. 建设工程监理工作易被肢解，不利于工程总体协调

D. 各家监理单位各负其责

E. 建设单位合同管理工作较为容易

5.（2020—27）建设工程采用平行承包模式的优点是（　　）。

A. 工程建设协调难度小 　　　　　B. 较易控制工程造价

C. 工程招标任务量小 　　　　　　D. 建设周期较短

6.（2020—66）关于建设工程监理的说法，正确的有（　　）。

A. 在签订工程监理合同时应明确总监理工程师

B. 建设单位可委托多家监理单位但必须确定一家监理单位负责总体规划和协调

C. 监理大纲必须由投标人的拟任总监理工程师负责编写

D. 签订监理合同后，项目监理机构应及时收集工程监理有关资料

E. 工程施工需分包时，总监理工程师应组织审核分包单位资格

7.（2021—26）下列工程类别中，建设单位可以在已选定的多家工程监理单位中确定一家"总监理单位"，负责监理项目总体规划、协调和控制的是（　　）。

A. 交钥匙工程   B. EPC 承包工程

C. 施工总承包工程   D. 平行承包工程

8. （2022—20）下列承包模式中，施工、监理合同数量较多的是（   ）。

A. 平行承包模式   B. 施工总承包模式

C. 工程总承包模式   D. EPC 承包模式

9. （2022—80）下列承包模式中，工程设计能够与施工有效衔接的有（   ）模式。

A. 平行承包   B. 施工总承包

C. Partnering   D. EPC 承包

E. DB 承包

（二）施工总承包模式下建设工程监理委托方式

10. （2015—66）建设单位采用施工总承包模式发包工程的优点有（   ）。

A. 分包单位参与管理，可降低施工总承包单位的报价

B. 建设周期相对较短，有利于工程较早投入使用

C. 总包合同价确定较早，有利于工程造价控制

D. 有总承包单位监督和分包单位自控，有利于工程质量控制

E. 协调工作量少，有利于合同管理

11. （2019—26）施工总承包模式下建设工程监理委托方式的特点是（   ）。

A. 合同条款不易准确确定   B. 施工总承包单位的报价较低

C. 招标发包工作难度大   D. 建设周期较长

12. （2020—26）关于建设工程监理委托方式的说法，正确的是（   ）。

A. 建设单位委托一家监理单位有利于工程建设的总体控制与协调

B. 平行承包模式下工程监理委托的方式具有唯一性

C. 采用施工总承包模式发包的工程，可委托一家或几家监理单位实施监理

D. 在监理评标办法中，宜将"经评审的投标价格最低"作为中标条件

13. （2006—23）对建设单位而言，项目总承包模式的主要缺点是（   ）。

A. 质量控制难度大   B. 不利于缩短建设工期

C. 组织协调工作量大   D. 不利于投资控制

14. （2007—23）项目总承包模式具有的优点之一是（   ）。

A. 合同关系简单   B. 合同管理难度小

C. 合同价格低   D. 有利于质量控制

（三）工程总承包模式下建设工程监理委托方式

15. （2019—66）建设单位采用工程总承包模式的优点有（   ）。

A. 有利于缩短建设周期   B. 组织协调工作量小

C. 有利于合同管理   D. 有利于招标发包

E. 有利于造价控制

16. （2021—66）关于承包模式的说法，正确的有（   ）。

A. 平行承包模式下，建设单位可以委托几家工程监理单位实施监理

B. 工程总承包模式下，弱化了工程质量"他人控制"机制

C. 施工总承包模式下，需要总监理工程师具备更全面的知识

D. 交钥匙工程，需要建设单位委托一家"总监理单位"

E. 采用施工总承包或工程总承包模式时，建设单位的组织协调工作量小

17. 建设工程总承包模式的特点包括（　　）。

A. 建设周期较长

B. 合同条款不易准确确定，容易造成合同争议

C. 建设单位的合同关系简单，组织协调工作量小

D. 承包范围大，介入工程项目时间早，工程信息未知数多，总承包单位要承担较大风险

E. 合同数量多，会造成合同管理困难

18.（2022—11）采用工程总承包模式的特点是（　　）。

A. 不利于缩短建设工期　　　　　　　B. 有利于控制工程质量

C. 不便于较早确定工程造价　　　　　D. 可减轻建设单位合同管理负担

二、建设工程监理实施程序和原则

（一）建设工程监理实施程序

1. 组建项目监理机构

19.（2008—22）某工程项目的建设单位通过招标与某监理单位签订了施工阶段委托监理合同，总监理工程师应根据（　　）组建项目监理机构。

A. 监理大纲和监理规划　　　　　　　B. 监理大纲和委托监理合同

C. 委托监理合同和监理规划　　　　　D. 监理规划和监理实施细则

20.（2012—24）监理任务确定并签订委托监理合同后，工程监理单位首先要做的工作是（　　）。

A. 编制监理大纲　　　　　　　　　　B. 编制监理规划

C. 组建项目监理机构　　　　　　　　D. 编制监理实施细则

21.（2017—27）组建项目监理机构时，总监理工程师应根据的监理文件是（　　）。

A. 建设工程监理规范

B. 建设工程监理与相关服务收费管理规定

C. 施工单位与建设单位签订的工程合同

D. 监理大纲和监理合同

22.（2020—67）工程监理单位在确定项目监理机构的组织形式和规模时，应考虑的因素有（　　）。

A. 监理合同约定的监理范围和内容　　B. 工程环境

C. 工程项目特点　　　　　　　　　　D. 工程技术复杂程度

E.施工单位资质等级

2.收集工程监理有关资料

23.在建设工程监理实施程序中，组建项目监理机构后紧接着的一项工作是（　　）。

A.收集工程监理有关资料
B.规范化地开展监理工作

C.编制监理规划及监理实施细则
D.参与工程竣工验收

3.编制监理规划及监理实施细则

24.在建设工程监理实施程序中，收集建设工程监理有关资料后紧接着的一项工作是（　　）。

A.进行监理工作总结
B.组建项目监理机构

C.编制监理规划及监理实施细则
D.规范化地开展监理工作

4.规范化地开展监理工作

25.（2005—64）监理工作的规范化体现在（　　）。

A.工作目标的确定性
B.监理实施细则的针对性

C.职责分工的严密性
D.工作的时序性

E.组织机构的稳定性

26.（2006—24）建设工程监理工作由不同专业、不同层次的专家群体共同来完成，（　　）体现了监理工作的规范化，是进行监理工作的前提和实现监理目标的重要保证。

A.目标控制的动态性
B.职责分工的严密性

C.监理指令的及时性
D.监理资料的完整性

27.（2010—27）下列要求中，不属于监理工作规范化要求的是（　　）。

A.工作的时序性
B.职责分工的严密性

C.完成目标的准确性
D.工作目标的确定性

5.参与工程竣工验收

28.项目监理机构人员应参加由（　　）组织的工程竣工验收，签署工程监理意见。

A.建设单位
B.施工单位

C.设计单位
D.工程质量监督机构

6.向建设单位提交建设工程监理文件资料

29.在合同未做明确规定的情况下，建设工程监理工作完成后，项目监理机构应向建设单位提交的文件资料有（　　）。

A.设计图纸和施工说明书
B.项目立项批文

C.工程变更资料
D.监理指令性文件

E.各类签证

7.进行监理工作总结

30.项目监理机构向建设单位提交的监理工作总结报告的内容包括（　　）。

A.监理大纲的主要内容及编制情况
B.工程监理合同履行情况

C.监理任务及目标完成情况
D.建设单位提供的设备清单

E. 监理工作终结情况的说明

31. 项目监理机构向工程监理单位提交的监理工作总结的内容包括（　　）。

A. 监理任务或监理目标完成情况评价

B. 表明建设工程监理工作终结的说明

C. 工程概况

D. 建设工程监理工作的成效和经验

E. 建设工程监理工作中发现的问题、处理情况及改进建议

（二）建设工程监理实施原则

32. （2017—68）下列原则中，属于实施建设工程监理应遵循的原则有（　　）。

A. 权责一致 　　　　　　　　　　B. 综合效益

C. 严格把关 　　　　　　　　　　D. 利益最大

E. 热情服务

1. 公平、独立、诚信、科学原则

33. 监理工作质量的根本保证是（　　）。

A. 公平、独立 　　　　　　　　　B. 权责一致

C. 诚信、科学 　　　　　　　　　D. 严格把关

2. 权责一致原则

34. （2005—24）在建设工程监理实施中，总监理工程师代表监理单位全面履行建设工程委托监理合同，承担合同中监理单位与业主方约定的监理责任与义务，因此，监理单位应给总监理工程师充分授权，这体现了（　　）的监理实施原则。

A. 公正、独立、自主 　　　　　　B. 权责一致

C. 总监理工程师是责任主体 　　　D. 总监理工程师是权力主体

35. （2013—25）对建设工程实施监理时，工程监理单位应遵守的基本原则之一是（　　）。

A. 权责一致原则 　　　　　　　　B. 才职相称原则

C. 弹性原则 　　　　　　　　　　D. 集权与分权统一原则

36. （2015—27）工程监理单位依据建设单位的委托，履行监理职责、承担监理责任，这体现了建设工程监理的（　　）原则。

A. 严格监理 　　　　　　　　　　B. 实事求是

C. 权责一致 　　　　　　　　　　D. 公平诚信

3. 总监理工程师负责制原则

37. （2002—29）总监理工程师负责项目监理机构内所有监理人员利益的分配。这表明，总监理工程师是项目监理的（　　）。

A. 责任主体 　　　　　　　　　　B. 权利主体

C. 权力主体 　　　　　　　　　　D. 利益主体

38. （2011—24）关于总监理工程师负责制原则所体现的权责主体的说法，正确的

是（　　）。

A. 总监理工程师既是工程监理的责任主体，又是工程监理的权力主体

B. 总监理工程师只是工程监理的责任主体，不是工程监理的权力主体

C. 总监理工程师既是工程监理的权利主体，又是工程监理的责任主体

D. 总监理工程师只是工程监理的权利主体，不是工程监理的责任主体

39.（2018—27）总监理工程师负责制的"核心"内容是指（　　）。

A. 总监理工程师是建设工程监理的权力主体

B. 总监理工程师是建设工程监理的义务主体

C. 总监理工程师是建设工程监理的责任主体

D. 总监理工程师是建设工程监理的利益主体

4. 严格监理，热情服务原则

40. 建设工程监理实施的原则之一是严格监理、热情服务，这一原则的基本内涵有（　　）。

A. 严格按照国家政策、法规、规范和标准控制建设工程目标

B. 对工程建设承包单位严格监理、热情服务

C. 认真履行职责，不超越业主授予的权限

D. 按委托监理合同的要求，多方位为业主提供服务

E. 维护业主的正当权益

5. 综合效益原则

41. 建设工程监理活动既要考虑建设单位的经济效益，也必须考虑与社会效益和环境效益的有机统一，体现出工程监理单位受建设单位委托实施建设工程监理时，应遵循（　　）。

A. 预防为主原则　　　　　　　　　　B. 综合效益原则

C. 权责一致原则　　　　　　　　　　D. 实事求是原则

6. 预防为主原则

42. 工程监理单位在编制监理规划和监理实施细则以及实施监理过程中，要分析和预测可能发生的问题，制定相应对策和预控措施予以防范，体现出工程监理单位受建设单位委托实施建设工程监理时，应遵循（　　）。

A. 综合效益原则　　　　　　　　　　B. 权责一致原则

C. 预防为主原则　　　　　　　　　　D. 公平、独立、诚信、科学原则

7. 实事求是原则

43. 监理工程师的任何指令、判断应以事实为依据，有证明、检验、试验资料，体现出工程监理单位受建设单位委托实施建设工程监理时，应遵循（　　）。

A. 预防为主原则　　　　　　　　　　B. 综合效益原则

C. 权责一致原则　　　　　　　　　　D. 实事求是原则

习题答案及解析

1. AB	2. B	3. B	4. ACD	5. D
6. ADE	7. D	8. A	9. CDE	10. CDE
11. D	12. A	13. A	14. A	15. ABE
16. ABE	17. BCD	18. D	19. B	20. C
21. D	22. ABCD	23. A	24. C	25. ACD
26. B	27. C	28. A	29. CDE	30. BE
31. DE	32. ABE	33. C	34. B	35. A
36. C	37. D	38. A	39. C	40. ADE
41. B	42. C	43. D		

【解析】

4. ACD。建设单位委托多家工程监理单位针对不同施工单位实施监理，需要分别与多家工程监理单位签订建设工程监理合同，并协调各工程监理单位之间的相互协作与配合关系。采用这种委托方式，工程监理单位的监理对象相对单一，便于管理，但建设工程监理工作被肢解，各家工程监理单位各负其责，无法对建设工程进行总体规划与协调控制。

5. D。采用平行承发包模式，由于各承包单位在其承包范围内同时进行相关工作，有利于缩短工期、控制质量，也有利于建设单位在更广范围内选择施工单位。在 2018 年度的考试中，同样对本题涉及的采分点进行了考查。

6. ADE。建设单位委托多家工程监理单位针对不同施工单位实施监理，需要分别与多家工程监理单位签订建设工程监理合同，并协调各工程监理单位之间的相互协作与配合关系，各家工程监理单位各负其责，无法对建设工程进行总体规划与协调控制，故 B 选项错误。C 选项错在"必须"二字。

8. A。采用平行承包模式，合同数量多，会造成合同管理困难；工程造价控制难度大。施工总承包模式比平行承包模式的合同数量少，有利于建设单位的合同管理，减少协调工作量，可发挥工程监理单位与施工总承包单位多层次协调的积极性。工程总承包是指建设单位将工程设计、材料设备采购、施工（EPC）或设计、施工（DB）等工作全部发包给一家单位，由该承包单位对工程质量、安全、工期和造价等全面负责的工程建设组织实施方式。按这种模式发包的工程也称"交钥匙工程"。采用工程总承包模式，建设单位的合同关系简单，组织协调工作量小。故本题 A 选项符合题意。

9. CDE。Partnering 模式:工程参建各方之间还是有许多共同利益，通过工程设计单位、施工单位、业主三方的配合，可以降低工程风险，对参建各方均有利。故 C 选项正确。

工程总承包模式:由于工程设计与施工由一家承包单位统筹实施，一般能做到工程设计与施工的相互搭接，有利于控制工程进度，可缩短建设周期。故 D 选项正确。

设计—建造（Design-Build，以下简称为 DB）模式，也称为设计—施工（Design-

Construct）模式或单一责任主体（Single Responsibility）模式。在这种模式下，集设计与施工方式于一体，由一个实体按照一份总承包合同承担全部的设计和施工任务，故该模式中设计和施工能有效衔接。故 E 选项正确。

平行承包是指建设单位将建设工程设计、施工及材料设备采购任务经分解后分别发包给若干设计单位、施工单位和材料设备供应单位，并分别与各承包单位签订合同的工程建设组织实施方式。平行承包模式中，各设计单位、各施工单位、各材料设备供应单位之间的关系是平行关系。故 A 选项不符合题意。

施工总承包模式是指建设单位将全部施工任务发包给一家施工单位作为总承包单位，总承包单位可以将其部分任务分包给其他施工单位，形成一个施工总包合同及若干个分包合同的工程建设组织实施方式。故 B 选项不符合题意。

11. D。施工总承包模式的缺点是：建设周期较长；施工总承包单位的报价可能较高。在 2016 年度的考试中，同样对本题涉及的采分点进行了考查。

12. A。在建设工程平行承发包模式下，建设工程监理委托方式有以下两种主要形式：建设单位委托一家工程监理单位实施监理；建设单位委托多家工程监理单位实施监理，故 B 选项错误。在建设工程施工总承包模式下，建设单位通常应委托一家工程监理单位实施监理，故 C 选项错误。中标人的投标应能够满足招标文件的实质性要求并且经评审的投标价格最低，但是投标价格不得低于成本，D 选项缺少限定条件，故不选。

13. A。项目总承包模式的主要缺点：工程质量标准和功能要求不易做到全面、具体、准确，"他人控制"机制薄弱，使工程质量控制难度加大。故 A 选项正确。采用工程总承包模式，建设单位的合同关系简单，组织协调工作量小；由于工程设计与施工由一家承包单位统筹实施，一般能做到工程设计与施工的相互搭接，有利于控制工程进度，可缩短建设周期；也可从价值工程或全寿命期费用角度取得明显的经济效果，有利于工程造价控制。故 B、C、D 选项不正确。

15. ABE。采用建设工程总承包模式，建设单位的合同关系简单，组织协调工作量小；有利于控制工程进度，可缩短建设周期；有利于工程造价控制等。缺点是合同管理难度一般较大，造成招标发包工作难度大等，故 C、D 选项错误。在 2007、2017、2018 年度的考试中，同样对本题涉及的采分点进行了考查，且提问形式与选项设置基本与本题一致。

16. ABE。工程总承包模式下，需要总监理工程师具备更全面的知识，故 C 选项错误。平行承包工程需要建设单位首先委托一家"总监理单位"，总体负责建设工程总规划和协调控制，再由建设单位与"总监理工程师单位"共同选择几家工程监理单位分别承担不同施工合同段监理任务，故 D 选项错误。

17. BCD。采用建设工程总承包模式，建设单位的合同关系简单，组织协调工作量小。由于工程设计与施工由一个承包单位统筹实施，一般能做到工程设计与施工的相互搭接，有利于控制工程进度，可缩短建设周期。也可从价值工程或全寿命期费用角度取得明显的经济效果，有利于工程造价控制。但该模式的缺点是：合同条款不易准确确定，容易造成合同争议。合同数量虽少，但合同管理难度较大，造成招标发包工作难度大；

由于承包范围大，介入工程项目时间早，工程信息未知数多，总承包单位要承担较大风险；由于有工程总承包能力的单位数量相对较少，建设单位择优选择工程总承包单位的范围小；工程质量标准和功能要求不易做到全面、具体、准确，"他人控制"机制薄弱，使工程质量控制难度加大。

20. C。监理任务确定并签订委托监理合同后，工程监理单位首先要做的工作是组建项目监理机构。

21. D。总监理工程师应根据监理大纲和签订的建设工程监理合同组建项目监理机构，并在监理规划和具体实施计划执行中进行及时调整。在2008年度的考试中，同样对本题涉及的采分点进行了考查，且提问形式与选项设置基本与本题一致。

22. ABCD。工程监理单位实施监理时，应在施工现场派驻项目监理机构，项目监理机构的组织形式和规模，可根据建设工程监理合同约定的服务内容、服务期限，以及工程特点、规模、技术复杂程度、环境等因素确定。

24. C。建设工程监理实施程序：组建项目监理机构→收集工程监理有关资料→编制监理规划及监理实施细则→规范化地开展监理工作→参与工程竣工验收→向建设单位提交建设工程监理文件资料→进行监理工作总结。

25. ACD。监理工作的规范化体现在：（1）工作的时序性。（2）职责分工的严密性。（3）工作目标的确定性。

32. ABE。工程监理单位应遵守的基本原则：（1）公正、独立、诚信、科学的原则。（2）权责一致的原则。（3）总监理工程师负责制的原则。（4）严格监理、热情服务的原则。（5）综合效益的原则等。在2010年、2011年的考试中，同样对本题涉及的采分点进行了考查，且提问形式基本与本题一致。

34. B。工程监理单位实施监理是受建设单位的委托授权并根据有关建设工程监理法律法规而进行的。这种权力的授予，除体现在建设单位与工程监理单位签订的建设工程监理合同之中外，还应体现在建设单位与施工单位签订的建设工程施工合同中。工程监理单位履行监理职责、承担监理责任，需要建设单位授予相应的权力。同样，由于总监理工程师是工程监理单位履行建设工程监理合同的全权代表，由总监理工程师代表工程监理单位履行建设工程监理职责、承担建设工程监理责任，因此，工程监理单位应给予总监理工程师充分授权，体现权责一致原则。

38. A。总监理工程师负责制的内涵包括：（1）总监理工程师是工程监理的责任主体。（2）总监理工程师是工程监理的权力主体等。在2002、2010年度的考试中，同样对本题涉及的采分点进行了考查。

39. C。总监理工程师是建设工程监理的责任主体。总监理工程师是实现建设工程监理目标的最高责任者。责任是总监理工程师负责制的核心，它构成了对总监理工程师的工作压力和动力，也是确定总监理工程师权力和利益的依据。

40. ADE。监理工程师应坚持"严格监理、热情服务"的原则，即监理工程师应严格按照国家政策、法规、规范和标准控制工程项目目标，对承建单位在工程建设中的建设行为进行严格的监理。监理工程师还应按照监理合同要求，多方位、多层次地为建设单位提供良好的服务，维护建设单位正当权益。

41．B。综合效益原则的基本内涵是：建设工程监理活动既要考虑建设单位的经济利益，也必须考虑与社会效益和环境效益的有机统一。建设工程监理活动虽经建设单位的委托和授权才得以进行，但监理工程师应首先严格遵守工程建设管理有关法律、法规及标准，既要对建设单位负责，谋求最大的经济效益，又要对国家和社会负责，取得最佳的综合效益。只有在符合宏观经济效益、社会效益和环境效益的条件下，业主投资项目的微观经济效益才能得以实现。

42．C。预防为主原则的基本内涵是：由于工程项目具有一次性、单件性等特点，在工程建设过程中存在很多风险，工程监理单位要有预见性，将重点放在"预控"上，防患于未然，在编制监理规划和监理实施细则以及实施监理过程中，要分析和预测可能发生的问题，制定相应对策和预控措施予以防范。

第二节　项目监理机构及监理人员职责

知识导学

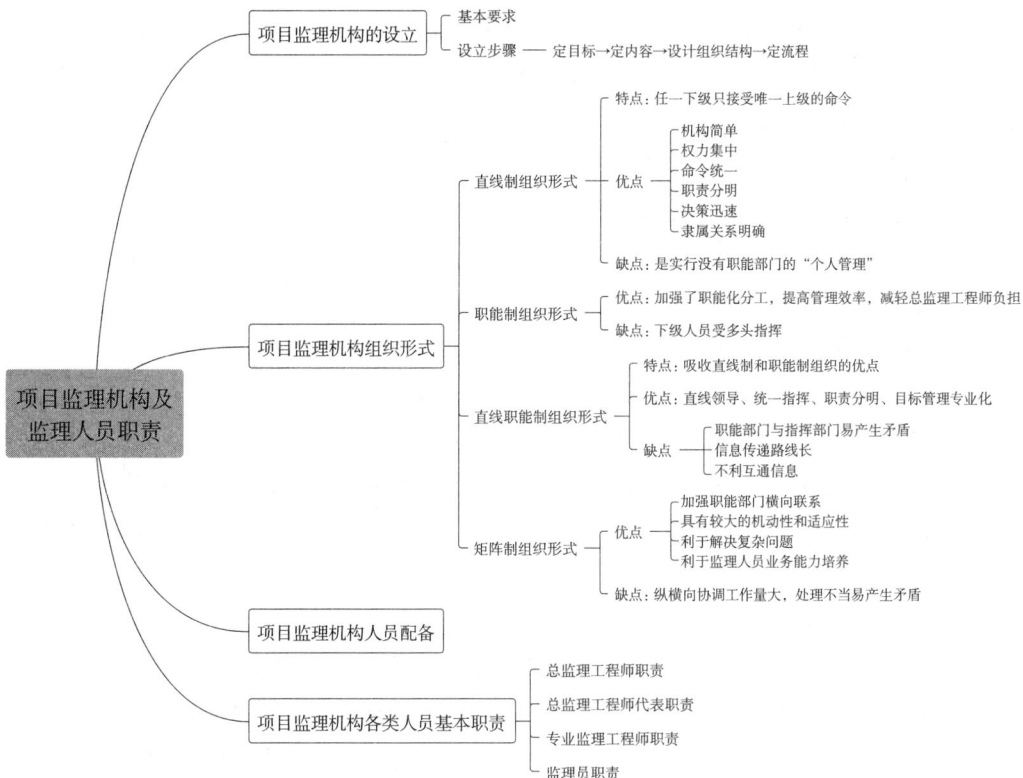

习题汇总

一、项目监理机构的设立

（一）项目监理机构设立的基本要求

1.（2014—34）根据《建设工程监理规范》GB/T 50319—2013，工程监理单位调换专业监理工程师时，总监理工程师应（ ）。

A. 征得质量监督机构书面同意   B. 征得建设单位书面同意

C. 书面通知施工单位   D. 书面通知建设单位

2.（2015—67）根据《建设工程监理规范》GB/T 50319—2013，项目监理机构在必要时可按（ ）设总监理工程师代表。

A. 分部工程   B. 项目目标

C. 专业工程   D. 施工合同段

E. 工程地域

3.（2018—28）关于监理人员任职与调换的说法，正确的是（ ）。

A. 监理单位调换总监理工程师应书面通知建设单位

B. 总监理工程师调换专业监理工程师应书面通知建设单位

C. 总监理工程师调换专业监理工程师应口头通知建设单位

D. 总监理工程师调换专业监理工程师不必通知建设单位

4.（2021—32）根据《建设工程监理规范》GB/T 50319—2013，需经建设单位书面同意的情形是（ ）。

A. 工程监理单位任命总监理工程师

B. 工程监理单位调换总监理工程师

C. 工程监理单位调换专业监理工程师

D. 总监理工程师调配监理人员

（二）项目监理机构设立步骤

5.（2004—28）建立项目监理机构的基本程序是（ ）。

A. 任命总监理工程师，编制监理规划，制定工作流程

B. 签订监理合同，任命总监理工程师，确定监理机构目标，制定工作流程

C. 确定监理机构目标，确定监理工作内容，组织结构设计，制定工作流程和信息流程

D. 选择组织结构形式，确定管理层次与跨度，划分监理机构部分，制定考核标准

6.（2021—28）工程监理单位组建项目监理机构的合理步骤是（ ）。

A. 制定监理工作流程和信息流程→确定工作目标和内容→设计组织结构

B. 确定监理工作目标和内容→设计组织结构→制定工作流程和信息流程

C. 设计监理组织结构→确定工作目标和内容→制定工作流程和信息流程

D. 确定监理工作目标和内容→制定工作流程和信息流程→设计组织结构

1. 确定项目监理机构目标

7. 工程监理单位组建项目监理机构时，其首要工作是（　　）。

A. 设计项目监理机构组织结构　　　　B. 确定项目监理机构目标

C. 确定监理工作内容　　　　　　　　D. 制定工作流程和信息流程

8.（2015—14）建设工程监理目标是项目监理机构建立的前提，应根据（　　）确定的监理目标建立项目监理机构。

A. 监理实施细则　　　　　　　　　　B. 建设工程监理合同

C. 监理大纲　　　　　　　　　　　　D. 监理规划

2. 确定监理工作内容

9.（2012—24）在建立项目监理机构的步骤中，处于确定项目监理机构目标与设计项目监理机构组织结构之间的工作是（　　）。

A. 分解项目监理机构目标　　　　　　B. 确定监理工作内容

C. 选择组织结构形式　　　　　　　　D. 划分项目监理机构部门

10. 监理工作的归并及组合应便于监理目标控制，并综合考虑（　　）。

A. 监理单位自身的组织管理水平　　　B. 工程管理及技术特点

C. 合同工期要求　　　　　　　　　　D. 工程组织管理模式

E. 决定提供信息的介质

11.（2022—23）按照项目监理机构设立步骤，在确定项目监理机构组织形式前应进行的工作是（　　）。

A. 制定监理岗位职责　　　　　　　　B. 制定监理考核标准

C. 确定监理工作内容　　　　　　　　D. 确定监理工作流程

3. 设计项目监理机构组织结构

12.（2002—72）在建立工程项目监理组织时，（　　）属于组织结构设计的内容。

A. 确定工作内容　　　　　　　　　　B. 确定组织结构形式

C. 确定管理层次　　　　　　　　　　D. 制定岗位职责并选派监理人员

E. 制定工作流程和考核标准

13.（2004—68）建设工程监理组织应选择适宜的结构形式，以适应监理工作的需要。组织结构形式选择的基本原则有（　　）。

A. 有利于项目决策　　　　　　　　　B. 有利于目标规划

C. 有利于合同管理　　　　　　　　　D. 有利于目标控制

E. 有利于信息沟通

14.（2006—21）有效的组织设计在提高组织活动效能方面起着重大的作用，下列关于组织构成因素的表述中，正确的是（　　）。

A. 组织的最高管理者到最基层的实际工作人员权责逐层递增

B. 管理部门的划分要根据组织目标与工作内容确定

C. 管理层次是指一名上级管理人员所直接管理的下级人数

D. 管理跨度越大，领导者需要协调的工作量越小，管理难度越小

15.（2007—66）监理单位在组建项目监理机构时，所选择的组织结构形式应有利于（　　）。

A. 确定监理目标

B. 控制监理目标

C. 工程合同管理

D. 信息沟通

E. 确定监理工作内容

16.（2009—24）进行项目监理机构的组织结构设计时，首先是选择组织结构形式，然后是（　　）。

A. 划分项目监理机构部门

B. 确定管理层次和管理跨度

C. 制定岗位职责和考核标准

D. 安排监理人员

17.（2014—71）根据《建设工程监理规范》GB/T 50319—2013，监理员的任职条件有（　　）。

A. 中专及以上学历

B. 中级及以上专业技术职称

C. 经过监理业务培训

D. 工程类注册执业资格

E. 2年及以上工程实践经验

18.（2015—28）组织中从最高管理者到最基层实际工作人员的人数及权责的基本规律是（　　）。

A. 人数逐层递减，权责逐层递减

B. 人数逐层递增，权责逐层递减

C. 人数逐层递减，权责逐层递增

D. 人数逐层递增，权责逐层递增

19.（2016—28）关于项目监理机构专业分工与协调配合的说法，正确的是（　　）。

A. 监理部门和人员应根据组织目标和工作内容合理分工和相互配合

B. 监理工作的专业特点要求监理部门和人员应严格分工，弱化协作

C. 监理工作的综合管理要求监理部门和人员应相互配合，弱化分工

D. 监理工作的专业决策特点要求监理部门和人员独立工作，弱化分工与协作

20.（2018—29）关于项目监理机构中管理层次与管理跨度的说法，正确的是（　　）。

A. 管理层次是指组织中相邻两个层次之间人员的管理关系

B. 管理跨度的确定应考虑管理活动的复杂性和相似性

C. 管理跨度是指组织的最高管理者所管理的下级人员数量总和

D. 管理层次一般包括决策、计划、组织、指挥、控制五个层次

21.（2020—29）在项目监理机构中，负责监理活动决策和管理的是（　　）。

A. 驻地监理工程师

B. 总监理工程师代表

C. 总监理工程师

D. 专业监理工程师

22. 由各专业监理工程师组成的管理层次是（　　），主要负责监理规划的落实，监理目标控制及合同实施的管理。

A. 决策层

B. 计划层

C. 中间控制层　　　　　　　　　　　　　　D. 操作层

23. 管理跨度是指一名上级管理人员所直接管理的下级人数。项目监理机构中管理跨度的确定应考虑的因素不包括（　　）。

A. 各规章制度的建立健全情况　　　　　　　B. 监理业务的标准化程度

C. 组织目标与工作内容　　　　　　　　　　D. 管理活动的复杂性和相似性

24. 管理层次是指组织的最高管理者到最基层实际工作人员之间等级层次的数量。项目监理机构组织结构的管理层次可分为（　　）。

A. 决策层　　　　　　　　　　　　　　　　B. 计划层

C. 中间控制层　　　　　　　　　　　　　　D. 组织层

E. 操作层

4. 制定工作流程和信息流程

25. （2017—28）组建项目监理机构的步骤中，需最后完成的工作是（　　）。

A. 确定监理工作内容　　　　　　　　　　　B. 项目监理机构组织结构设计

C. 制定工作流程和信息流程　　　　　　　　D. 确定项目监理机构目标

二、项目监理机构组织形式

（一）直线制组织形式

26. （2009—25）直线制监理组织形式的主要特点是（　　）。

A. 职能部门多头指挥、指令矛盾时，将使直线指挥部门人员无所适从

B. 统一指挥、直线领导，但职能部门与指挥部门易产生矛盾

C. 具有较大的机动性和适应性，但纵横向协调工作量大

D. 组织机构简单、权力集中、命令统一、职责分明、隶属关系明确

27. （2010—25）直线制监理组织形式的优点是（　　）。

A. 总监理工程师负担较轻　　　　　　　　　B. 权力相对集中

C. 集权与分权分配合理　　　　　　　　　　D. 专家参与管理

28. （2011—25）在项目监理机构组织形式中，易造成职能部门对指挥部门指令矛盾的是（　　）。

A. 职能制监理组织形式　　　　　　　　　　B. 直线职能制监理组织形式

C. 矩阵制监理组织形式　　　　　　　　　　D. 直线制监理组织形式

29. （2014—35）下列项目监理组织形式中，信息传递路线长，不利于互通信息的是（　　）组织形式。

A. 矩阵制　　　　　　　　　　　　　　　　B. 直线制

C. 直线职能制　　　　　　　　　　　　　　D. 职能制

30. （2015—15）某项目监理机构的组织结构如下图所示，这种组织结构形式的优点是（　　）。

A. 目标控制职能分工明确　　　　　　　　　B. 权力集中、隶属关系明确

C. 可减轻总监理工程师负担   D. 强化了各职能部门横向联系

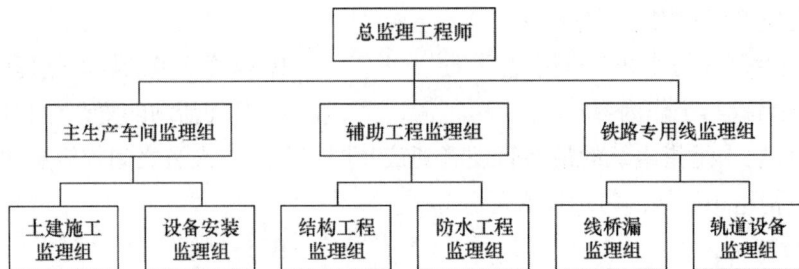

31.（2020—28）项目监理机构组织形式中，任何一个下级只能接受唯一上级命令的是（ ）组织形式。

A. 直线制

B. 职能制

C. 强矩阵制

D. 弱矩阵制

（二）职能制组织形式

32. 监理组织机构中，拥有职能部门的监理组织形式有（ ）。

A. 直线制和职能制

B. 职能制和直线职能制

C. 直线制和直线职能制

D. 矩阵制和直线制

33.（2013—26）关于项目监理机构组织形式的说法，正确的是（ ）。

A. 矩阵制监理组织形式的优点是纵横向协调工作量小

B. 直线职能制监理组织形式的优点是信息传递路线短

C. 直线制监理组织形式只适用于小型建设工程项目

D. 职能组织形式能发挥职能机构专业管理作用，提高管理效率，减轻总监理工程师负担

（三）直线职能制组织形式

34.（2002—31）可能在职能部门与指挥部门之间产生矛盾的监理组织形式是（ ）。

A. 职能制

B. 直线职能制

C. 直线制

D. 矩阵制

35. 某工程项目监理机构具有统一指挥、职责分明、目标管理专业化的特点，则该项目监理机构的组织形式为（ ）。

A. 直线制

B. 职能制

C. 直线职能制

D. 矩阵制

36.（2017—30）下列监理组织形式中，具有信息传递线路长、不利于信息互通的组织形式是（ ）。

A. 直线职能制

B. 直线制

C. 职能制

D. 矩阵制

37.（2018—30）关于直线职能制组织形式的说法，正确的是（ ）。

A. 直线职能制组织形式兼具职能制和矩阵制组织形式的特点

B. 直线职能制与职能制组织形式的职能部门具有相同的管理职责与权力

C. 直线职能制组织形式的直线指挥部门人员不接受职能部门的直接指挥

D. 直线职能制组织形式的信息传递路线端，有利于互通信息

38.（2019—29）直线职能制组织形式的缺点有（　　）。

A. 下级人员受多头指挥

B. 实行没有职能部门的"个人管理"

C. 纵横向协调工作量大

D. 信息传递路线长

39. 直线职能制组织形式的特点表现在（　　）。

A. 有利于监理人员业务能力的培养

B. 组织目标管理专业化

C. 职能部门与指挥部门易产生矛盾

D. 实行直线领导、统一指挥、职责分明

E. 信息传递路线长，不利于互通信息

（四）矩阵制组织形式

40.（2003—25）矩阵制监理组织形式的主要优点是（　　）。

A. 权力集中，隶属关系明确　　　　　　B. 命令统一，决策迅速

C. 发挥职能机构的专业管理作用　　　　D. 机动性大，适应性好

41.（2015—29）矩阵制组织形式的主要缺点是（　　）。

A. 缺乏机动性和适应性　　　　　　　　B. 不利于处理复杂问题

C. 协调工作量较大　　　　　　　　　　D. 权力不易合理分配

42.（2016—29）下列组织形式特点中，属于矩阵制监理组织形式特点的是（　　）。

A. 具有较大的机动性和适应性，纵横向协调工作量大

B. 直线领导，但职能部门与指挥部门易产生矛盾

C. 权力集中，组织机构简单，隶属关系明确

D. 信息传递路线长，不利于信息相互沟通

43.（2018—68）矩阵制监理组织形式的优点有（　　）。

A. 部门之间协调工作量小

B. 有利于监理人员业务能力的培养

C. 有利于解决复杂问题

D. 具有较好的适应性

E. 具有较好的机动性

44.（2020—30）项目监理机构组织形式中，有利于解决复杂问题和培养工程监理人员业务能力的是（　　）组织形式。

A. 直线制　　　　　　　　　　　　　　B. 职能制

C. 直线职能制   D. 矩阵制

45.（2021—29）下列项目监理机构组织形式中，具有较大的机动性和适应性，能够实现集权和分权最优结合的组织形式是（　　）。

A. 职能制   B. 直线制

C. 矩阵制   D. 直线职能制

46.（2022—24）项目监理机构组织形式中，纵横向协调工作量大，容易产生扯皮现象的是（　　）。

A. 直线制   B. 职能制

C. 直线职能制   D. 矩阵制

三、项目监理机构人员配备及职责分工

（一）项目监理机构人员配备

1. 项目监理机构人员结构

47.（2002—33）为了适应监理工作的要求，项目监理机构人员构成要有合理的专业结构。如果监理单位将某些专业性很强的监测工作另行委托给具有相应资质的单位来承担，则（　　）人员专业结构合理的要求。

A. 难以保证   B. 可以保证

C. 应视为违反了   D. 应视为保证了

2. 项目监理机构监理人员数量的确定

48.（2002—32）所谓工程建设强度，是指（　　）。

A. 工程结构所能承受的强度

B. 政府对工程建设管理的力度

C. 单位时间内投入的工程建设资金的数量

D. 单位时间内投入的工程建设人员的数量

49.（2004—31）工程建设强度是影响监理机构人员数量的主要因素之一，其数值（　　）。

A. 与投资成正比，与工期成反比   B. 与工期成正比，与投资成反比

C. 与投资和工期成正比   D. 与投资和工期成反比

50.（2007—27）某监理单位承担了某项目土建工程的施工监理任务，已知该项目相关资料如下表所示：

内容	计划工期	合同价格	合计
土建工程	12个月	6000万元	9000万元
设备安装	4个月（与土建工程搭接一个月）	3000万元	

该监理单位配备监理人员时所依据的工程建设强度应为（　　）万元/月。

A. 750　　　　　　　　　　　　B. 600

C. 500　　　　　　　　　　　　D. 400

51.（2011—26）某工程的复杂程度等级评定见下表，该工程复杂程度等级的评分值是（　　）分。

影响因素	权重	评分
F_1	0.4	6
F_2	0.3	9
F_3	0.2	7
F_4	0.1	8

A. 6.0　　　　　　　　　　　　B. 7.3

C. 7.5　　　　　　　　　　　　D. 9.0

52.（2017—29）关于影响项目监理机构人员配备因素的说法，正确的是（　　）。

A. 工程建设强度越大，需投入的监理人数越少

B. 工程监理单位的业务水平不同将影响监理人员需要量定额水平

C. 可将工程复杂程度按四级划分：简单、一般、较复杂、复杂

D. 工程复杂程度只涉及资金和工程监理机构资质

53.（2019—30）关于工程建设强度的说法，正确的是（　　）。

A. 工程建设强度可采用定量办法定级

B. 单位时间内投入的建设工程资金的数量影响工程建设强度

C. 工程建设强度越大，投入的监理人数越少

D. 工程地质、工程结构类型是影响工程建设强度的主要因素

54.（2019—68）影响项目监理机构监理工作效率的主要因素有（　　）。

A. 工程复杂程度　　　　　　　　B. 工程规模的大小

C. 对工程的熟悉程度　　　　　　D. 管理水平

E. 设备手段

（二）项目监理机构各类人员基本职责

55.（2021—67）根据《建设工程监理规范》GB/T 50319—2013，关于监理人员基本职责的说法，正确的有（　　）。

A. 专业监理工程师负责编制监理实施细则

B. 专业监理工程师负责审核分包单位资格

C. 监理员负责验收隐蔽工程

D. 总监理工程师签发工程暂停令和复工令

E. 总监理工程师组织验收分部工程

1.总监理工程师职责

56.（2001—75）工程项目监理中，总监理工程师主要承担（　　）职责。

A.检查监督监理人员的工作

B.检查施工单位的工艺过程或施工工序

C.审核工程计量的数据和原始凭证

D.主持或参与工程质量事故的调查

E.组织审查和处理工程变更

57.（2005—66）总监理工程师在项目监理工作中的职责包括（　　）。

A.审查和处理工程变更　　　　　　　　　　B.审批项目监理实施细则

C.负责隐蔽工程验收　　　　　　　　　　　D.主持整理工程项目的监理资料

E.当人员需要调整时，向监理公司提出建议

58.（2007—68）总监理工程师应承担的职责有（　　）等。

A.审查承包单位的竣工申请

B.参与工程项目的竣工验收

C.主持分项工程验收及隐蔽工程验收

D.根据监理工作实际情况记录监理日记

E.主持整理工程项目的监理资料

59.（2022—65）根据《建设工程监理规范》，总监理工程师应履行的职责有（　　）。

A.组织编制监理实施细则　　　　　　　　　B.组织召开监理例会

C.组织审核竣工结算　　　　　　　　　　　D.组织工程竣工验收

E.组织整理监理文件资料

2.总监理工程师代表职责

60.（2016—68）下列总监理工程师的职责中，不得委托给总监理工程师代表的有（　　）。

A.组织审核竣工结算　　　　　　　　　　　B.组织工程竣工预验收

C.组织编写工程质量评估报告　　　　　　　D.组织审查施工组织设计

E.组织审核分包单位资格

61.（2021—30）根据《建设工程监理规范》GB/T 50319—2013，总监理工程师可以委托总监理工程师代表进行的工作是（　　）。

A.根据工程进展及监理工作情况调配监理人员

B.组织审查施工组织设计、专项施工方案

C.组织审核工程竣工结算

D.组织编写监理月报、监理工作总结

62.（2022—25）根据《建设工程监理规范》，总监理工程师代表可履行的职责是（　　）。

A.审批监理实施细则　　　　　　　　　　　B.组织审查和处理工程变更

C. 签发工程款支付证书　　　　　　　　D. 调解和处理施工合同争议

3. 专业监理工程师职责

63.（2014—72）根据《建设工程监理规范》GB/T 50319—2013，专业监理工程师需要履行的基本职责有（　　）。

A. 组织编写监理月报　　　　　　　　B. 参与编制监理实施细则

C. 参与验收分部工程　　　　　　　　D. 组织编写监理日志

E. 参与审核分包单位资格

64.（2015—68）根据《建设工程监理规范》GB/T 50319—2013，专业监理工程师的职责有（　　）。

A. 进行工程计量

B. 复核工程计量有关数据

C. 检查进场的工程材料、构配件的设备的质量

D. 检查施工单位投入工程的主要设备运行状况

E. 组织审核分包单位资格

65.（2017—61）根据《建设工程监理规范》GB/T 50319—2013，专业监理工程师应履行的职责有（　　）。

A. 审批监理实施细则

B. 组织审核分包单位资质

C. 检查进场的工程材料、配构件、设备的质量

D. 处置发现的质量问题和安全事故隐患

E. 参与工程变更的审查和处理

66.（2019—31）根据《建设工程监理规范》GB/T 50319—2013，下列监理职责中，属于专业监理工程师职责的是（　　）。

A. 组织编写监理月报　　　　　　　　B. 组织验收分部工程

C. 组织编写监理日志　　　　　　　　D. 组织审核竣工结算

67.（2022—60）根据《建设工程监理规范》，专业监理工程师的职责有（　　）。

A. 组织审核分包单位资格

B. 负责本专业隐蔽工程和分项工程验收

C. 组织编写监理日志

D. 参与编写工程质量评估报告

E. 验收分部工程

4. 监理员职责

68.（2014—36）根据《建设工程监理规范》GB/T 50319—2013，下列监理职责中，属于监理员职责的是（　　）。

A. 处置生产安全事故隐患　　　　　　B. 复核工程计量有关数据

C. 验收分部分项工程质量　　　　　　D. 审查阶段性付款申请

69.（2016—30）下列监理人员基本职责中，属于监理员职责的是（　　）。

A. 进行见证取样　　　　　　　　　　　B. 处理工程索赔

C. 检查现场安全生产管理体系　　　　　D. 编写监理日志

70.（2018—69）根据《建设工程监理规范》GB/T 50319—2013，属于监理员职责的有（　　）。

A. 检查工序施工结果　　　　　　　　　B. 参与验收分部工程

C. 进行见证取样　　　　　　　　　　　D. 进行工程计量

E. 参与整理监理文件资料

71.（2019—69）根据《建设工程监理规范》GB/T 50319—2013，属于监理员职责的有（　　）。

A. 复核工程计量有关数据　　　　　　　B. 检查工序施工结果

C. 检查进场工程材料质量　　　　　　　D. 进行见证取样

E. 进行工程计量

72.（2021—68）根据《建设工程监理规范》GB/T 50319—2013，监理员应履行的职责有（　　）。

A. 验收检验批

B. 检查施工单位投入工程的人力情况

C. 检查施工单位投入工程的主要设备的使用和运行状况

D. 进行工程计量

E. 处置发现的质量问题和安全事故隐患

73.（2022—21）根据《建设工程监理规范》，监理员的职责是（　　）。

A. 进行工程计量　　　　　　　　　　　B. 进行见证取样

C. 编写监理日志　　　　　　　　　　　D. 编写监理月报

习题答案及解析

1. D	2. CDE	3. B	4. B	5. C
6. B	7. B	8. B	9. B	10. ABCD
11. C	12. BCD	13. CDE	14. B	15. BCD
16. B	17. AC	18. B	19. A	20. B
21. C	22. C	23. C	24. ACE	25. C
26. D	27. B	28. B	29. C	30. B
31. A	32. B	33. D	34. B	35. C
36. A	37. C	38. D	39. BCDE	40. D
41. C	42. A	43. BCDE	44. D	45. C
46. D	47. D	48. C	49. A	50. C
51. B	52. B	53. B	54. CDE	55. ADE

56. AE	57. ABD	58. ABE	59. BCE	60. ABCD
61. D	62. B	63. CDE	64. AC	65. CDE
66. C	67. BC	68. B	69. A	70. AC
71. ABD	72. BC	73. B		

【解析】

1. D。工程监理单位调换总监理工程师，应征得建设单位书面同意；调换专业监理工程师时，总监理工程师应书面通知建设单位。

2. CDE。项目监理机构可设置总监理工程师代表的情形包括：（1）工程规模较大，专业较复杂，总监理工程师难以处理多个专业工程时，可按专业设总监理工程师代表。（2）一个建设工程监理合同中包含多个相对独立的施工合同，可按施工合同段设总监理工程师代表。（3）工程规模较大，地域比较分散，可按工程地域设置总监理工程师代表。

14. B。组织的最高管理者到最基层的实际工作人员权责逐层递减。管理跨度是指一名上级管理人员所直接管理的下级人数，管理跨度越大，领导者需要协调的工作量越大，管理难度越大。

17. AC。监理员由具有中专及以上学历并经过监理业务培训的人员担任。

19. A。管理部门的设置要根据组织目标与工作内容确定，形成既有相互分工又有相互配合的组织机构。

20. B。项目监理机构中管理跨度的确定应考虑监理人员的素质、管理活动的复杂性和相似性、监理业务的标准化程度、各规章制度的建立健全情况、建设工程的集中或分散情况等。

25. C。监理单位在组建项目监理机构时，一般按以下步骤进行：（1）确定项目监理机构目标。（2）确定监理工作内容。（3）设计项目监理机构组织结构。（4）制定工作流程和信息流程。在2008年度的考试中，同样对本题涉及的采分点进行了考查，且提问形式与选项设置基本与本题一致。

30. B。直线制组织形式的主要优点是组织机构简单，权力集中，命令统一，职责分明，决策迅速，隶属关系明确。

32. B。职能制和直线职能制均有职能部门，而职能部门是否有权对直线部门发布指令是区别职能制和直线职能制的关键。

36. A。直线职能制组织形式缺点是职能部门与指挥部门易产生矛盾，信息传递路线长，不利于互通信息。

37. C。直线职能制组织形式既保持了直线制组织实行直线领导、统一指挥、职责分明的优点，又保持了职能制组织目标管理专业化的优点。缺点是职能部门与指挥部门易产生矛盾，信息传递路线长，不利于互通信息。

38. D。直线职能制组织形式的缺点是职能部门与指挥部门易产生矛盾，信息传递路线长，不利于互通信息。A 选项属于职能制组织形式；B 选项属于直线制组织形式；C 选项属于矩阵制组织形式。在 2017 年度的考试中，同样对本题涉及的采分点进行了考查。

42. A。A 选项属于矩阵制监理组织形式特点，B、D 选项属于直线职能制组织形式特点，C 选项属于直线制组织形式特点。

45. C。矩阵制组织形式的优点是加强了各职能部门的横向联系，具有较大的机动性和适应性，将上下左右集权与分权实行最优结合，有利于解决复杂问题，有利于监理人员业务能力的培养。在 2012 年度的考试中，同样对本题涉及的采分点进行了考查，且提问形式与选项设置基本与本题一致。

46. D。矩阵制组织形式的缺点是：纵横向协调工作量大，处理不当会造成扯皮现象，产生矛盾。

48. C。工程建设强度是指单位时间内投入的工程建设资金的数量。它是衡量一项工程紧张程度的标准。

49. A。工程建设强度是指单位时间内投入的建设工程资金的数量，用下式表示：工程建设强度 ＝ 投资／工期。

50. C。工程建设强度是指单位时间内投入的建设工程资金的数量，用公式表示为：工程建设强度＝投资／工期即该监理单位配备监理人员时所依据的工程建设强度＝6000÷12=500 万元／月。

51. B。工程复杂程度定级可采用定量办法：对构成工程复杂程度的每一因素通过专家评估，根据工程实际情况给出相应权重，将各影响因素的评分加权平均后根据其值的大小确定该工程的复杂程度等级。故该工程复杂程度等级的评分值是：$0.4 \times 6 + 0.3 \times 9 + 0.2 \times 7 + 0.1 \times 8 = 7.3$（分）。

52. B。工程建设强度越大，需投入的监理人数越多，故 A 选项错误。可将工程复杂程度按五级划分：简单、一般、较复杂、复杂、很复杂，故 C 选项错误。工程复杂程度涉及以下因素：设计活动、工程地点位置、气候条件、地形条件、工程地质、工程性质、工程结构类型、施工方法、工期要求、材料供应、工程分散程度等，故 D 选项错误。

53. B。工程复杂程度定级可采用定量办法，故 A 选项错误。工程建设强度越大，需投入的监理人数越多，故 C 选项错误。工程复杂程度涉及以下因素：设计活动、工程地点位置、气候条件、地形条件、工程地质、工程性质、工程结构类型、施工方法、工期要求、材料供应、工程分散程度等。故 D 选项错误。

54. CDE。每个工程监理单位的业务水平和对某类工程的熟悉程度不完全相同，在监理人员素质、管理水平和监理设备手段等方面也存在差异，这都会直接影响到监理效率的高低。在 2005、2007、2009 年度的考试中，同样对本题涉及的采分点进行了考查，且提问形式与选项设置基本与本题一致。

55. ADE。专业监理工程师参与审核分包单位资格，故 B 选项错误。专业监理工程师验收隐蔽工程，故 C 选项错误。在 2020 年度的考试中，同样对本题涉及的采分点进行了考查，且提问形式与选项设置基本与本题一致。

59. BCE。B、C、E 选项属于总监理工程师应履行的职责；A 选项表述不正确，正确的是审批监理实施细则；D 选项属于建设单位的职责。

60. ABCD。E 选项为总监理工程师可以委托给总监理工程师代表的职责。

61. D。总监理工程师不得将下列工作委托给总监理工程师代表：（1）组织编制监理规划，审批监理实施细则。（2）根据工程进展及监理工作情况调配监理人员。（3）组织审查施工组织设计、（专项）施工方案。（4）签发工程开工令、暂停令和复工令。（5）签发工程款支付证书，组织审核竣工结算。（6）调解建设单位与施工单位的合同争议，处理工程索赔。（7）审查施工单位的竣工申请，组织工程竣工预验收，组织编写工程质量评估报告，参与工程竣工验收。（8）参与或配合工程质量安全事故的调查和处理。选项 ABC 属于不得委托总监理工程师代表的职责。在 2017、2018 年的考试中，同样对本题涉及的采分点进行了考查，且提问形式基本与本题一致。

66. C。A、B 选项属于总监理工程师职责，且专业监理工程师的职责是参与编写监理月报，参与验收分部工程；D 选项属于总监理工程师或总监理工程师代表的职责。

第七章 监理规划与监理实施细则

第一节　监理规划

知识导学

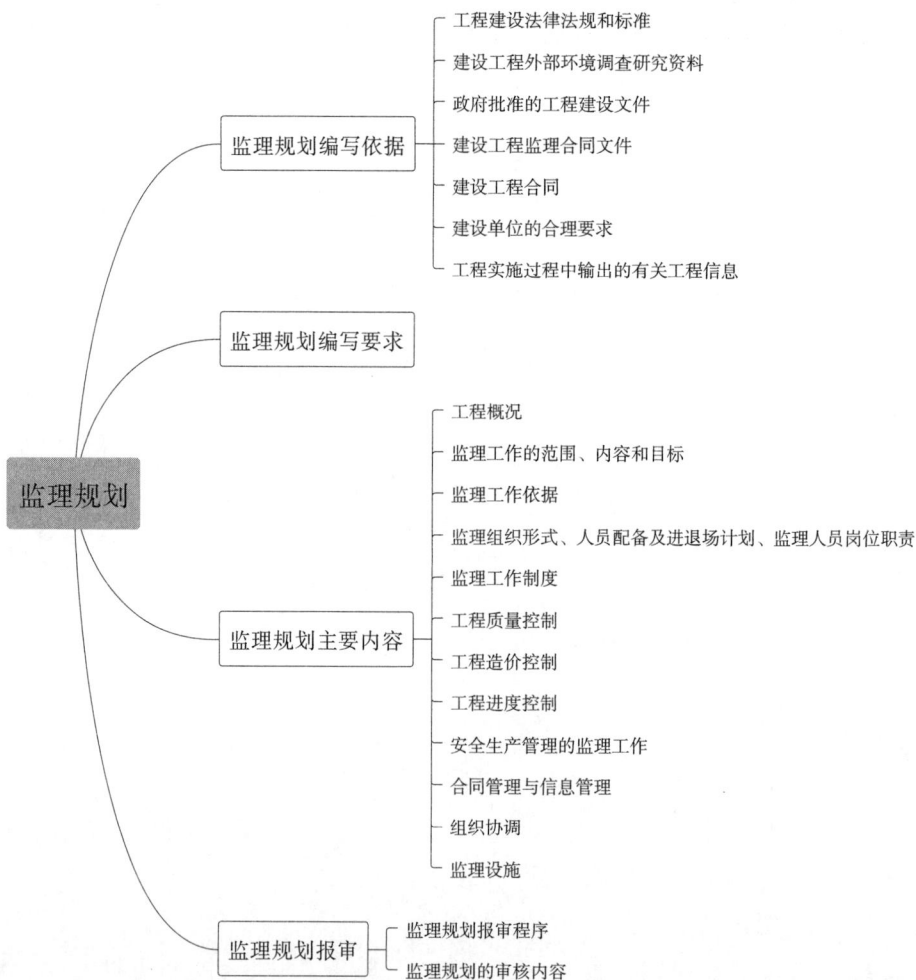

监理规划
├── 监理规划编写依据
│   ├── 工程建设法律法规和标准
│   ├── 建设工程外部环境调查研究资料
│   ├── 政府批准的工程建设文件
│   ├── 建设工程监理合同文件
│   ├── 建设工程合同
│   ├── 建设单位的合理要求
│   └── 工程实施过程中输出的有关工程信息
├── 监理规划编写要求
├── 监理规划主要内容
│   ├── 工程概况
│   ├── 监理工作的范围、内容和目标
│   ├── 监理工作依据
│   ├── 监理组织形式、人员配备及进退场计划、监理人员岗位职责
│   ├── 监理工作制度
│   ├── 工程质量控制
│   ├── 工程造价控制
│   ├── 工程进度控制
│   ├── 安全生产管理的监理工作
│   ├── 合同管理与信息管理
│   ├── 组织协调
│   └── 监理设施
└── 监理规划报审
    ├── 监理规划报审程序
    └── 监理规划的审核内容

习题汇总

一、监理规划编写依据和要求

（一）监理规划编写依据

1.（2018—32）关于监理规划编写要求的说法，正确的是（　　）。

A. 监理规划的内容审核单位是监理单位的商务合同管理部门

B. 监理规划应由专业监理工程师参与编写并报监理单位法定代表人审批

C. 监理规划应根据工程监理合同所确定的监理范围与内容进行编写

D. 监理规划中的监理方法措施应与施工方案相符

2.（2021—38）监理规划编制的依据是（　　）。

A. 监理合同　　　　　　　　　　　B. 专项施工方案

C. 工艺试验成果报告　　　　　　　D. 施工控制测量成果报告

（二）监理规划编写要求

3.（2004—34）建设工程监理规划要随着建设工程的展开不断补充、修改和完善，这反映了监理规划（　　）的编写要求。

A. 具体内容应具有针对性　　　　　B. 要把握工程项目运行脉搏

C. 基本构成内容力求统一　　　　　D. 应由总监理工程师主持编写

4.（2014—38）根据《建设工程监理规范》GB/T 50319—2013，监理规划应在（　　）编制。

A. 接到监理中标通知书及签订建设工程监理合同后

B. 签订建设工程监理合同及收到施工组织设计文件后

C. 接到监理投标邀请书及递交监理投标文件前

D. 签订建设工程监理合同及收到工程设计文件后

5.（2015—18）监理工作规范化、制度化、科学化要求监理规划在编写时（　　）。

A. 内容应具有针对性、指导性和可操作性

B. 应把握工程项目运行脉搏

C. 经审核批准后方可实施

D. 基本构成内容应当力求统一

6.（2015—31）关于监理规划的说法，正确的是（　　）。

A. 监理规划应把握工程项目运行脉搏

B. 监理规划不需要建设单位确认

C. 监理规划经总监理工程师批准后即可实施

D. 监理规划经批准后不得变更

7.（2015—50）根据《建设工程监理规范》GB/T 50319—2013 规定，监理规划应在签订委托监理合同及收到设计文件后开始编制，还应经（　　）审批。

A. 总监理工程师

B. 总监理工程师授权的专业监理工程师

C. 监理单位技术负责人

D. 建设单位负责人

8.（2016—31）对监理规划的编制应把握工程项目运行脉搏的要求是指（　　）。

A. 监理规划的内容构成应当力求统一

B. 监理规划的内容应当具有可操作性

C. 监理规划的内容应随工程进展不断地补充完善

D. 监理规划的编制应充分考虑其时效性

9.（2017—31）为使监理工作得到有关各方的理解与支持，编写监理规划时应充分听取（　　）的意见。

A. 建设单位　　　　　　　　　　　　B. 施工单位

C. 监理单位　　　　　　　　　　　　D. 工程建设协会的专家

10.（2019—24）在召开第一次工地会议（　　）天前，由总监理工程师组织编制监理规划，并报送建设单位。

A. 5　　　　　　　　　　　　　　　　B. 7

C. 10　　　　　　　　　　　　　　　D. 15

11.（2020—31）关于监理规划的说法，正确的是（　　）。

A. 监理规划是监理合同组成文件

B. 监理规划的主要内容不包括安全生产管理方面的监理工作

C. 监理规划应由总监理工程师组织编制

D. 监理规划应由监理单位技术负责人组织编写

12. 建设工程监理规划要随着建设工程的展开不断补充、修改和完善，这反映了监理规划（　　）的编写要求。

A. 具体内容应具有针对性

B. 应当把握工程项目运行脉搏

C. 一般宜分阶段编写

D. 应由总监理工程师主持编写

13.（2021—70）根据《建设工程监理规范》GB/T 50319—2013，下列监理工作文件中，需要工程监理单位技术负责人审批签字后报送建设单位的有（　　）。

A. 监理规划　　　　　　　　　　　　B. 旁站方案

C. 第一次工地会议纪要　　　　　　　D. 工程质量评估报告

E. 工程暂停令

14.（2022—26）关于监理规划的说法，正确的是（　　）。

A. 监理规划是建设单位考核监理工作绩效的操作性文件

B. 监理规划应由总监理工程师审核后报送建设单位

C. 监理规划是项目监理机构全面开展监理工作的指导性文件

D. 监理规划应在第一次工地会议召开后 7 天内，报送建设单位

二、监理规划主要内容

15.（2018—70）根据《建设工程监理规范》，属于监理规划主要内容的有（　　）。

A. 安全生产管理制度　　　　　　　　　B. 监理工作制度

C. 监理工作设施　　　　　　　　　　　D. 工程造价控制

E. 工程进度计划解析

16.（2020—70）根据《建设工程监理规范》GB/T 50319—2013，监理规划应包括的内容有（　　）。

A. 工程概况

B. 监理工作内容、范围、目标

C. 工程风险分析与控制

D. 工程质量、造价、进度控制和组织协调

E. 工程监理重点、难点分析与建议

（一）工程概况

17. 作为监理规划内容之一的工程概况，主要包括（　　）。

A. 工程项目结构图、组织关系图和合同结构图

B. 工程项目组成及建设规模

C. 主要建筑结构类型

D. 工程项目建设地点

E. 监理工作目标

（二）监理工作的范围、内容和目标

18. 下列不属于建设工程监理基本工作内容的是（　　）。

A. 履行建设工程安全生产管理的法定职责

B. 项目管理服务

C. 合同管理和信息管理

D. 工程质量、造价、进度三大目标控制

（三）监理工作依据

19.（2016—32）下列监理规划的编制依据中，反映工程特征的是（　　）。

A. 设计图纸和施工说明书　　　　　　　B. 当地建筑材料的供应状况

C. 招标投标及造价管理制度　　　　　　D. 监理工作的范围与服务内容

20.（2019—32）下列监理规划的编制依据中，反映建设单位对项目监理要求的文件是（　　）。

A. 建设工程监理规范　　　　　　　　　B. 监理工程范围和内容

C. 设计图纸和施工说明书　　　　　　　D. 招标投标和工程监理制度

（四）监理组织形式、人员配备及进退场计划、监理人员岗位职责

21. 工程监理单位派驻施工现场的项目监理机构的组织形式和规模，应根据（　　）等因素确定。

A. 建设工程监理合同约定的服务内容

B. 建设工程监理合同约定的服务期限

C. 工程特点

D. 建设工程监理进程安排

E. 工程技术复杂程度

22. 项目监理机构监理人员分工及岗位职责应根据监理合同约定的监理工作范围和内容以及《建设工程监理规范》GB/T 50319—2013 的规定，由（　　）安排和明确。

A. 监理工程师　　　　　　　　　　　B. 监理员

C. 总监理工程师　　　　　　　　　　D. 建设单位代表

（五）监理工作制度

1. 项目监理机构现场监理工作制度

23. 下列制度中，属于项目监理机构现场监理工作制度的是（　　）。

A. 监理工作日志制度　　　　　　　　B. 安全生产监督检查制度

C. 监理人员考勤、业绩考核及奖惩制度　　D. 对外行文审批制度

2. 项目监理机构内部工作制度

24.（2015—32）下列监理工作制度中，属于项目监理机构内部工作制度的是（　　）。

A. 工程开工审批制度　　　　　　　　B. 单项工程验收制度

C. 监理工作报告制度　　　　　　　　D. 监理工作日志制度

25.（2017—70）下列制度中，属于项目监理机构内部工作制度的有（　　）。

A. 施工备忘录签发制度　　　　　　　B. 施工组织设计审核制度

C. 工程变更处理制度　　　　　　　　D. 监理工作日志制度

E. 监理业绩考核制度

26.（2019—33）下列制度中，属于项目监理机构内部工作制度的是（　　）。

A. 施工组织设计审核制度　　　　　　B. 监理人员岗位职责制度

C. 监理工作报告制度　　　　　　　　D. 工程估算审核制度

27.（2020—33）下列工作制度中，属于项目监理机构内部工作制度的是（　　）。

A. 工程材料检验制度　　　　　　　　B. 施工备忘录签发制度

C. 工程款核查审批制度　　　　　　　D. 监理教育培训制度

28.（2021—33）下列监理工作制度中，属于项目监理机构内部工作制度的是（　　）。

A. 图纸会审制度　　　　　　　　　　B. 监理人员业绩考核制度

C. 施工组织设计审批制度　　　　　　D. 质量事故报告制度

3. 相关服务工作制度

29.（2018—33）下列工作制度中，仅属于相关服务工作制度的是（　　）。

A. 设计交底制度 　　　　　　　B. 设计方案评审制度

C. 设计变更处理制度 　　　　　D. 施工图纸会审制度

（六）工程质量控制

1. 工程质量控制目标描述

30. 项目监理机构宜根据（　　）对工程质量目标控制进行风险分析，并提出防范性对策。

A. 工程建设强制性标准 　　　　B. 工作需要

C. 工程特点 　　　　　　　　　D. 施工合同

E. 工程设计文件及经过批准的施工组织设计

2. 工程质量控制主要任务

31. 下列属于项目监理机构对工程质量控制任务的是（　　）。

A. 复核、审查施工图预算

B. 复核工程进度款申请，签署进度款付款签证

C. 建立月完成工程量统计表

D. 检查、复核施工控制测量成果及保护措施

32. （2016—33）下列工程目标控制任务中，不属于工程质量控制任务的是（　　）。

A. 审查施工组织设计及专项施工方案

B. 审查工程中使用的新技术、新工艺

C. 分析比较实际完成工程量与计划工程量

D. 复核施工控制测量成果与保护措施

33. （2021—73）根据《建设工程监理规范》GB/T 50319—2013，项目监理机构应按有关规定和建设工程监理合同约定，对用于工程的材料进行的工作有（　　）。

A. 采购订货 　　　　　　　　　B. 出厂检验

C. 见证取样 　　　　　　　　　D. 进场复试

E. 平行检验

3. 工程质量控制工作流程与措施

34. （2007—30）下列监理工程师对质量控制的措施中，属于技术措施的是（　　）。

A. 落实质量控制责任 　　　　　B. 制定质量控制协调程序

C. 严格质量控制工作流程 　　　D. 严格进行平行检验

35. （2009—30）监理规划中，建立健全项目监理机构，完善职责分工，落实质量控制责任，属于质量控制的（　　）措施。

A. 技术 　　　　　　　　　　　B. 经济

C. 合同 　　　　　　　　　　　D. 组织

36. （2011—68）监理规划中质量控制的组织措施包括（　　）。

A. 严格质量检查与监督 　　　　B. 拒付不合格工程的款项

C. 落实质量控制责任 　　　　　D. 完善监理人员职责分工

E. 制定质量监督管理制度

37.（2015—19）下列监理工程师对质量控制的措施中，（　　）属于技术措施。

A. 落实质量控制责任　　　　　　　　B. 严格质量控制工作流程

C. 制定质量控制协调程序　　　　　　D. 协助完善质量保证体系

38. 下列监理工程师对质量控制的措施中，属于技术措施的是（　　）。

A. 严格事前、事中和事后的质量检查监督

B. 建立健全项目监理机构，完善职责分工

C. 制定有关质量监督制度，落实质量控制责任

D. 按合同支付工程质量补偿金或奖金

39.（2022—30）下列工程质量控制措施中，属于技术措施的是（　　）。

A. 落实质量控制责任

B. 审查施工组织设计

C. 不予计量质量不合格的分项工程

D. 按规定处罚工程质量缺陷责任人

4. 旁站方案

40. 旁站方案的具体内容包括（　　）。

A. 旁站人员主要职责　　　　　　　　B. 旁站基本工作范围

C. 旁站目标要求　　　　　　　　　　D. 旁站基本工作要求

E. 旁站流程

5. 工程质量目标状况动态分析

41. 建设工程监理工作的核心是（　　）。

A. 工程质量　　　　　　　　　　　　B. 制定监理大纲

C. 信息处理　　　　　　　　　　　　D. 制定监理实施细则

（七）工程造价控制

42.（2016—69）下列工程造价控制内容中，属于工程造价动态比较内容的有（　　）。

A. 工程造价控制计划的编制　　　　　B. 工程造价控制计划的审核

C. 工程造价偏差的纠正　　　　　　　D. 工程造价目标值的预测分析

E. 工程造价目标分解值与实际值的比较

43.（2018—34）下列工程造价控制工作中，属于项目监理机构在施工阶段控制工程造价的工作内容是（　　）。

A. 定期进行工程计量　　　　　　　　B. 审查工程预算

C. 进行建设方案比选　　　　　　　　D. 进行投资方案论证

44. 下列工程造价控制具体措施中，属于技术措施的有（　　）。

A. 及时进行计划费用与实际费用的分析比较

B. 建立健全项目监理机构，完善职责分工及有关制度

C. 按合同条款支付工程款，防止过早、过量的支付

D. 对材料、设备采购，通过质量价格比选，合理确定生产供应单位

E. 通过审核施工组织设计和施工方案，使施工组织合理化

（八）工程进度控制

45.（2010—30）下列关于监理规划目标控制的措施中，属于进度控制技术措施的是（　　）。

A. 落实进度控制责任，建立进度控制协调制度

B. 建立多级网络计划体系，监控施工单位作业计划实施

C. 建立激励机制，奖励工期提前的施工单位

D. 履行合同义务，协调有关各方的进度计划

46.（2012—30）下列监理工作中，属于进度控制技术措施的是（　　）。

A. 完善职责分工及有关制度　　　　　B. 确保资金的及时供应

C. 建立多级网络计划体系　　　　　　D. 正确处理工程索赔事宜

47.（2014—73）监理规划中应明确的工程进度控制措施有（　　）。

A. 建立多级网络计划体系　　　　　　B. 严格审核施工组织设计

C. 建立进度控制协调制度　　　　　　D. 按施工合同及时支付工程款

E. 监控施工单位实施作业计划

（九）安全生产管理的监理工作

1. 安全生产管理的监理工作目标

48. 安全生产管理的监理工作目标是（　　）。

A. 实现工程监理信息的系统管理和提供必要的决策支持

B. 确保工程质量、造价、进度目标的实现

C. 确保工程质量目标符合工程建设强制性标准

D. 履行法律法规赋予工程监理单位的法定职责，尽可能防止和避免施工安全事故的发生

2. 安全生产管理的监理工作内容

49. 安全生产管理的监理工作内容主要包括（　　）。

A. 处理工程暂停工及复工、工程变更、索赔及施工合同争议、解除等事宜

B. 编制建设工程监理实施细则，落实相关监理人员

C. 巡视检查危险性较大的分部分项工程专项施工方案实施情况

D. 审查施工单位现场安全生产规章制度的建立和实施情况

E. 进行进度目标实现的风险分析，制订进度控制的方法和措施

50.（2015—33）下列监理工作中，不属于安全生产管理工作的是（　　）。

A. 审查施工单位安全生产许可证

B. 对关键部位、关键工序的施工过程实施旁站

C. 巡视危险性较大的分部分项工程专项施工方案实施情况

D. 核查施工起重机械和设施的安全许可验收手续

3. 专项施工方案的编制、审查和实施的监理要求

51.（2016—70）实行工程总承包的工程，专项施工方案可由专业分包单位组织编制的有（　　）。

A. 起重机械安装　　　　　　　　　　B. 起重机械拆卸

C. 附着式升降脚手架　　　　　　　　D. 主体结构工程施工

E. 深基坑开挖

52.（2017—33）对于超过一定规模的危险性较大的分部分项工程的专项施工方案，需要由（　　）组织召开专家论证会。

A. 建设单位　　　　　　　　　　　　B. 监理单位

C. 施工单位　　　　　　　　　　　　D. 分包单位

53.（2017—71）下列实行专业分包的工程中，专项施工方案不能由专业分包单位组织编制的有（　　）。

A. 深基坑工程　　　　　　　　　　　B. 附着式升降脚手架工程

C. 起重机械安装拆卸工程　　　　　　D. 高大模板工程

E. 拆除、爆破工程

4. 安全生产管理的监理方法和措施

54.（2015—69）监理规划中应明确的安全生产管理措施有（　　）。

A. 组织验收施工起重机械的安全性能

B. 督促施工单位落实安全技术措施

C. 审查施工单位的安全生产规章制度

D. 督促施工单位落实应急救援预案

E. 制定危险性较大的分部工程旁站方案

（十）合同管理与信息管理

1. 合同管理

55. 下列关于合同管理的说法中，错误的是（　　）。

A. 主要是从合同执行等各个环节进行管理，督促合同双方履行合同，并维护合同订立双方的正当权益

B. 主要是对建设单位与施工单位、材料设备供应单位等签订的合同进行管理

C. 需处理工程暂停工及复工、工程变更、索赔及施工合同争议、解除等事宜

D. 需熟悉施工合同及约定的计价规则，复核、审查施工图预算

56. 合同执行状况的动态分析不包括（　　）。

A. 对合同履约情况进行跟踪分析

B. 对合同变更原因进行分析

C. 对合同争议调解与索赔处理程序进行分析

D. 对合同违约情况进行分析

2. 信息管理

57. 信息管理是建设工程监理的基础性工作，对建设工程形成的信息进行收集、整理、处理、存储、传递与运用的目的是（　　）。

A. 优化建设工程监理与相关服务业务处理过程

B. 了解信息使用部门和人员的使用目的、使用周期、使用频率等关键信息

C. 决定提供信息的介质

D. 保证能够及时、准确地获取所需要的信息

（十一）组织协调

1. 组织协调的范围和层次

该部分内容考查概率较小，仅做了解即可。

2. 组织协调的主要工作

58.（2015—16）项目监理机构的内部协调不包括（　　）。

A. 建立信息沟通制度

B. 与政府建设行政主管机构的协调

C. 及时交流信息、处理矛盾，建立良好的人际关系

D. 明确监理人员分工及各自的岗位职责

3. 组织协调方法和措施

59.（2022—46）下列监理工作制度中，属于组织协调制度的是（　　）。

A. 原材料及构配件检测制度　　　　　　B. 工程款支付审核制度

C. 监理人员教育培调制度　　　　　　　D. 监理工作会议制度

（十二）监理设施

60. 根据《建设工程监理规范》GB/T 50319—2013，应根据（　　）按建设工程监理合同约定，配备满足监理工作需要的常规检测设备和工具。

A. 监理实施细则所确定的工作流程　　　B. 建设工程所在地的环境条件

C. 建设工程的技术复杂程度　　　　　　D. 建设工程的类别

E. 建设工程的规模

三、监理规划报审

（一）监理规划报审程序

61. 依据《建设工程监理规范》GB/T 50319—2013，将监理规划报送给建设单位是在（　　）。

A. 监理合同签订及收到工程设计文件后

B. 监理规划编制完成及总监理工程师签字后

C. 第一次工地会议前

D. 施工组织计划及施工方案等发生重大变化时

62. 依据《建设工程监理规范》GB/T 50319—2013，监理规划的编制应由（　　）。

A. 总监理工程师组织　　　　　　　　B. 总监理工程师报送

C. 专业监理工程师参与　　　　　　　D. 监理单位技术负责人审批

E. 总监理工程师审批

63. 依据《建设工程监理规范》GB/T 50319—2013，调整监理规划应由（　　）。

A. 总监理工程师组织　　　　　　　　B. 总监理工程师报送

C. 专业监理工程师参与　　　　　　　D. 监理单位项目负责人审批

E. 总监理工程师审批

（二）监理规划的审核内容

64.（2003—31）对监理规划的审核，其审核内容包括（　　）。

A. 依据监理合同审核监理目标是否符合合同要求和建设单位建设意图

B. 审核监理组织机构、建设工程组织管理模式等是否合理

C. 审核监理方案中投资、进度、质量控制点与控制方法是否适应施工组织设计的施工方案

D. 审查监理制度是否与工程建设参与各方的制度协调一致

65.（2004—35）建设工程监理规划的审核应侧重于（　　）是否与合同要求和业主建设意图一致。

A. 监理范围、工作内容及监理目标　　B. 项目监理机构结构

C. 投资、进度、质量目标控制方法和措施　　D. 监理工作制度

66.（2009—68）对建设工程监理规划中项目监理机构人员配备方案审查的主要内容应当包括（　　）。

A. 组织形式是否与项目承发包模式相协调

B. 监理人员的职责分工是否合理

C. 监理人员的专业满足程度

D. 监理人员的数量满足程度

E. 派驻现场人员计划是否与工程进度计划相适应

67. 对建设工程监理规划进行工作计划的审核主要是（　　）。

A. 审查其如何应用组织、技术、经济、合同措施保证目标的实现

B. 审查其在每个阶段中如何控制建设工程目标以及组织协调方法

C. 审查安全生产管理的监理工作内容是否明确

D. 审查是否制定了相应的安全生产管理实施细则

68. 对建设工程监理规划的审核应重点审查（　　）。

A. 监理工作制度

B. 监理范围、工作内容及监理目标

C. 安全生产管理监理工作内容

D. 工程质量、造价、进度控制方法和措施

69.（2019—70）下列监理规划的审核内容中，属于履行安全生产管理的监理法定

职责内容的有（　　）。

　　A.是否建立了对施工组织设计，专项施工方案的审查制度

　　B.是否建立了对现场安全隐患的巡视检查制度

　　C.是否结合工程特点建立了与建设单位的沟通协调机制

　　D.是否建立了安全生产管理状况的监理报告制度

　　E.是否确定了质量、造价、进度三大目标控制的相应措施

习题答案及解析

1. C	2. A	3. B	4. D	5. D
6. A	7. C	8. C	9. A	10. B
11. C	12. B	13. AD	14. C	15. BCD
16. ABD	17. ABCD	18. B	19. A	20. B
21. ABCE	22. C	23. B	24. D	25. DE
26. B	27. D	28. B	29. B	30. CDE
31. D	32. C	33. CE	34. D	35. D
36. CDE	37. D	38. A	39. B	40. ABDE
41. A	42. DE	43. A	44. DE	45. B
46. C	47. ACE	48. D	49. BCD	50. B
51. ABCE	52. C	53. DE	54. BCD	55. D
56. C	57. D	58. B	59. D	60. BCDE
61. C	62. AC	63. ABCD	64. A	65. A
66. CDE	67. B	68. D	69. ABD	

【解析】

　　2. A。监理规划的编写依据包括：（1）工程建设法律法规和标准；（2）建设工程外部环境调查研究资料；（3）政府批准的工程建设文件；（4）建设工程监理合同文件；（5）建设工程合同；（6）建设单位要求；（7）工程实施过程中输出的有关工程信息。在2002、2008、2011年的考试中，同样对本题涉及的采分点进行了考查，且提问形式基本与本题一致。

　　6. A。B、C选项错误，监理规划在编写完成后需进行审核并经批准。监理单位的技术管理部门是内部审核单位，技术负责人应当签认，同时，还应当按工程监理合同约定提交给建设单位，由建设单位确认。D选项错误，在工程项目运行过程中，内外因素和条件不可避免地要发生变化，造成工程实际情况偏离计划，往往需要调整计划乃至目标，这就可能造成监理规划在内容上也要进行相应调整。

　　7. C。监理规划应在签订建设工程监理合同及收到工程设计文件后由总监理工程师组织编制，并应在召开第一次工地会议7天前报建设单位。监理规划报送前还应由

监理单位技术负责人审核签字。在 2006 年度的考试中，同样对本题涉及的采分点进行了考查，且提问形式与选项设置基本与本题一致。

11. C。建设工程监理合同的相关条款和内容是编写监理规划的重要依据，故 A 选项错误。安全生产管理的监理工作是监理规划的主要内容之一，故 B 选项错误。监理规划应由总监理工程师组织编制，故 C 选项正确、D 选项错误。

13. AD。监理规划报送前还应由监理单位技术负责人审核签字。工程竣工预验收合格后，由总监理工程师组织专业监理工程师编制工程质量评估报告，编制完成后，由项目总监理工程师及监理单位技术负责人审核签认并加盖监理单位公章后报建设单位。

14. C。监理实施细则是在监理规划的基础上，针对工程项目中某一专业或某一方面监理工作编制的操作性文件。故 A 选项错误。监理单位的技术管理部门是内部审核单位，技术负责人应当签认，同时，还应当按工程监理合同约定提交给建设单位，由建设单位确认。故 B 选项错误。监理规划应在签订建设工程监理合同及收到工程设计文件后由总监理工程师组织编制，并应在召开第一次工地会议 7 天前报建设单位。故 D 选项错误。

16. ABD。《建设工程监理规范》GB/T 50319—2013 明确规定，监理规划的内容包括：工程概况；监理工作的范围、内容、目标；监理工作依据；监理组织形式、人员配备及进退场计划、监理人员岗位职责；监理工作制度；工程质量控制；工程造价控制；工程进度控制；安全生产管理的监理工作；合同与信息管理；组织协调；监理工作设施。

19. A。反映工程特征的资料包括勘察设计阶段监理相关服务和施工阶段监理，施工阶段监理包括：设计图纸和施工说明书、地形图、施工合同及其他建设工程合同。故 A 选项符合题意。B 选项属于反映工程建设条件的资料，C 选项属于反映当地工程建设法规及政策方面的资料，D 选项属于反映建设单位对项目监理要求的资料。

20. B。反映建设单位对项目监理要求的资料是监理合同（包括监理工作范围和内容、监理大纲、监理投标文件）。A 选项是反映工程建设法律、法规及标准的资料。C 选项是反映工程特征的资料。D 选项是反映当地工程建设法规及政策方面的资料。

29. B。提供相关服务时，需要建立以下制度：（1）项目立项阶段：包括可行性研究报告评审制度和工程估算审核制度等。（2）设计阶段：包括设计大纲、设计要求编写及审核制度，设计合同管理制度，设计方案评审办法，工程概算审核制度，施工图纸审核制度，设计费用支付签认制度，设计协调会制度等。（3）施工招标阶段：包括招标管理制度，标底或招标控制价编制及审核制度，合同条件拟订及审核制度，组织招标实务有关规定等。

32. C。工程质量控制任务包括：（1）审查施工单位现场的质量保证体系，包括：质量管理组织机构、管理制度及专职管理人员和特种作业人员的资格。（2）审查施工组织设计、（专项）施工方案。（3）审查工程使用的新材料、新工艺、新技术、新设备的质量认证材料和相关验收标准的适用性。（4）检查、复核施工控制测量成果及保护措施。（5）审核分包单位资格，检查施工单位为本工程提供服务的试验室。（6）审查施工单位用于工程的材料、构配件、设备的质量证明文件，并按要求对用于工程的材料进行见证取样、平行检验，对施工质量进行平行检验。（7）审查影响工程质量的计量设备的检查和检定报告。（8）采用旁站、巡视检查、平行检验等方式对施工过程进行检查监督。（9）对隐蔽工程、检验批、分项工程和分部工程进行验收。（10）对质量缺陷、质量问题、质量事故及时进行处置和检查验收。（11）对单位工程进行竣工验收，并组织工程竣工预验收。（12）参加工程竣工验收，签署工程监理意见。

33. CE。项目监理机构应按有关规定和建设工程监理合同约定，对用于工程的材料进行见证取样、平行检验。

34. D。A选项属于质量控制的组织措施的内容，B选项属于组织协调的措施中协调工作程序的内容，C选项不属于工程质量控制措施，严格进行平行检验体现在对事中进行平行检查监督，而严格事中的质量检查监督属于技术措施，故D选项正确。

36. CDE。质量控制的组织措施包括：建立健全项目监理机构，完善职责分工，制定有关质量监督制度，落实质量控制责任。

37. D。质量控制的技术措施包括：协助完善质量保证体系；严格事前、事中和事后的质量检查监督。在2003年度的考试中，同样对本题涉及的采分点进行了考查，且提问形式与选项设置基本与本题一致。

39. B。A选项属于组织措施，B选项属于技术措施，C选项属于经济措施，D选项属于合同措施。

41. A。工程质量是建设工程监理工作的核心，项目监理机构应根据建设工程施工的不同阶段进行工程质量控制目标状况动态分析，发现问题尽早采取措施予以解决，确保实现工程质量目标。

42. DE。工程造价动态比较的内容包括：（1）工程造价目标分解值与造价实际值的比较。（2）工程造价目标值的预测分析。

43. A。工程造价控制工作内容包括：（1）熟悉施工合同及约定的计价规则，复核、审查施工图预算。（2）定期进行工程计量，复核工程进度款申请，签署进度款付款签证。（3）建立月完成工程量统计表，对实际完成量与计划完成量进行比较分析，发现偏差的，应提出调整建议，并报告建设单位。（4）按程序进行竣工结算款审核，签署竣工结算款支付证书。

45. B。进度控制的技术措施是：建立多级网络计划体系，监控承建单位的作业实施计划。

46. C。建立多级网络计划体系属于进度控制技术措施。在2010年度的考试中，同样对本题涉及的采分点进行了考查。

47. ACE。工程进度控制的具体措施：（1）组织措施：落实进度控制的责任，建立进度控制协调制度。（2）技术措施：建立多级网络计划体系，监控施工单位的实施作业计划。（3）经济措施：对工期提前者实行奖励；对应急工程实行较高的计件单价；确保资金的及时供应等。（4）合同措施：按合同要求及时协调有关各方的进度，以确保建设工程的形象进度。

51. ABCE。实行施工总承包的,专项施工方案应当由总承包施工单位组织编制,其中,起重机械安装拆卸工程、深基坑工程、附着式升降脚手架等专业工程实行分包的,其专项施工方案可由专业分包单位组织编制。

54. BCD。安全生产管理的监理方法和措施包括:通过审查施工单位现场安全生产规章制度的建立和实施情况,督促施工单位落实安全技术措施和应急救援预案,加强风险防范意识,预防和避免安全事故发生等。

57. D。信息管理是建设工程监理的基础性工作,通过对建设工程形成的信息进行收集、整理、处理、存储、传递与运用,保证能够及时、准确地获取所需要的信息。

58. B。项目监理机构的内部协调工作包括:(1)总监理工程师牵头,做好项目监理机构内部人员之间的工作关系协调。(2)明确监理人员分工及各自的岗位职责。(3)建立信息沟通制度。(4)及时交流信息、处理矛盾,建立良好的人际关系。

66. CDE。人员配备方案应从以下几个方面审查:(1)派驻监理人员的专业满足程度。(2)人员数量的满足程度。(3)专业人员不足时采取的措施是否恰当。(4)派驻现场人员计划表。

69. ABD。对于安全生产管理监理工作内容主要是审核安全生产管理的监理工作内容是否明确;是否制定了相应的安全生产管理实施细则;是否建立了对施工组织设计、专项施工方案的审查制度;是否建立了对现场安全隐患的巡视检查制度;是否建立了安全生产管理状况的监理报告制度;是否制定了安全生产事故的应急预案等。

第二节　监理实施细则

知识导学

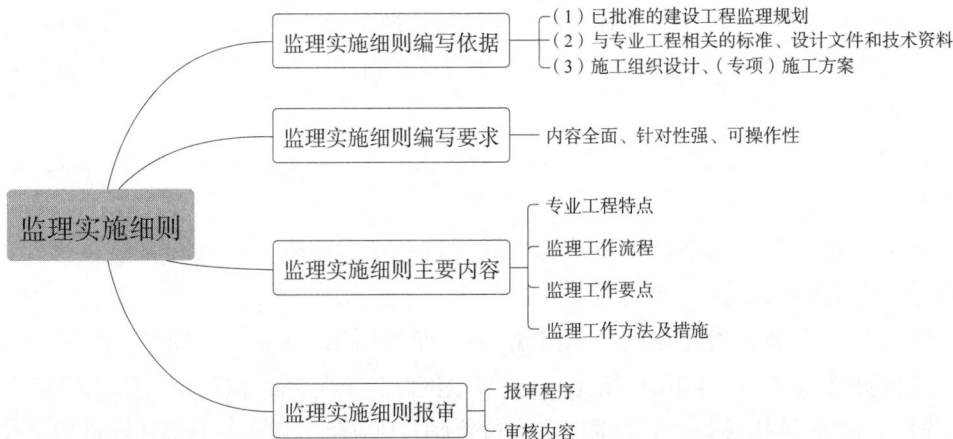

监理实施细则
- 监理实施细则编写依据
  - (1)已批准的建设工程监理规划
  - (2)与专业工程相关的标准、设计文件和技术资料
  - (3)施工组织设计、(专项)施工方案
- 监理实施细则编写要求 —— 内容全面、针对性强、可操作性
- 监理实施细则主要内容
  - 专业工程特点
  - 监理工作流程
  - 监理工作要点
  - 监理工作方法及措施
- 监理实施细则报审
  - 报审程序
  - 审核内容

习题汇总

一、监理实施细则编写依据和要求

1.（2020—32）关于监理实施细则的说法，正确的是（　　）。

A. 监理实施细则应依据监理大纲编制

B. 监理实施细则应由总监理工程师主持编制

C. 监理实施细则应经监理单位技术负责人审批、总监理工程师签发后实施

D. 监理实施细则是针对某一专业或某一方面建设工程监理工作的操作性文件

（一）监理实施细则编写依据

2.（2014—39）根据《建设工程监理规范》GB/T 50319—2013，下列文件资料中，可作为监理实施细则编制依据的是（　　）。

A. 工程质量评估报告　　　　　　　　B. 专项施工方案

C. 已批准的可行性研究报告　　　　　D. 监理月报

3.（2018—35）根据《建设工程监理规范》GB/T 50319—2013，不属于监理实施细则编写依据的是（　　）。

A. 已批准的监理规划

B. 施工组织设计、专项施工方案

C. 工程外部环境调查资料

D. 与专业工程相关的设计文件和技术资料

4.（2019—71）根据《建设工程监理规范》GB/T 50319—2013，监理实施细则编写的依据有（　　）。

A. 建设工程施工合同文件

B. 已批准的监理规划

C. 与专业工程相关的标准

D. 已批准的施工组织设计，（专项）施工方案

E. 施工单位的特定要求

5.（2021—69）监理实施细则的编制依据有（　　）。

A. 工程质量评估报告　　　　　　　　B. 工程设计文件

C. 建设工程监理规范　　　　　　　　D. 监理规划

E. 施工组织设计

（二）监理实施细则编写要求

6.（2014—40）监理实施细则需经（　　）审批后实施。

A. 总监理工程师代表　　　　　　　　B. 工程监理单位技术负责人

C. 总监理工程师　　　　　　　　　　D. 相应专业监理工程师

7.《建设工程监理规范》GB/T 50319—2013 规定，应编制监理实施细则的工程范

围包括（　　）。

A. 采用新材料的工程

B. 采用新技术的工程

C. 采用新设备的工程

D. 规模较小、技术较为简单且有成熟监理经验和施工技术措施落实的工程

E. 专业性较强、危险性较大的分部分项工程

8. 从监理实施细则目的角度出发，监理实施细则应满足的要求有（　　）。

A. 具有连续性　　　　　　　　　　　　B. 可操作性强

C. 安全可靠　　　　　　　　　　　　　D. 内容全面

E. 针对性强

9.（2015—34）根据《建设工程监理规范》GB/T 50319—2013，关于监理实施细则编制的说法，正确的是（　　）。

A. 应由总监理工程师组织编制

B. 应针对所有分部分项工程编制

C. 应在相应工程施工前完成编制

D. 应由监理单位技术负责人组织编制

二、监理实施细则主要内容

10.（2018—71）下列工作流程中，监理工作涉及的有（　　）。

A. 分包单位招标选择流程　　　　　　　B. 质量三检制度落实流程

C. 隐蔽工程验收流程　　　　　　　　　D. 质量问题处理审核流程

E. 开工审核工作流程

11.（2019—23）根据《建设工程监理规范》GB/T 50319—2013，不属于监理实施细则主要内容的是（　　）。

A. 监理工作流程　　　　　　　　　　　B. 监理工作要点

C. 监理规划　　　　　　　　　　　　　D. 专业工程特点

12.（2020—74）根据《建设工程监理规范》GB/T 50319—2013，监理实施细则的内容包括（　　）。

A. 专业工程特点　　　　　　　　　　　B. 监理工作要点

C. 监理工作方法和措施　　　　　　　　D. 项目主要目标

E. 监理工作制度

三、监理实施细则报审

（一）监理实施细则报审程序

13. 下列关于监理实施细则审批与批准的说法中，正确的是（　　）。

A. 应由专业监理工程师送审　　　　　　B. 应由专业监理工程师编制

C. 应由总监理工程师批准　　　　　　D. 应在相应工程施工前进行

E. 应在工程施工过程中进行

（二）监理实施细则的审核内容

14.（2005—28）由项目监理机构的专业监理工程师编写，并经总监理工程师批准实施的监理文件是（　　）。

A. 监理大纲　　　　　　　　　　　　B. 监理规划

C. 监理实施细则　　　　　　　　　　D. 监理合同

15.（2010—68）审核监理规划时，对监理组织机构审核的内容包括（　　）。

A. 是否理解了业主的工程建设意图

B. 是否包括了全部委托的工作任务

C. 是否与工程实施的具体特点相结合

D. 是否与业主的组织关系相协调

E. 是否与承包方的组织关系相协调

16.（2020—39）根据《建设工程监理规范》GB/T 50319—2013，监理实施细则应由（　　）负责编制。

A. 专业监理工程师　　　　　　　　　B. 总监理工程师

C. 监理员　　　　　　　　　　　　　D. 监理单位技术负责人

习题答案及解析

1. D	2. B	3. C	4. BCD	5. BE
6. C	7. ABCE	8. BDE	9. C	10. CDE
11.C	12. ABC	13. ACD	14. C	15. CDE
16. A				

【解析】

1. D。监理实施细则编写的依据包括：已批准的建设工程监理规划；与专业工程相关的标准、设计文件和技术资料；施工组织设计、（专项）施工方案，故 A 选项错误。监理实施细则由专业监理工程师编制完成后，需要报总监理工程师批准后方能实施，故 B、C 选项错误。

6. C。监理实施细则可随工程进展编制，但应在相应工程开始由专业监理工程师编制完成，并经总监理工程师审批后实施。

7. ABCE。《建设工程监理规范》GB/T 50319—2013 规定，采用新材料、新工艺、新技术、新设备的工程，以及专业性较强、危险性较大的分部分项工程，应编制监理实施细则。

9. C。A、D 选项错误，监理实施细则应由专业监理工程师组织编制；B 选项错误，对于工程规模较小、技术较为简单且有成熟监理经验和施工技术措施落实的情况下，可以不必编制监理实施细则。

10. CDE。监理工作涉及的流程包括：开工审核工作流程、施工质量控制流程、进度控制流程、造价（工程量计量）控制流程、安全生产和文明施工监理流程、测量监理流程、施工组织设计审核工作流程、分包单位资格审核流程、建筑材料审核流程、技术审核流程、工程质量问题处理审核流程、旁站检查工作流程、隐蔽工程验收流程、工程变更处理流程、信息资料管理流程等。

11. C。监理实施细则应包含的内容，即：专业工程特点、监理工作流程、监理工作要点，以及监理工作方法及措施。B 选项不属于监理实施细则内容。

12. ABC。《建设工程监理规范》GB/T 50319—2013 明确规定了监理实施细则应包含的内容有：专业工程特点、监理工作流程、监理工作要点，以及监理工作方法及措施。在 2014、2015、2022 年度的考试中，同样对本题涉及的采分点进行了考查，且提问形式基本与本题一致。

第八章

建设工程监理工作内容和主要方式

第一节　建设工程监理工作内容

知识导学

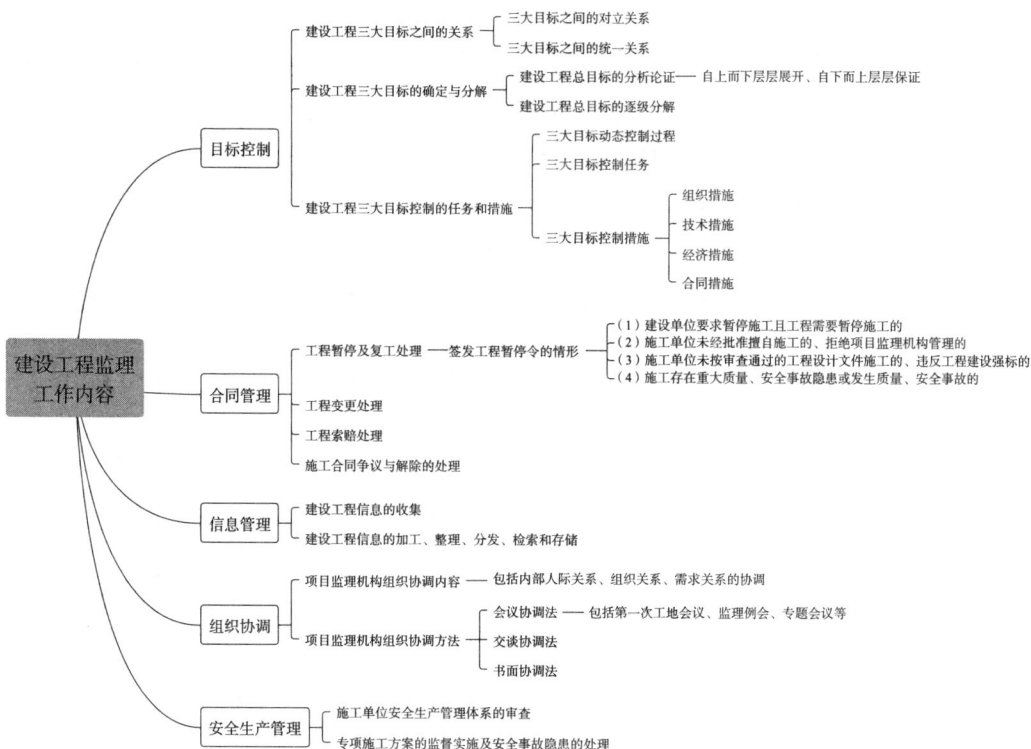

习题汇总

一、目标控制

（一）建设工程三大目标之间的关系

1. 由建设工程投资、进度、质量三大目标之间存在对立关系可知，建设工程三大目标应（　　）。

A. 同时达到最优　　　　　　　　　B. 分别进行分析与论证

C. 作为一个系统统筹考虑　　　　　D. 尽可能进行定量的分析

1. 三大目标之间的对立关系

2.（2020—35）下列建设工程质量、造价、进度三大目标之间相互关系中，属于对立关系的是（　　）。

A. 通过加快建设进度，尽早发挥投资效益

B. 通过增加赶工措施费，加快工程建设进度

C. 通过提高功能要求，大幅度提高投资效益

D. 通过控制工程质量，减少返工费用

3. 下列关于建设工程三大目标之间对立关系的说法，正确的是（　　）。

A. 提高项目功能，可能减少运行费用

B. 缩短建设工期，可能提早发挥投资效益

C. 提高工程质量，可能减少返工、保证建设工期

D. 减少工程投资，可能会降低项目功能

2. 三大目标之间的统一关系

4. 下列关于建设工程各目标之间关系的表述中，体现质量目标与投标目标统一关系的是（　　）。

A. 提高功能和质量要求，需要适当延长工期

B. 提高功能和质量要求，需要增加一定的投资

C. 提高功能和质量要求，可能降低运行费用和维修费用

D. 增加质量控制的费用，有利于保证工程质量

5.（2016—35）关于建设工程质量、进度和造价三大目标的说法，正确的是（　　）。

A. 应形成"自上而下层层展开、自上而下层层保证"的质量、进度和造价目标体系

B. 应将建设工程总目标分解，为质量、进度和造价目标动态控制奠定基础

C. 在不同的建设工程中质量、进度和造价目标，应具有相同的优先等级

D. 质量、进度和造价目标之间相互制约，应使每一个目标均达到最优

（二）建设工程三大目标的确定与分解

6.（2017—34）在分析论证建设工程总目标，追求建设工程质量、造价和进度三大目标标间最佳匹配关系时，应确保（　　）。

A. 定性分析与定量分析相结合

B. 质量项目符合工程建设强制性标准

C. 三大目标之间密切联系且相互制约

D. 在不同建设工程中具有不同的优先等级

7.（2018—36）关于建设工程质量、造价、进度三大目标的说法，正确的是（　　）。

A. 工程项目质量、造价、进度目标应以定性分析为主，定量分析为辅

B. 建设工程三大目标中，应确保工程质量目标符合工程建设强制性标准

C. 分析论证建设工程三大目标的匹配性时应以同等权重对待

D. 建设工程三大目标的实现是指实现工程项目"质量优，投资省"的目标

8.（2019—36）关于建设工程总目标的分析论证，说法正确的是（　　）。

A. 分析建设工程总目标应采用定性分析方法综合论证

B. 工程复杂程度可决定三大目标的重要性顺序

C. 采用"自上而下层层保证、自下而上层层展开"的形式分解建设工程目标进行分析

D. 建设工程三大目标在"质量优、投资少、工期短"之间寻求最佳匹配

9.（2021—35）关于工程项目质量、造价、进度三大目标的说法，正确的是（　　）。

A. 项目三大目标之间是对立关系

B. 项目三大目标控制的重点是纠正偏差

C. 不同工程项目的三大目标可具有不同的优先等级

D. "自上而下层层保证"是项目三大目标控制的基础

10. 为了有效地控制建设工程三大目标，需要逐级分解建设工程总目标，按（　　）等制定分目标、子目标及可执行目标。

A. 工程项目所处环境特点

B. 工程项目投资方及利益相关者的需求

C. 工程参建单位

D. 工程项目组成

E. 工程项目时间进展

11.（2022—47）关于建设工程质量、造价、进度三大目标的说法，正确的是（　　）。

A. 建设工程三大目标应以施工技术要求为重点进行论证

B. 分析论证建设工程三大目标通常采用定性分析方法

C. 不同工程的质量、造价、进度三大目标的优先等级应相同

D. 建设工程三大目标应在"质量优、投资少、工期短"之间寻求最佳匹配

（三）建设工程三大目标控制的任务和措施

1. 三大目标动态控制过程

12.（2016—36）下列建设工程目标动态控制工作中，属于PDCA中检查工作的是（　　）。

A. 编制工程项目计划   B. 实施工程项目计划

C. 收集工程项目实施绩效   D. 采取偏差纠正措施

13.（2016—71）下列工作内容中，属于建设工程目标动态控制过程的有（　　）。

A. 组织   B. 计划

C. 执行   D. 检查

E. 协调

14.（2019—37）下列动态控制任务中，属于事前计划控制的有（　　）。

A. 建立目标体系   B. 分析可能产生的偏差

C. 收集项目实施绩效   D. 采取预防偏差产生的措施

2. 三大目标控制任务

15.（2003—57）监理工程师对施工阶段进度控制的任务有（　　）。

A. 审查施工单位施工进度计划

B. 对施工投入、施工和安装过程、产出品进行全过程控制

C. 工程付款控制

D. 协调各单位关系、预防并处理好工期索赔

E. 完善建设工程控制性进度计划

16.（2014—75）项目监理机构控制建设工程施工质量的任务有（　　）。

A. 检查施工单位现场质量管理体系   B. 处理工程质量事故

C. 控制施工工艺过程质量   D. 处置工程质量问题和质量缺陷

E. 组织单位工程质量验收

17.（2015—71）项目监理机构在施工阶段造价控制的主要任务有（　　）。

A. 预防并处理费用索赔   B. 挖掘降低造价潜力

C. 控制工程付款   D. 控制工程变更费用

E. 确定造价控制目标

18.（2017—72）项目监理机构在施工阶段进度控制的任务有（　　）。

A. 完善建设工程控制性进度计划   B. 审查施工单位专项施工方案

C. 审查施工单位工程变更申请   D. 制定预防工期索赔措施

E. 组织召开进度协调会

19.（2018—37）下列工程进度控制任务中，属于项目监理机构在施工阶段控制进度的任务是（　　）。

A. 编制工程建设总进度计划

B. 依据进度控制纲要确定合同工期

C. 进行工程项目建设目标论证

D. 审查施工单位提交的进度计划

20.（2020—71）项目监理机构在建设工程施工阶段质量控制的任务有（　　）。

A. 做好施工现场准备工作   B. 检查施工机械和机具质量

C. 处置工程质量缺陷　　　　　　　　D. 检查施工过程质量

E. 处理工程质量事故

21.（2021—71）项目监理机构施工进度控制的主要工作任务有（　　）。

A. 完善建设工程控制性进度计划　　　B. 审查施工单位提交的进度计划

C. 编制材料和设备供应进度计划　　　D. 组织进度协调会议

E. 研究制定预防工期索赔的措施

22.（2022—66）项目监理机构在施工阶段造价控制的工作任务有（　　）。

A. 协助建设单位编制资金使用计划　　B. 进行工程计量和付款控制

C. 确定预防费用索赔的措施　　　　　D. 协助编制最高投标限价

E. 按时返还质量保证金

3. 三大目标控制措施

23.（2001—22）监理工程师对施工组织设计进行审查，属于目标控制的（　　）措施。

A. 组织　　　　　　　　　　　　　　B. 技术

C. 经济　　　　　　　　　　　　　　D. 合同

24.（2003—16）作为其他各类措施的前提和保障，（　　）措施运用得当可以收到良好效果。

A. 合同　　　　　　　　　　　　　　B. 经济

C. 技术　　　　　　　　　　　　　　D. 组织

25. 总监理工程师通过调整合同管理工作流程来加强合同管理，属于监理工作的（　　）措施。

A. 组织　　　　　　　　　　　　　　B. 技术

C. 经济　　　　　　　　　　　　　　D. 合同

26.（2005—14）下列属于建设工程目标控制经济措施的是（　　）。

A. 明确目标控制人员的任务和职能分工　　B. 提出多个不同的技术方案

C. 分析不同合同之间的相互联系　　　D. 投资偏差分析

27.（2014—41）为了有效控制建设工程质量、造价、进度三大目标，可采取的技术措施是（　　）。

A. 审查、论证建设工程施工方案

B. 动态跟踪建设工程合同执行情况

C. 建立建设工程目标控制工作考评机制

D. 进行建设工程变更方案的技术经济分析

28.（2016—37）建立工程目标控制工作考评机制，作为各类措施的前提和保障的是（　　）措施。

A. 组织　　　　　　　　　　　　　　B. 技术

C. 合同　　　　　　　　　　　　　　D. 经济

29.（2017—35）建设工程监理工作中，动态跟踪项目执行情况并处理好工程索赔事宜，属于目标控制的（　　）措施。

 A. 技术   B. 组织

 C. 经济   D. 合同

30.（2018—38）项目监理机构处理工程索赔事宜是建设工程目标控制重要的（　　）措施。

 A. 技术   B. 合同

 C. 经济   D. 组织

31.（2018—72）下列目标控制措施中，属于经济措施的有（　　）。

 A. 建立动态控制过程中的激励措施

 B. 审核工程量及工程结算报告

 C. 对工程变更方案进行技术经济分析

 D. 选择合理的承发包模式和合同计价方式

 E. 进行投资偏差分析和未完工程投资预测

32.（2019—72）下列目标控制措施中，属于技术措施的有（　　）。

 A. 确定目标控制工作流程   B. 审查施工组织设计

 C. 采用网络计划技术进行工期优化   D. 审核比较各种工程数据

 E. 确定合理的工程款计价方式

33.（2020—36）为了有效控制建设工程项目目标，项目监理机构可采取的技术措施是（　　）。

 A. 审查施工方案   B. 编制资金使用计划

 C. 明确人员职责分工   D. 预测未完工程投资

34. 下列目标控制措施中，属于合同措施的是（　　）。

 A. 调整控制人员的分工

 B. 协助业主确定工程发包方式

 C. 要求施工单位增加施工机械，并给予合理的补偿

 D. 修改技术方案加快进度

35.（2022—29）建设工程质量、造价、进度三大目标控制措施中，属于组织措施的是（　　）。

 A. 改善建设工程目标控制的工作流程

 B. 审查论证施工方案中的工艺流程

 C. 通过计算实际工程量进行造价偏差分析

 D. 协助业主确定工程发承包模式

二、合同管理

（一）工程暂停及复工处理

36.（2014—42）根据《建设工程监理规范》GB/T 50319—2013，施工单位未经批

准擅自施工的，总监理工程师应（　　）。

A. 及时签发《监理通知单》　　　　　　B. 立即报告建设单位

C. 及时签发《工程暂停令》　　　　　　D. 立即报告政府主管部门

37.（2016—38）工程暂停施工原因消失，具备复工条件时，关于复工审批或指令的说法，正确的是（　　）。

A. 施工单位提出复工申请的，专业监理工程师应签发工程复工令

B. 施工单位提出复工申请的，建设单位应及时签发工程复工令

C. 施工单位未提出复工申请的，总监理工程师可指令施工单位恢复施工

D. 施工单位未提出复工申请的，建设单位应及时指令施工单位恢复施工

38.（2017—36）根据《建设工程监理规范》GB/T 50319—2013，项目监理机构应签发《工程暂停令》的情形是（　　）。

A. 施工单位未按审查通过的工程设计文件施工

B. 施工单位与建设单位发生经济纠纷

C. 总监理工程师未按时上报监理日志

D. 施工发生了重大质量事故的

39.（2020—73）根据《建设工程监理规范》GB/T 50319—2013，总监理工程师应及时签发工程暂停令的情形有（　　）。

A. 施工单位未按施工组织设计施工的

B. 施工单位违反工程建设强制性标准的

C. 施工单位要求暂停施工的

D. 施工单位对进场材料未及时报验的

E. 工程施工存在重大质量事故隐患的

40.（2021—36）根据《建设工程监理规范》GB/T 50319—2013，总监理工程师应及时签发工程暂停令的情形是（　　）。

A. 施工单位采用的施工工艺不当造成工程质量问题的

B. 施工单位未按审查通过的工程设计文件施工的

C. 施工单位施工中存在安全事故隐患的

D. 施工单位未按施工方案施工大幅增加工程费用的

（二）工程变更处理

41.（2017—37）对于施工单位提出涉及工程设计文件修改的工程变更，必要时应召开工程设计文件修改方案的专题论证会议，该会议的正确组织方式是（　　）。

A. 由设计单位组织，建设、施工和监理单位参加

B. 由建设单位组织，设计、施工和监理单位参加

C. 由施工单位组织，建设、设计和监理单位参加

D. 由监理单位组织，建设、设计和施工单位参加

42. 根据《建设工程监理规范》GB/T 50319—2013，总监理工程师应组织（　　）对

工程变更费用及工期影响作出评估。

A. 专业监理工程师   B. 监理员

C. 建设单位   D. 施工单位

（三）工程索赔处理

43.（2019—34）根据《建设工程监理规范》GB/T 50319—2013，因施工单位原因造成建设单位损失，建设单位提出（　　）时，项目监理机构应与建设单位和施工单位协商处理。

A. 工程延期   B. 费用索赔

C. 合同解除   D. 工程变更

44. 项目监理机构应以（　　）等为依据处理工程索赔。

A. 工程建设标准   B. 勘察设计文件

C. 监理工程师的指令   D. 施工合同文件

E. 索赔事件的证据

45.（2022—67）根据《建设工程监理规范》，项目监理机构处理施工单位费用索赔的主要依据有（　　）。

A. 勘察设计文件   B. 施工合同文件

C. 监理合同文件   D. 监理规划

E. 索赔事件的证据

（四）施工合同争议与解除的处理

46. 因建设单位原因导致施工合同解除时，项目监理机构应（　　）。

A. 按施工合同约定确定施工单位应得款项

B. 按施工合同约定仅与建设单位确定施工单位应得款项

C. 按施工合同约定与建设单位和施工单位协商确定施工单位应得款项

D. 并签发工程款支付证书

E. 书面提交施工单位应得款项或偿还建设单位款项的证明

三、信息管理

47. 建设工程信息管理贯穿工程建设全过程，其基本环节包括（　　）。

A. 信息的应用   B. 信息的传递

C. 信息的收集   D. 信息的整理

E. 信息的检索

（一）建设工程信息的收集

48. 工程监理单位接受委托在建设工程决策阶段提供咨询服务时，需要收集的信息有（　　）。

A. 工程项目可行性研究报告及前期相关文件资料

B. 拟建工程所在地信息

C. 拟建工程所在地政府部门相关规定

D. 与建设工程相关的市场、资源、自然环境、社会环境等方面的信息

49. 工程监理单位在（　　）阶段提供项目管理服务时，需收集拟建工程设计质量保证体系及进度计划等信息。

A. 工程决策   B. 工程设计

C. 工程施工招标   D. 工程施工

50. 工程监理单位在建设工程施工招标阶段提供相关服务时，需要收集的信息有（　　）。

A. 拟建工程设计质量保证体系及进度计划

B. 工程设计及概算文件

C. 工程立项审批文件

D. 工程地质、水文地质勘察报告

E. 工程项目可行性研究报告

（二）建设工程信息的加工、整理、分发、检索和存储

1. 信息的加工和整理

51. 工程监理人员对于数据和信息的加工要从（　　）开始。

A. 整理   B. 收集

C. 鉴别   D. 储存

52.（2020—72）为了进行科学的信息加工和整理，工程监理人员需要结合工程监理与相关服务工作绘制的流程图有（　　）。

A. 业务流程图   B. 组织流程图

C. 资源流程图   D. 工艺流程图

E. 数据流程图

2. 信息的分发和检索

53.（2016—39）设计信息分发制度时，一般不考虑的因素是（　　）。

A. 信息分发的内容、数量、范围、数据来源

B. 提供信息的介质

C. 分发信息的数据结构、类型、精度和格式

D. 信息使用部门的使用目的和使用要求

54. 设计信息检索时需要考虑（　　）。

A. 所检索信息的输出形式

B. 提供信息的介质

C. 检索的密级划分

D. 检索的信息能否及时、快速地提供

E. 能否根据关键词实现智能检索

3.信息的存储

55.（2016—72）关于建设工程信息管理的说法，正确的有（　　）。

A.工程监理人员对于数据和信息的加工要从鉴别开始

B.信息检索需要建立在一定的分级管理制度上

C.工程参建各方应分别确定各自的数据存储与编码体系

D.尽可能以网络数据库形式存储数据，以实现数据共享

E.需要信息的部门和人员有权在第一时间得到所需要的信息

四、组织协调

56.（2017—39）关于项目监理机构和施工单位协调的说法，正确的是（　　）。

A.总监理工程师可以提出或愿意接受变通办法以解决问题

B.总监理工程师应设计合理的奖罚机制协调进度和质量问题

C.施工单位采用不当方法施工时，监理工程师应立即签发停工令

D.分包合同履行中发生的索赔，应由分包单位根据总承包合同进行索赔

（一）项目监理机构组织协调内容

1.项目监理机构内部的协调

57.（2003—67）总监理工程师协调项目监理机构内部人际关系的工作内容包括（　　）。

A.部门设置　　　　　　　　　　　B.人员安排

C.工作分配　　　　　　　　　　　D.信息沟通

E.绩效评价

58.（2006—66）项目监理机构的工作效率在很大程度上取决于人际关系的协调，总监理工程师在进行项目监理机构内部人际关系的协调时，可从（　　）等方面进行。

A.部门职能划分　　　　　　　　　B.监理设备调配

C.工作职责分配　　　　　　　　　D.人员使用安排

E.信息沟通制度

59.（2012—27）下列协调工作中，不属于项目监理机构内部组织关系协调的是（　　）。

A.合理安排监理人员的工作

B.及时消除工作中的矛盾或冲突

C.建立信息沟通制度

D.事先约定各个部门在工作中的相互关系

60.（2012—66）项目监理机构内部组织关系的协调包括（　　）。

A.在目标分解的基础上设置组织机构

B.明确规定每个部门的目标、职责和权限

C.事先约定各个部门在工作中的相互关系

D.实事求是地进行成绩评价

E. 建立信息沟通制度

61.（2013—27）下列项目监理机构内部协调工作中，属于内部组织关系协调的是（　　）。

A. 信息沟通上要建立制度　　　　　　B. 工作分工上要职责分明

C. 矛盾调解上要恰到好处　　　　　　D. 成绩评价上要实事求是

62. 项目监理机构的内部协调不包括（　　）。

A. 内部组织关系的协调　　　　　　　B. 内部人际关系的协调

C. 内部计划关系的协调　　　　　　　D. 内部需求关系的协调

63. 下列组织协调工作中，属于项目监理机构内部需求关系协调工作的有（　　）。

A. 做好监理规划和监理实施细则的编写工作

B. 合理配置建设工程监理资源

C. 要注意期限的及时性、规格的明确性、数量的准确性、使用的规范性

D. 要抓住调度环节，注意各专业监理工程师的配合

E. 工程监理人员的安排必须考虑到工程进展情况，并根据工程实际进展安排工程监理人员进退场计划

64.（2016—40）根据工程实际进展安排工程监理人员及时进场或退场的关键是抓好监理人员的（　　）环节。

A. 招聘　　　　　　　　　　　　　　B. 培训

C. 调度　　　　　　　　　　　　　　D. 委任

2. 项目监理机构与建设单位的协调

65. 为了加强与建设单位的协调，项目监理机构应当（　　）。

A. 对于施工中发现的设计问题，要及时按工作程序通过建设单位向设计单位提出

B. 注意信息传递的及时性和程序性

C. 理解建设工程总目标和建设单位的意图

D. 利用工作之便做好建设工程监理宣传工作

E. 主动帮助建设单位处理工程建设中的事务性工作

3. 项目监理机构与施工单位的协调

66.（2019—35）下列工作内容中，属于项目监理机构与施工单位的协调工作内容的是（　　）。

A. 明确规定每个部门的目标、职责和权限

B. 注意信息传递的及时性和程序性

C. 及时消除工作中的矛盾或冲突

D. 对分包单位的管理

67.（2019—39）对于工程施工合同发生矛盾或歧义时，监理工程师应首先采用（　　）方式协调建设单位与施工单位的关系。

A. 申请调解　　　　　　　　　　　　B. 仲裁

C. 协商处理　　　　　　　　　　　　D. 诉讼

4. 项目监理机构与设计单位的协调

68. 下列工作内容中，属于项目监理机构与设计单位协调工作内容的是（　　）。

A. 监理工作联系单、工程变更单等要按规定的程序进行传递

B. 掌握比原设计更先进的新技术、新工艺、新材料、新结构、新设备时，可主动通过建设单位与设计单位沟通

C. 施工中发现设计问题，及时按工作程序通过施工单位向设计单位提出

D. 发生质量事故时，认真听取设计单位的处理意见

E. 进行结构工程验收、专业工程验收、竣工验收等工作，约请设计代表参加

5. 项目监理机构与政府部门及其他单位的协调

69. 项目监理机构与政府部门的协调工作包括（　　）。

A. 现场环境污染防治得到环保部门认可

B. 建设工程合同备案

C. 采用恰当方式处理施工单位的违约行为

D. 与工程质量监督机构的交流和协调

E. 现场消防设施的配置得到消防部门检查认可

（二）项目监理机构组织协调方法

70.（2016—73）项目监理机构实施组织协调的常用方法有（　　）。

A. 会议协调　　　　　　　　　　　　B. 行政协调

C. 交谈协调　　　　　　　　　　　　D. 指令协调

E. 书面协调

1. 会议协调法

71.（2018—40）关于第一次工地会议的说法，正确的是（　　）。

A. 第一次工地会议应由总监理工程师组织召开

B. 第一次工地会议应在总监理工程师下达开工令后召开

C. 第一次工地会议的会议纪要由建设单位负责整理

D. 第一次工地会议总监理工程师应介绍监理工作程序等相关内容

72. 下列关于第一次工地会议、监理例会、专题会议主持与参加主体的说法中，正确的是（　　）。

A. 第一次工地会议应由总监理工程师或其授权的专业监理工程师主持召开

B. 第一次工地会议应由监理单位、施工单位技术人员参加

C. 监理例会应由建设单位主持召开

D. 专题会议由总监理工程师或其授权的专业监理工程师主持或参加

73.（2022—69）根据《建设工程监理规范》，总监理工程师在第一次工地会议上应介绍的内容有（　　）。

A. 附加监理工作内容　　　　　　　　B. 监理工作目标

C. 监理人员职责分工　　　　　　　　　D. 监理工作程序

E. 监理工作制度

2. 交谈协调法

74.（2021—34）下列监理组织协调方式中，属于"交谈协调"的是（　）方式。

A. 监理通知单　　　　　　　　　　　　B. 专题会议

C. 工作联系单　　　　　　　　　　　　D. 微信

3. 书面协调法

75.（2007—28）建设工程监理组织协调方法中，最具有合同效力的是（　）。

A. 访问协调法　　　　　　　　　　　　B. 书面协调法

C. 情况介绍法　　　　　　　　　　　　D. 交谈协调法

76. 下列建设工程监理组织协调方法中，不具有合同效力的有（　）。

A. 会议协调法　　　　　　　　　　　　B. 交谈协调法

C. 书面协调法　　　　　　　　　　　　D. 访问协调法

E. 情况介绍法

五、安全生产管理

（一）施工单位安全生产管理体系的审查

1. 审查施工单位的管理制度、人员资格及验收手续

77.（2015—39）施工单位承租的机械设备和施工机具及配件使用前，应由施工总承包单位、分包单位、出租单位和（　）共同进行验收。

A. 建设单位　　　　　　　　　　　　　B. 监理单位

C. 安装单位　　　　　　　　　　　　　D. 检测单位

78.（2020—37）项目监理机构履行建设工程安全生产管理的监理职责时，应进行的工作是（　）。

A. 组织施工总承包单位和分包单位验收施工起重机械

B. 编制安全生产管理的专项监理规划和监理实施细则

C. 核查相关施工机械和设施的安全许可验收手续

D. 组织编制危险性较大的分部分项工程专项施工方案

2. 审查专项施工方案

79.（2014—43）根据《建设工程监理规范》GB/T 50319—2013，项目监理机构应审查施工单位报审的专项施工方案。符合要求的，应由总监理工程师签认后报（　）。

A. 政府主管部门　　　　　　　　　　　B. 建设单位

C. 安全生产监督机构　　　　　　　　　D. 工程监理单位

80.（2019—41）对于超过一定规模的危险性较大的专项施工方案，应由（　）组织专家进行论证。

A. 监理单位　　　　　　　　　　　　　B. 建设单位

C. 设计单位   D. 施工单位

（二）专项施工方案的监督实施及安全事故隐患的处理

1. 专项施工方案的监督实施

81. 下列关于专项施工方案监督实施的说法中，错误的是（　　）。

A. 项目监理机构应要求施工单位按已批准的专项施工方案组织施工

B. 项目监理机构应巡视检查危险性较大的分部分项工程专项施工方案实施情况

C. 专项施工方案需要调整时，施工单位应按程序重新提交项目监理机构审查

D. 项目监理机构发现有未按专项施工方案实施的情形时，应向建设单位报告

2. 安全事故隐患的处理

82.（2020—34）项目监理机构发现工程施工存在安全事故隐患的，应当采取的措施是（　　）。

A. 要求承包人整改

B. 要求承包人暂停施工

C. 要求承包人暂停施工并及时报告建设单位

D. 要求承包人暂停施工并及时报告主管部门

83.（2021—41）根据《建设工程监理规范》GB/T 50319—2013，项目监理机构发现工程施工存在安全事故隐患并通知施工单位停工整改，施工单位拒不整改（或不停止施工）时，项目监理机构应及时进行的工作是（　　）。

A. 签发监理通知单   B. 报告监理单位

C. 报告建设单位   D. 向有关主管部门报送监理报告

84.（2022—68）根据《建设工程安全生产管理条例》，工程监理单位应当及时向有关主管部门报送监理报告的情形有（　　）。

A. 发现存在安全事故隐患时，签发监理通知单后施工单位拒不整改的

B. 发现存在质量事故隐患时，签发监理通知单后施工单位拒不整改的

C. 发现存在重大安全事故隐患时，签发工程暂停令后施工单位也不暂停施工的

D. 发现存在重大质量事故隐患时，签发工程暂停令后施工单位拒不暂停施工的

E. 发现存在未经批准擅自组织施工时，签发监理通知单后施工单位拒不整改的

习题答案及解析

1. C	2. B	3. D	4. C	5. B
6. B	7. B	8. B	9. C	10. CDE
11. D	12. C	13. BCD	14. A	15. ADE
16. ACD	17. ABCD	18. ADE	19. D	20. BCD
21. ABDE	22. BC	23. B	24. D	25. A
26. D	27. A	28. A	29. D	30. B
31. BCE	32. BCD	33. A	34. B	35. A

36. C	37. C	38. A	39. BE	40. B
41. B	42. A	43. B	44. ABDE	45. ABE
46. CD	47. CDE	48. D	49. B	50. BCD
51. C	52. AE	53. D	54. ACDE	55. ABDE
56. B	57. BCE	58. CD	59. A	60. ABCE
61. A	62. C	63. ABDE	64. C	65. CDE
66. D	67. C	68. ABDE	69. ABDE	70. ACE
71. D	72. D	73. ABCD	74. D	75. B
76. ABDE	77. C	78. C	79. B	80. D
81. D	82. A	83. D	84. AC	

【解析】

2. B。在通常情况下，如果对工程质量有较高的要求，就需要投入较多的资金和花费较长的建设时间；如果要抢时间、争进度，以极短的时间完成建设工程，势必会增加投资或者使工程质量下降；如果要减少投资、节约费用，势必会考虑降低工程项目的功能要求和质量标准。这些表明，建设工程三大目标之间存在着矛盾和对立的一面。

4. C。在通常情况下，适当增加投资数量，为采取加快进度的措施提供经济条件，即可加快工程建设进度，缩短工期，使工程项目尽早动用，投资尽早收回，建设工程全寿命期经济效益得到提高；适当提高建设工程功能要求和质量标准，虽然会造成一次性投资的增加和建设工期的延长，但能够节约工程项目动用后的运行费和维修费，从而获得更好的投资效益。如果建设工程进度计划制定得既科学又合理，使工程进展具有连续性和均衡性，不但可以缩短建设工期，而且有可能获得较好的工程质量和降低工程造价。

5. B。应形成"自上而下层层展开、自下而上层层保证"的质量、进度和造价目标体系。故 A 选项错误。不同建设工程三大目标可具有不同的优先等级。故 C 选项错误。努力在"质量优、投资省、工期短"之间寻求最佳匹配。故 D 选项错误。

6. B。工程建设强制性标准是有关人民生命财产安全、人体健康、环境保护和公众利益的技术要求，在追求建设工程质量、造价和进度三大目标间最佳匹配关系时，应确保建设工程质量目标符合工程建设强制性标准。

7. B。工程项目质量、造价、进度目标应以定性分析与定量分析相结合。故 A 选项错误。不同建设工程三大目标可具有不同的优先等级。故 C 选项错误。建设工程三大目标之间密切联系、相互制约，需要应用多目标决策、多级递阶、动态规划等理论统筹考虑、分析论证，努力在"质量优、投资省、工期短"之间寻求最佳匹配。故 D 选项错误。

8. B。分析建设工程总目标需要采用定性分析与定量分析相结合的方法综合论证，故 A 选项错误。从不同角度将建设工程总目标分解成若干分目标、子目标及可执行目标，从而形成"自上而下层层展开、自下而上层层保证"的目标体系，为建设工程三大目标动态控制奠定基础，故 C 选项错误。建设工程三大目标，努力在"质量优、投资省、工期短"之间寻求最佳匹配，故 D 选项错误。

9. C。三大目标之间的关系包含了对立关系和统一关系，故 A 选项错误。"自上而下层层展开、自下而上层层保证"的目标体系，是建设工程三大目标动态控制奠定基础，故 D 选项错误。控制建设工程三大目标，需要综合考虑建设工程项目三大目标之间相互关系，在分析论证基础上明确建设工程项目质量、造价、进度总目标。故 B 选项错误。

11. D。确定建设工程总目标，需要根据建设工程投资方及利益相关者需求，并结合建设工程本身及所处环境特点进行综合论证。故 A 选项错误。在建设工程目标系统中，质量目标通常采用定性分析方法，而造价、进度目标可采用定量分析方法。故 B 选项错误。不同建设工程三大目标可具有不同的优先等级。故 C 选项错误。

12. C。A 选项属于计划工作；B 选项属于执行工作；C 选项属于检查工作；D 选项属于纠偏工作。

14. A。事前计划控制包括建设工程目标体系和编制工程项目计划。事中过程控制包括分析各种可能产生的偏差、采取预防偏差产生的措施、实施工程项目计划、收集工程项目实施绩效、比较实施绩效和预定目标和分析产生的原因等。事后纠偏控制包括采取纠偏措施。

16. ACD。为完成施工阶段质量控制任务，项目监理机构需要做好以下工作：协助建设单位做好施工现场准备工作，为施工单位提交合格的施工现场；审查确认施工总包单位及分包单位资格；检查工程材料、构配件、设备质量；检查施工机械和机具质量；审查施工组织设计和施工方案；检查施工单位的现场质量管理体系和管理环境；控制施工工艺过程质量；验收分部分项工程和隐蔽工程；处置工程质量问题、质量缺陷；协助处理工程质量事故；审核工程竣工图，组织工程预验收；参加工程竣工验收等。

21. ABDE。项目监理机构在建设工程施工阶段进度控制的主要任务是通过完善建设工程控制性进度计划、审查施工单位提交的进度计划、做好施工进度动态控制工作、协调各相关单位之间的关系、预防并处理好工期索赔，力求实际施工进度满足计划施工进度的要求。在 2017 年度的考试中，同样对本题涉及的采分点进行了考查，且提问形式与选项设置基本与本题一致。

28. A。组织措施是其他各类措施的前提和保障，包括：建立健全实施动态控制的组织机构、规章制度和人员，明确各级目标控制人员的任务和职责分工，改善建设工程目标控制的工作流程；建立建设工程目标控制工作考评机制，加强各单位（部门）之间的沟通协作；加强动态控制过程中的激励措施，调动和发挥员工实现建设工程目标的积极性和创造性等。

30. B。加强合同管理是控制建设工程目标的重要措施。建设工程总目标及分目标将反映在建设单位与工程参建主体所签订的合同之中。由此可见，通过选择合理的承发包模式和合同计价方式，选定满意的施工单位及材料设备供应单位，拟订完善的合同条款，并动态跟踪合同执行情况及处理好工程索赔等，是控制建设工程目标的重要合同措施。在 2017 年度的考试中，同样对本题涉及的采分点进行了考查，且提问形式与选项设置基本与本题一致。

31. BCE。无论是对建设工程造价目标实施控制，还是对建设工程质量、进度目标实施控制，都离不开经济措施。经济措施不仅是审核工程量、工程款支付申请及工程结算报告，还需要编制和实施资金使用计划，对工程变更方案进行技术经济分析等。而且通过投资偏差分析和未完工程投资预测，可发现一些可能引起未完工程投资增加的潜在问题，从而便于以主动控制为出发点，采取有效措施加以预防。

32. BCD。为了对建设工程目标实施有效控制，需要对多个可能的建设方案、施工方案等进行技术可行性分析；需要对各种技术数据进行审核、比较；需要对施工组织设计、施工方案等进行审查、论证等；需要采用工程网络计划技术、信息化技术等实施动态控制。A 选项属于组织措施，E 选项属于合同措施。

33. A。为了有效地控制建设工程项目目标，应从组织、技术、经济、合同等多方面采取措施。为了对建设工程目标实施有效控制，需要对多个可能的建设方案、施工方案等进行技术可行性分析。为此，需要对各种技术数据进行审核、比较，需要对施工组织设计、施工方案等进行审查、论证等。此外，在整个建设工程实施过程中，还需要采用工程网络计划技术、信息化技术等实施动态控制。在 2014 年度的考试中，同样对本题涉及的采分点进行了考查，且提问形式与选项设置基本与本题一致。

35. A。A 选项属于组织措施，B 选项属于技术措施，C 选项属于经济措施，D 选项属于合同措施。

37. C。当暂停施工原因消失、具备复工条件时，施工单位提出复工申请的，项目监理机构应审查施工单位报送的工程复工报审表及有关材料，符合要求后，总监理工程师应及时签署审查意见，并应报建设单位批准后签发工程复工令；施工单位未提出复工申请的，总监理工程师应根据工程实际情况指令施工单位恢复施工。

40. B。项目监理机构发现下列情况之一时，总监理工程师应及时签发工程暂停令：（1）建设单位要求暂停施工且工程需要暂停施工的。（2）施工单位未经批准擅自施工或拒绝项目监理机构管理的。（3）施工单位未按审查通过的工程设计文件施工的。（4）施工单位违反工程建设强制性标准的。（5）施工存在重大质量、安全事故隐患或发生质量、安全事故的。在 2017 年度的考试中，同样对本题涉及的采分点进行了考查，且提问形式与选项设置基本与本题一致。

41. B。对涉及工程设计文件修改的工程变更，应由建设单位转交原设计单位修改工程设计文件。必要时，项目监理机构应建议建设单位组织设计、施工等单位召开论证工程设计文件的修改方案的专题会议。

46. CD。因建设单位原因导致施工合同解除时，项目监理机构应按施工合同约定与建设单位和施工单位协商确定施工单位应得款项，并签发工程款支付证书。

47. CDE。建设工程信息管理贯穿工程建设全过程，其基本环节包括:信息的收集、加工、整理、分发、检索和存储。

50. BCD。工程监理单位在建设工程施工招标阶段提供相关服务，则需要收集的信息有:工程立项审批文件;工程地质、水文地质勘察报告;工程设计及概算文件;施工图设计审批文件;工程所在地工程材料、构配件、设备、劳动力市场价格及变化规律;工程所在地工程建设标准及招标投标相关规定等。

52. AE。科学的信息加工和整理，需要基于业务流程图和数据流程图，结合建设工程监理与相关服务业务工作绘制业务流程图和数据流程图，不仅是建设工程信息加工和整理的重要基础，而且是优化建设工程监理与相关服务业务处理过程、规范建设工程监理与相关服务行为的重要手段。

54. ACDE。设计信息检索时需要考虑:(1)允许检索的范围，检索的密级划分，密码管理等。(2)检索的信息能否及时、快速地提供，实现的手段。(3)所检索信息的输出形式，能否根据关键词实现智能检索等。

55. ABDE。工程监理人员对于数据和信息的加工要从鉴别开始。信息的分发要根据需要来进行,信息的检索需要建立在一定的分级管理制度上。需要信息的部门和人员,有权在需要的第一时间，方便地得到所需要的信息。工程参建各方要协调统一数据存储方式，数据文件名要规范化，要建立统一的编码体系，故 C 选项错误。尽可能以网络数据库形式存储数据，减少数据冗余，保证数据的唯一性，并实现数据共享。

56. B。监理工程师应强调各方面利益的一致性和建设工程总目标;应鼓励施工单位向其汇报建设工程实施状况、实施结果和遇到的困难和意见，以寻求对建设工程目标控制的有效解决办法，故 A 选项错误。当发现施工单位采用不适当的方法进行施工，或采用不符合质量要求的材料时，监理工程师除立即制止外，还需要采取相应的处理措施。遇到这种情况，监理工程师需要在其权限范围内采用恰当的方式及时做出协调处理，故 C 选项错误。分包合同履行中发生的索赔问题，一般应由总承包单位负责，故 D 选项错误。

60. ABCE。项目监理机构内部组织关系的协调可从以下几方面进行:(1)在目标分解的基础上设置组织机构。(2)明确规定每个部门的目标、职责和权限。(3)事先约定各个部门在工作中的相互关系。(4)建立信息沟通制度。(5)及时消除工作中的矛盾或冲突。在 2003、2006 年度的考试中，同样对本题涉及的采分点进行了考查，且提问形式与选项设置基本与本题一致。

62. C。项目监理机构内部的协调包括:内部人际关系的协调、内部组织关系的协调、内部需求关系的协调。

63. ABDE。C 选项错在"使用的规范性"正确应为"质量的规定性"。

66. D。项目监理机构与施工单位的协调工作内容主要有:(1)与施工项目经理关系的协调。(2)施工进度和质量问题的协调。(3)对施工单位违约行为的处理。(4)施工合同争议的协调。(5)对分包单位的管理。

67. C。协商不成时，才由合同当事人申请调解，甚至申请仲裁或诉讼。

69. ABDE。项目监理机构与政府部门的协调工作包括：与工程质量监督机构的交流和协调；建设工程合同备案；协助建设单位在征地、拆迁、移民等方面的工作争取得到政府有关部门的支持；现场消防设施的配置得到消防部门检查认可；现场环境污染防治得到环保部门认可等。

70. ACE。项目监理机构组织协调方法包括：会议协调法；交谈协调法；书面协调法。

71. D。第一次工地会议是建设工程尚未全面展开、总监理工程师下达开工令前（故B选项错误），建设单位、工程监理单位和施工单位对各自人员及分工、开工准备、监理例会的要求等情况进行沟通和协调的会议，也是检查开工前各项准备工作是否就绪并明确监理程序的会议。第一次工地会议应由建设单位主持（故A选项错误），监理单位、总承包单位授权代表参加，也可邀请分包单位代表参加，必要时可邀请有关设计单位人员参加。第一次工地会议上，总监理工程师应介绍监理工作的目标、范围和内容、项目监理机构及人员职责分工、监理工作程序、方法和措施等。故D选项正确。会议纪要由项目监理机构根据会议记录整理，故C选项错误。

72. D。第一次工地会议应由建设单位主持，监理单位、总承包单位授权代表参加，也可邀请分包单位代表参加，必要时可邀请有关设计单位人员参加。监理例会应由总监理工程师或其授权的专业监理工程师主持召开。参加人员包括：项目总监理工程师或总监理工程师代表、其他有关监理人员、施工项目经理、施工单位其他有关人员，需要时，也可邀请其他有关单位代表参加。专题会议由总监理工程师或其授权的专业监理工程师主持或参加。

74. D。交谈包括面对面的交谈和电话、微信等形式交谈。

75. B。当会议或者交谈不方便或不需要时，或者需要精确地表达自己的意见时，就会采用书面协调的方法。书面协调法的特点是具有合同效力。

77. C。使用承租的机械设备和施工机具及配件的，由施工总承包单位、分包单位、出租单位和安装单位共同进行验收，验收合格的方可使用。

78. C。项目监理机构的建设工程安全生产管理的监理职责包括以下两个方面：施工单位安全生产管理体系的审查；专项施工方案的监督实施及安全事故隐患的处理。项目监理机构应审查施工单位现场安全生产规章制度的建立和实施情况；审查施工单位安全生产许可证的符合性和有效性；审查施工单位项目经理、专职安全生产管理人员和特种作业人员的资格；核查施工机械和设施的安全许可验收手续。

79. B。项目监理机构应审查施工单位报审的专项施工方案，符合要求的，应由总监理工程师签认后报建设单位。

80. D。超过一定规模的危险性较大的分部分项工程的专项施工方案，应检查施工单位组织专家进行论证、审查的情况，以及是否附具安全验算结果。

83. D。项目监理机构在实施监理过程中，发现工程存在安全事故隐患时，应签发监理通知单，要求施工单位整改；情况严重时，应签发工程暂停令，并应及时报告建设单位。施工单位拒不整改或不停止施工时，项目监理机构应及时向有关主管部门报送监理报告。

第二节　建设工程监理主要方式

知识导学

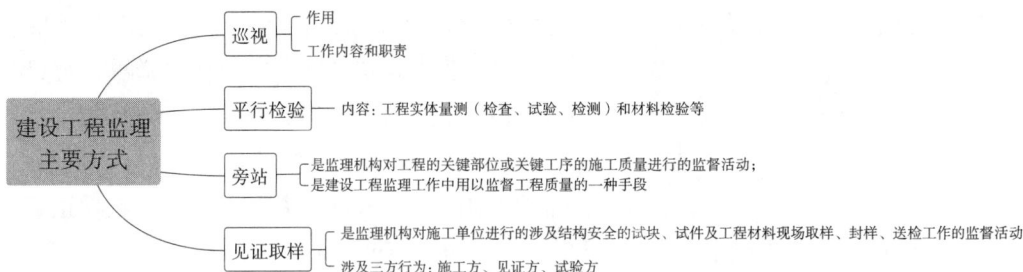

习题汇总

一、巡视

（一）巡视的作用

1.巡视是指项目监理机构监理人员对施工现场进行定期或不定期的检查活动。巡视的作用表现在（　　）。

A.确保施工工艺工序按施工方案进行

B.能够及时发现施工过程中出现的各类质量、安全问题

C.避免其他干扰正常施工的因素发生

D.快速提供高质量的决策支持信息和备选方案

2.（2022—48）关于监理工作中巡视的说法，正确的是（　　）。

A.巡视检查记录是分部工程验收的主要依据之一

B.在监理实施细则中应明确巡视要点、巡视频率和措施

C.巡视是监理人员针对现场施工进度情况进行的检查工作

D.监理人员在巡视检查时应重点关注工程材料用量是否合理

（二）巡视工作内容和职责

1.巡视内容

3.（2015—74）关于项目监理机构巡视的说法，正确的有（　　）。

A.总监理工程师应根据施工组织设计对监理人员进行巡视交底

B.总监理工程师进行巡视交底时应明确巡视检查要点、巡视频率

C. 总监理工程师进行巡视交底时应对采用巡视检查记录表提出明确要求

D. 总监理工程师应检查监理人员的巡视工作成果

E. 监理人员的巡视检查应主要关注施工质量和安全生产

4.（2017—40）关于项目监理机构巡视工作的说法，正确的是（　　）。

A. 监理规划中要明确巡视要点和巡视措施

B. 巡视检查内容以施工质量和进度检查为主

C. 对巡视检查中发现的问题应报告总监理工程师解决

D. 总监理工程师应检查监理人员巡视工作成果

5.（2020—38）工程监理人员在施工现场巡视时，应主要关注（　　）。

A. 施工人员履职情况

B. 施工质量和施工进度

C. 施工进度和安全生产

D. 施工质量和安全生产

6.（2020—77）根据《建设工程监理规范》GB/T 50319—2013，项目监理机构在施工现场的巡视工作内容包括（　　）。

A. 施工现场的作业情况

B. 特种作业人员是否持证上岗

C. 质量和安全管理人员是否在岗

D. 关键工序平行检验情况

E. 已完专业工程验收情况

2. 巡视发现问题的处理

7. 监理人员应按照（　　）的要求开展巡视检查工作。

A. 监理规划、监理实施细则

B. 监理大纲、监理实施细则

C. 监理大纲、监理规划

D. 监理规划、施工合同

8. 监理人员在巡视检查中发现问题的应及时采取相应处理措施，对于巡视监理人员自己无法解决或无法判断是否能够解决的问题，应当（　　）。

A. 立即向总监理工程师汇报

B. 立即向建设单位汇报

C. 反映在巡视检查记录表中

D. 向有关行政主管部门报告

二、平行检验

9.（2015—40）关于平行检验的说法，正确的是（　　）。

A. 平行检验是项目监理机构控制施工质量的工作之一

B. 平行检验是指对工程实体的量测检验

C. 平行检验人员应根据施工单位自检情况填写检验结论

D. 平行检验是指项目经理机构对施工单位自检结论的核验

10.（2021—27）根据《建设工程监理规范》GB/T 50319—2013，项目监理机构在施工单位自检的同时，按有关规定、建设工程监理合同约定对同一检验项目进行的检测试验活动称为（　　）。

A. 见证检验

B. 跟踪检验

C. 平行检验

D. 重新检验

11.（2022—22）关于监理工作中平行检验的说法，正确的是（ ）。

A. 平行检验是项目监理机构对施工单位的自检结果有疑问时进行的复检工作

B. 平行检验是依据监理合同对施工进度和分部工程质量进行的检查工作

C. 平行检验是项目监理机构在施工阶段控制工程质量、造价、进度的重要措施

D. 平行检验的结果是工作质量预验收和工程竣工验收的重要依据之一

（一）平行检验的作用

12.（2019—40）关于平行检验的说法，正确的是（ ）。

A. 单位工程的验收结论由建设单位填写

B. 施工现场质量管理检查记录的检查评定结果由监理单位填写

C. 负责平行检验的监理人员应对工程的关键部位和关键工序进行平行检验

D. 平行检验方应明确平行检验的方法、范围、内容、程序和人员职责

（二）平行检验工作内容和职责

13. 下列关于平行检验工作内容和职责的说法中，错误的是（ ）。

A. 负责平行检验的监理人员应根据经审批的平行检验方案，对工程实体、原材料等进行平行检验

B. 平行检验的方法包括量测、检测、试验、巡视等

C. 建设工程监理实施过程中，应根据平行检验方案的规定和要求，开展平行检验工作

D. 平行检验的资料是竣工验收资料的重要组成部分

14. 项目监理机构首先应依据（ ）编制符合工程特点的平行检验方案。

A. 监理大纲   B. 建设工程监理合同

C. 监理实施细则   D. 监理规划

三、旁站

15.（2018—42）根据《建设工程监理规范》GB/T 50319—2013，旁站是指项目监理机构对施工现场（ ）进行的监督活动。

A. 危险性较大的分部工程施工质量

B. 危险性较大的分部工程施工安全

C. 关键部位或关键工序施工质量

D. 关键部位或关键工序施工安全

（一）旁站的作用

16.（2016—41）关于旁站的说法，错误的是（ ）。

A. 旁站记录是监理工程师依法行使有关签字权的重要依据

B. 旁站是建设工程监理工作中用以监督工程目标实现的重要手段

C. 旁站应在总监理工程师的指导下由现场监理人员负责具体实施

D. 工程竣工验收后，工程监理单位应当将旁站记录存档备查

（二）旁站工作内容

17.（2015—31）监理人员实施旁站时，发现施工活动危及工程质量的，应当采取的措施是（　　）。

A. 责令施工单位立即整改　　　　　B. 及时向总监理工程师报告

C. 责令暂停施工　　　　　　　　　D. 召开紧急会议

18.（2019—75）关于旁站的说法，正确的有（　　）。

A. 旁站是监理工作中用以监督工程质量和安全的有效手段

B. 项目监理机构在编制监理规划时，应制定旁站方案

C. 旁站应在总监理工程师指导下，由现场监理人员负责具体实施

D. 旁站前，项目监理机构旁站人员应对施工人员进行技术交底

E. 工程竣工验收后，项目监理机构应将旁站资料记录存档

（三）旁站工作职责

19. 下列属于旁站人员主要工作职责的有（　　）。

A. 做好旁站记录和监理日记，保存旁站原始资料

B. 检查施工单位现场质量管理人员到岗、特殊工种人员持证上岗情况

C. 检查施工机械、建筑材料准备情况

D. 核查进场建筑材料、建筑构配件、设备和商品混凝土的质量检验报告等，并在现场进行检验

E. 在现场跟班监督关键部位、关键工序的施工单位执行施工方案以及工程建设强制性标准情况

四、见证取样

20.（2015—36）项目监理机构对施工单位进行的涉及结构安全的试块、试件及工程材料现场取样、封样、送检工作的监督活动指的是（　　）。

A. 旁站　　　　　　　　　　　　　B. 见证取样

C. 巡视　　　　　　　　　　　　　D. 平行检验

21.（2015—41）关于见证取样的说法，错误的是（　　）。

A. 见证取样涉及的三方是指施工方、见证方和试验方

B. 计量认证分为国家级、省级和县级三个等级

C. 检测单位接受检验任务时，须有送检单位的检验委托单

D. 检测单位应在检验报告上加盖"见证检验"印章

22.（2016—74）关于见证取样的说法，正确的有（　　）。

A. 国家级和省级计量认证机构认证的实施效力相同

B. 见证人员必须取得《见证员证书》且有建设单位授权

C. 检测单位接受委托检验任务时，须有送检单位填写的委托单

D. 见证人员应协助取样人员按随机取样方法和试件制作方法取样

E.见证取样涉及的行为主体有材料供货方、施工方和见证方

23.（2021—39）关于见证取样的说法，正确的是（   ）。

A.见证取样涉及的主要参与方有材料供应方、使用方、检测方和见证方

B.施工企业内部试验室应逐步转为外控机构，承担见证取样的职责

C.见证人员应通过检测单位的考核和授权取得"见证员证书"

D.涉及结构安全的试件，项目监理机构应见证其现场取样、封样、送检工作

（一）见证取样程序

24.（2014—44）见证取样通常涉及三方行为，这三方是指（   ）。

A.施工方、监理方和建设方   B.监理方、设计方和建设方

C.监理方、施工方和设计方   D.施工方、见证方和试验方

25.（2017—41）关于见证取样的说法，正确的是（   ）。

A.项目监理机构应制定见证取样送检工作制度

B.计量认证分为国家级、省级和市级，实施的效力均完全一致

C.见证取样涉及建设方、施工方、监理方及检测方四方行为主体

D.检测单位要见证施工单位和项目监理机构

26.（2017—74）见证取样的检验报告应满足的基本要求有（   ）。

A.试验报告应手工书写   B.试验报告采用统一用表

C.试验报告签名一定要手签   D.注明取样人的姓名

E.应有"见证检验专用章"

27.建设单位或工程监理单位应向（   ）递交见证单位和见证人员授权书。

A.施工单位   B.设计单位

C.工程受监的质监站   D.工程检测单位

E.相关行政主管部门

28.（2019—38）见证取样在建设单位人员见证下，由（   ）在现场取样，送至试验室进行检测。

A.见证人员   B.施工单位人员

C.监理单位人员   D.监理工程师

（二）见证监理人员工作内容和职责

29.（2018—75）项目监理机构编制的见证取样实施细则应包括的内容有（   ）。

A.见证取样方法   B.见证取样范围

C.见证人员职责   D.见证工作程序

E.见证试验方法

习题答案及解析

| 1.B | 2.B | 3.BCDE | 4.D | 5.D |
| 6.ABC | 7.A | 8.A | 9.A | 10.C |

11. D	12. A	13. B	14. B	15. C
16. B	17. B	18. BCE	19. ABCE	20. B
21. B	22. ABC	23. D	24. D	25. A
26. BCE	27. ACD	28. B	29. ABCD	

【解析】

2. B。监理人员在巡视检查时，应主要关注施工质量、安全生产两方面情况。其中，施工质量方面，需要重点关注的内容包括使用的工程材料、设备和构配件是否已检测合格，施工机具、设备的工作状态等。故 D 选项错误。巡视是监理人员针对现场施工质量和施工单位安全生产管理情况进行的检查工作。故 C 选项错误。监理人员在巡视检查中发现的施工质量、生产安全事故隐患等问题以及采取的相应处理措施、所取得的效果等，应及时、准确地记录在巡视检查记录表中。故 A 选项错误。

3. BCDE。项目监理机构巡视的要求：总监理工程师对现场监理人员进行交底，明确巡视检查要点、巡视频率和采取措施及采用的巡视检查记录表；合理安排监理人员进行巡视检查工作；督促监理人员按照监理规划及监理实施细则的要求开展现场巡视检查工作；总监理工程师应检查监理人员巡视的工作成果。监理人员在巡视检查时，应主要关注施工质量、安全生产两个方面情况。A 选项错误，应该是总监理工程师应根据经审核批准的监理规划和监理实施细则对现场监理人员进行交底。

4. D。项目监理机构应在监理规划的相关章节中编制体现巡视工作的方案、计划、制度等相关内容，以及在监理实施细则中明确巡视要点、巡视频率和措施，并明确巡视检查记录表，故 A 选项错误。巡视检查内容以现场施工质量、生产安全事故隐患为主，且不限于工程质量、安全生产方面的内容，故 B 选项错误。在巡视检查中发现问题，应及时采取相应处理措施，巡视监理人员认为发现的问题自己无法解决或无法判断是否能够解决时，应立即向总监理工程师汇报，故 C 选项错误。

5. D。监理人员在巡视检查时，应主要关注施工质量、安全生产两个方面情况。

6. ABC。监理人员在巡视检查时，应主要关注施工质量、安全生产两方面情况：（1）施工质量方面：①天气情况是否适宜施工作业，如不适宜施工作业，是否已采取相应措施。②施工人员作业情况，是否按照工程设计文件、工程建设标准和批准的施工组织设计（专项）施工方案施工。③使用的工程材料、设备和构配件是否已检测合格。④施工单位主要管理人员到岗履职情况，特别是施工质量管理人员是否到位。⑤施工机具、设备的工作状态；周边环境是否有异常情况等。（2）安全生产方面：①施工单位安全生产管理人员到岗履职情况、特种作业人员持证情况。②施工组织设计中的安全技术措施和专项施工方案落实情况。③安全生产、文明施工制度、措施落实情况。④危险性较大分部分项工程施工情况，重点关注是否按方案施工。⑤大型起重机械和自升式架设设施运行情况。⑥施工临时用电情况。⑦其他安全防护措施是否到位；工人违章情况。⑧施工现场存在的事故隐患，以及按照项目监理机构的指令整改实施情况。

⑨项目监理机构签发的工程暂停令执行情况等。

9. A。平行检验的内容包括工程实体量测和材料检验等内容，故 B 选项错误。监理人员不应只根据施工单位自己的检查、验收情况填写验收结论，而应该在施工单位检查、验收的基础之上进行"平行检验"，这样的质量验收结论才更具有说服力，故选项 C、D 错误。

10. C。平行检验是项目监理机构在施工单位自检的同时，按照有关规定、建设工程监理合同约定对同一检验项目进行的检测试验活动。

11. D。平行检验是项目监理机构在施工单位自检的同时，按照有关规定、建设工程监理合同约定对同一检验项目进行的检测试验活动。故 A、B 选项错误。平行检验是项目监理机构在施工阶段质量控制的重要工作之一，也是工程质量预验收和工程竣工验收的重要依据之一。故 C 选项错误，D 选项正确。

12. A。施工现场质量管理检查记录、检验批、分项工程、分部工程、单位工程等的验收记录（检查评定结果）由施工单位填写，验收结论由监理（建设）单位填写。故 A 选项正确，B 选项错误。负责平行检验的监理人员应根据经审批的平行检验方案，对工程实体、原材料等进行平行检验，故 C 选项错误。项目监理机构首先应依据建设工程监理合同编制符合工程特点的平行检验方案，明确平行检验的方法、范围、内容、频率等，并设计各平行检验记录表式。故 D 选项错误。

15. C。旁站是指项目监理机构对工程的关键部位或关键工序的施工质量进行的监督活动。关键部位、关键工序应根据工程类别、特点及有关规定确定。

16. B。旁站是建设工程监理工作中用以监督工程质量的一种手段，可以起到及时发现问题、第一时间采取措施、防止偷工减料、确保施工工艺工序按施工方案进行、避免其他干扰正常施工的因素发生等作用。

17. B。监理人员实施旁站时，发现施工活动已经或者可能危及工程质量的，应当及时向监理工程师或者总监理工程师报告，由总监理工程师下达局部暂停施工指令或者采取其他应急措施。

18. BCE。旁站是建设工程监理工作中用以监督工程质量的一种手段，可以起到及时发现问题、第一时间采取措施、防止偷工减料、确保施工工艺工序按施工方案进行、避免其他干扰正常施工的因素发生等作用。故 A 选项错误，不是监督安全的手段。项目监理机构在编制监理规划时。在旁站实施前，项目监理机构应根据旁站方案和相关的施工验收规范，对旁站人员进行技术交底。故 D 选项错误。

21. B。计量认证分为两级实施：一级为国家级，由国家认证认可监督管理委员会组织实施；一级为省级，实施的效力均完全一致。故 B 选项内容错误。

22. ABC。计量认证分为两级实施：一级为国家级，由国家认证认可监督管理委员会组织实施；一级为省级，实施的效力均完全一致。见证人员必须取得《见证员证书》，且通过建设单位授权。检测单位在接受委托检验任务时，须有送检单位填写委托单。见证取样监理人员应监督施工单位取样人员按随机取样方法和试件制作方法进行取样，所以选项 D 错误。见证取样涉及三方行为：施工方、见证方、试验方，所以选项 E 错误。

23. D。见证取样涉及三方行为：施工方，见证方，试验方，故 A 选项错误。建筑企业试验室应逐步转为为企业内控机构，故 B 选项错误。见证人员必须取得"见证员证书"，且通过建设单位授权，故 C 选项错误。

25. A。项目监理机构应根据工程的特点和具体情况，制定工程见证取样送检工作制度，故 A 选项正确。计量认证分为两级实施：一级为国家级，一级为省级，故 B 选项错误。见证取样涉及三方行为：施工方、见证方、试验方，故选项 C 错误。施工单位取样人员在现场抽取和制作试样时，见证人必须在旁见证，且应对试样进行监护，并和委托送检的送检人员一起采取有效的封样措施或将试样送至检测单位，故 D 选项错误。在 2015、2016 年度的考试中，同样对本题涉及的采分点进行了考查，且提问形式与选项设置基本与本题一致。

26. BCE。见证取样的检验报告应满足的要求：（1）试验报告应电脑打印。（2）试验报告采用统一用表。（3）试验报告签名一定要手签。（4）试验报告应有"有见证检验"专用章统一格式。（5）注明见证人的姓名。

28. B。施工单位取样人员在现场抽取和制作试样时，见证人必须在旁见证，且应对试样进行监护，并和委托送检的送检人员一起采取有效的封样措施或将试样送至检测单位。

29. ABCD。总监理工程师应督促专业（材料）监理工程师制定见证取样实施细则，实施细则中应包括材料进场报验、见证取样送检的范围、工作程序、见证人员和取样人员的职责、取样方法等内容。

第三节　建设工程监理信息化

知识导学

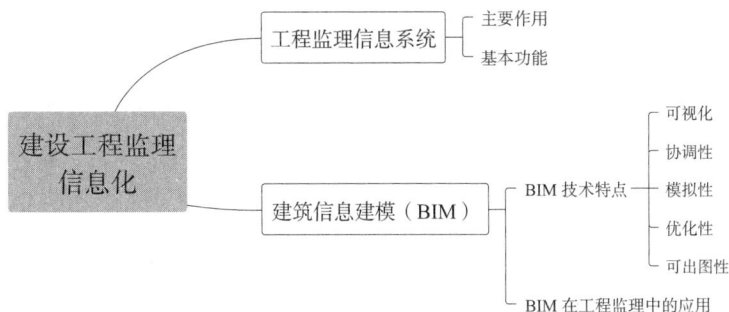

习题汇总

一、工程监理信息系统

（一）工程监理信息系统的主要作用

1. 工程监理信息管理系统可以利用（　　），快速提供高质量的决策支持信息和备选方案。

A. 计算机数据处理功能　　　　　　　　B. 计算机虚拟现实技术

C. 计算机数据存储技术　　　　　　　　D. 计算机分析运算功能

2. 工程监理信息管理系统作为处理工程项目信息的人一机系统，其主要作用体现在（　　）。

A. 快速提供高质量的决策支持信息和备选方案

B. 实现工程参建各方、各部门之间的信息共享和协同工作

C. 存储和管理与工程项目有关的信息，并随时进行查询和更新

D. 快速、准确地处理工程项目管理所需要的信息

E. 间接展示工程项目大量数据和信息

（二）工程监理信息管理系统的基本功能

3. 工程监理信息系统能够收集、加工、整理、存储、传递、应用工程监理信息，为工程监理单位及项目监理机构提供基本支撑，体现出工程监理信息系统具有（　　）的基本功能。

A. 信息管理　　　　　　　　　　　　　B. 决策支持

C. 协同工作　　　　　　　　　　　　　D. 动态控制

4.（2015—72）建设工程信息管理系统的功能有（　　）。

A. 实现监理信息的及时收集和可靠存储

B. 实现监理信息收集的标准化、结构化

C. 提供预测、决策所需要的信息及分析模型

D. 提供建设工程目标动态控制的分析报告

E. 提供解决建设工程监理问题的多个备选方案

5.（2018—73）建设工程信息管理系统可以为项目监理机构提供的支持是（　　）。

A. 标准化、结构化的数据

B. 预测、决策所需的信息及分析模型

C. 工程目标动态控制的分析报告

D. 工程变更的优化设计方案

E. 解决工程监理问题的备选方案

二、建筑信息建模（BIM）

（一）BIM 技术特点

6.（2017—73）建筑信息建模（BIM）技术的基本特点有（　　）。

A. 协调性　　　　　　　　　　　　　　B. 模拟性

C. 经济性　　　　　　　　　　　　　　D. 优化性

E. 可出图性

7.（2020—40）应用建筑信息建模（BIM）技术进行工程造价控制时，需要建立（　　）模型。

A. BIM6D　　　　　　　　　　　　　　B. BIM5D

C. BIM4D　　　　　　　　　　　　　　D. BIM3D

（二）BIM 在工程监理中的应用

1. 应用目标

8.（2015—73）建设工程实施过程中采用 BIM 技术的目标有（　　）。

A. 实现建设工程可视化展示　　　　　　B. 提升建设工程项目管理质量

C. 加强建设工程安全生产管理　　　　　D. 控制建设工程造价

E. 缩短建设工程施工周期

2. 应用范围

9.（2017—38）对于工程项目而言，工程实际造价超出工程预算的原因之一是（　　）。

A. 缺乏可靠的成本数据　　　　　　　　B. 项目质量要求高

C. 设计采用的标准高　　　　　　　　　D. 设计选择新材料、新技术

10. 现阶段，工程监理单位运用 BIM 技术的范围主要包括（　　）。

A. 4D 虚拟施工　　　　　　　　　　　B. 成本核算

C. 可视化模型建立　　　　　　　　　　D. 管线综合

E. 风险识别

习题答案及解析

1. D　　　　　2. ABCD　　　　　3. A　　　　　4. CDE　　　　　5. ABCE

6. ABDE　　　　7. B　　　　　　8. ABDE　　　　9. A　　　　　10. ABCD

【解析】

5. ABCE。工程监理信息管理系统可为监理工程单位及项目监理机构提供标准化、结构化的数据；提供预测、决策所需的信息及分析模型；提供建设工程目标动态控制的分析报告；提供解决建设工程监理问题的多个备选方案。

7. B。BIM 具有可视化、协调性、模拟性、优化性、可出图性等特点。应用 BIM 技术，

在工程设计阶段可对节能、紧急疏散、日照、热能传导等进行模拟；在工程施工阶段可根据施工组织设计将3D模型加施工进度（4D）模拟实际施工，从而通过确定合理的施工方案指导实际施工，还可进行5D模拟，实现造价控制；在运营阶段，可对日常紧急情况的处理进行模拟，如地震人员逃生模拟及消防人员疏散模拟等。在2022年的考试中，同样对本题涉及的采分点进行了考查，且提问形式基本与本题一致。

8. ABDE。建设工程监理过程中应用BIM技术的目标：可视化展示；提高工程设计和项目管理质量；控制工程造价；缩短工程施工周期。

9. A。对于工程项目而言，预算超支现象是极其普遍的。而缺乏可靠的成本数据是造成工程造价超支的重要原因。

第九章

建设工程监理文件资料管理

第一节　建设工程监理基本表式及主要文件资料

知识导学

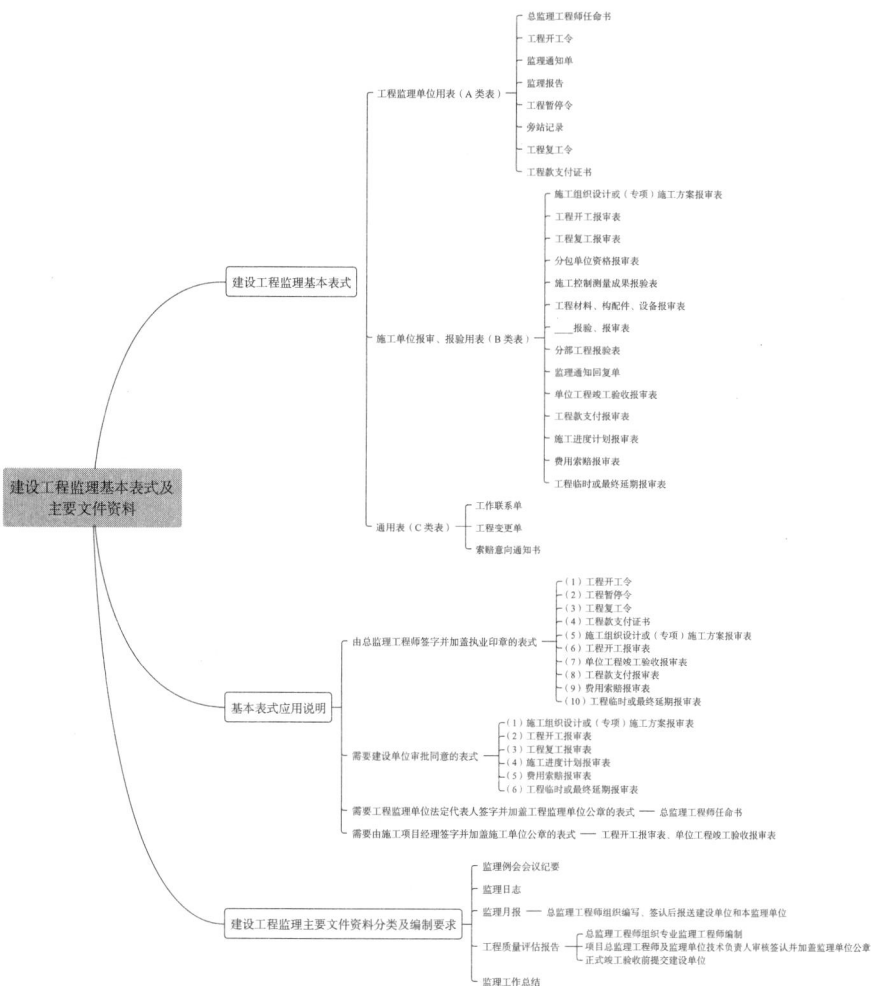

习题汇总

一、工程监理基本表式及其应用说明

（一）基本表式

1. 工程监理单位用表（A类表）

1.（2014—45）根据《建设工程监理规范》GB/T 50319—2013，下列监理文件资料中，需要由总监理工程师签字并加盖执业印章的是（　　）。

A. 工程款支付证书　　　　　　　　　　B. 监理通知单

C. 旁站记录　　　　　　　　　　　　　D. 监理报告

2.（2015—34）《工程款支付证书》需要由（　　）签字，并加盖执业印章。

A. 总监理工程师　　　　　　　　　　　B. 专业监理工程师

C. 技术负责人　　　　　　　　　　　　D. 法定代表人

3.（2020—41）根据《建设工程监理规范》GB/T 50319—2013，可由专业监理工程师签发的监理文件是（　　）。

A. 工程复工令　　　　　　　　　　　　B. 工程开工令

C. 监理通知单　　　　　　　　　　　　D. 工程款支付证书

4.（2021—74）根据《建设工程监理规范》GB/T 50319—2013，项目监理机构应签发监理通知单的情形有（　　）。

A. 施工中使用不合格的工程材料和设备的

B. 实际进度严重滞后于进度计划且影响合同工期的

C. 未按专业施工方案施工或采用不适当施工工艺的

D. 施工存在重大安全事故隐患或发生安全事故的

E. 施工存在重大质量事故隐患或发生质量事故的

2. 施工单位报审、报验用表（B类表）

5.（2014—46）根据《建设工程监理规范》GB/T 50319—2013，下列施工单位报审、报验用表中，需要由专业监理工程师审查，再由总监理工程师签署意见的是（　　）。

A. 单位工程竣工验收报审表　　　　　　B. 费用索赔报审表

C. 分部工程报验表　　　　　　　　　　D. 工程材料、构配件、设备报审表

6.（2015—42）下列施工单位报审、报验用表中，需专业监理工程师提出审查意见后，由总监理工程师审核签认的是（　　）。

A. 分包单位资格报审表　　　　　　　　B. 隐蔽工程报验表

C. 施工控制测量成果报验表　　　　　　D. 分项工程报验表

7.（2016—43）根据《建设工程监理规范》，在工程报验时，不使用《____报验、报审表》的是（　　）。

A. 检验批报验　　　　　　　　　　　B. 分项工程报验

C. 隐蔽工程报验　　　　　　　　　　D. 分部工程报验

8.（2017—43）下列报审、报验表中,最终可由专业监理工程师签认的表式是（　　）。

A. 施工控制测量成果报验表　　　　　B. 施工进度计划报审表

C. 分包单位资格报审表　　　　　　　D. 分部工程报验表

9.（2018—39）总监理工程师组织专业监理工程师审查施工单位报送的工程开工报审表及相关资料时，不属于审查内容的是（　　）。

A. 设计交底和图纸会审是否完成

B. 施工许可证是否已办理

C. 施工单位质量管理体系是否已建立

D. 施工组织设计是否已经由总监理工程师审查签认

10.（2019—76）根据《建设工程监理规范》GB/T 50319—2013,总监理工程师签认《工程开工报审表》应满足的条件有（　　）。

A. 设计交底和图纸会审已完成

B. 施工组织设计已经编制完成

C. 管理及施工人员已到位

D. 进场道路及水、电、通信等已满足开工要求

E. 施工许可证已经办理

11.（2021—42）根据《建设工程监理规范》GB/T 50319—2013，不需由总监理工程师签认的报审表是（　　）。

A. 分包单位资格报审表　　　　　　　B. 分项工程报验、报审表

C. 施工进度计划报审表　　　　　　　D. 工程临时延期报审表

3. 通用表（C 类表）

12.（2013—74）下列工作表格中，可由建设单位使用的有（　　）。

A. 工程变更单　　　　　　　　　　　B. 工程暂停令

C. 工程款支付证书　　　　　　　　　D. 费用索赔审批表

E. 监理工作联系单

13.（2013—80）工程建设参与各方通用的监理工作表包括（　　）。

A. 工程临时延期申请表　　　　　　　B. 工程材料报审表

C. 监理工作联系单　　　　　　　　　D. 费用索赔审批表

E. 工程变更单

14.（2019—77）下列表式中，属于各方通用表式的有（　　）。

A. 工程开工报审表　　　　　　　　　B. 工程变更单

C. 索赔意向通知单　　　　　　　　　D. 费用索赔报审表

E. 单位工程竣工验收报审表

（二）基本表式应用说明

1. 基本要求

15. 下列关于建设工程监理基本表式应用要求的说法中，正确的是（　　）。

A. 各类表在实际使用中，应分类建立统一编码体系

B. 各类表中相关人员的签字栏须由本人或代理人签署

C. 施工项目经理部用章的样章应在设计单位和建设单位备案

D. 项目监理机构用章的样章应在建设单位和项目监理机构备案

2. 由总监理工程师签字并加盖执业印章的表式

16.（2015—76）根据《建设工程监理规范》GB/T 50319—2013，需要由总监理工程师签字并加盖执业印章的有（　　）。

A. 工程款支付报审表　　　　　　　　B. 分部工程报验表

C. 施工进度计划报审表　　　　　　　D. 工程材料、构配件、设备报审表

E. 工程临时延期报审表

17.（2016—42）下列报审、报验表中，应由总监理工程师签字并加盖执业印章的是（　　）。

A. 分部工程报验表　　　　　　　　　B. 分包单位资格报审表

C. 费用索赔报审表　　　　　　　　　D. 施工进度计划报审表

18.（2020—42）根据《建设工程监理规范》GB/T 50319—2013，需要由总监理工程师签字并加盖执业印章的监理文件是（　　）。

A. 分部工程报验表　　　　　　　　　B. 工程原材料报验表

C. 隐蔽工程报验表　　　　　　　　　D. 费用索赔报审表

19.（2022—70）根据《建设工程监理规范》，应由总监理工程师签字并加盖执业印章的监理文件有（　　）。

A. 工程款支付证书　　　　　　　　　B. 隐蔽工程报验表

C. 费用索赔报审表　　　　　　　　　D. 分部工程报验表

E. 工程复工令

3. 需要建设单位审批同意的表式

20.（2016—75）下列报审表中，需要建设单位签署审批意见的有（　　）。

A. 工程开工报审表　　　　　　　　　B. 工程复工报审表

C. 费用索赔报审表　　　　　　　　　D. 工程临时或最终延期报审表

E. 单位工程竣工验收报审表

21.（2018—49）根据《建设工程监理规范》，下列表式中，不需要总监理工程师加盖执业印章，但需要建设单位盖章的是（　　）。

A. 施工组织设计报审表　　　　　　　B. 专项施工方案报审表

C. 工程开工报审表　　　　　　　　　D. 工程复工报审表

22.（2020—75）根据《建设工程监理规范》GB/T 50319—2013，需要经建设单位

审批的监理文件资料有（　　）。

A. 单位工程竣工验收报审表　　　　　　B. 工程复工报审表

C. 分部工程报验表　　　　　　　　　　D. 工程款支付报审表

E. 工程最终延期报审表

23.（2021—40）根据《建设工程监理规范》GB/T 50319—2013，需要建设单位审批的报审（验）表是（　　）。

A. 施工进度计划报审表　　　　　　　　B. 工程开工报审表

C. 分部工程报验表　　　　　　　　　　D. 单位工程竣工验收报审表

24.（2022—32）根据《建设工程监理规范》，不需要建设单位签署审批意见的报审表是（　　）。

A. 分包单位资格报审表　　　　　　　　B. 工程开工报审表

C. 工程临时或最终延期报审表　　　　　D. 工程复工报审表

4. 需要工程监理单位法定代表人签字并加盖工程监理单位公章的表式

25. 需要由工程监理单位法定代表人签字，并加盖工程监理单位公章的表式是（　　）。

A.《工程开工报审表》　　　　　　　　B.《单位工程竣工验收报审表》

C.《费用索赔报审表》　　　　　　　　D.《总监理工程师任命书》

5. 需要由施工项目经理签字并加盖施工单位公章的表式

26.（2017—42）下列建设工程监理基本表式中，需加盖施工单位公章的是（　　）。

A. 工程款支付报审表　　　　　　　　　B. 工作联系单

C. 工程开工报审表　　　　　　　　　　D. 工程复工报审表

27.（2021—75）根据《建设工程监理规范》GB/T 50319—2013，需要由施工项目经理签字并加盖施工单位公章的报审表有（　　）。

A. 工程开工报审表　　　　　　　　　　B. 工程复工报审表

C. 工程款支付报审表　　　　　　　　　D. 工程临时或最终延期报审表

E. 单位工程竣工验收报审表

6. 其他说明

28. 如没有相应表式，工程开工前，项目监理机构与（　　）进行协商，定制工程质量验收相应表式。

A. 建设单位、施工单位　　　　　　　　B. 设计单位、施工单位

C. 建设单位、设计单位　　　　　　　　D. 工程质量监督管理机构

29. 如没有相应表式，工程开工前，项目监理机构应根据（　　）定制工程质量验收相应表式。

A. 工程项目的施工顺序　　　　　　　　B. 工程特点

C. 竣工及归档组卷要求　　　　　　　　D. 质量要求

E. 施工承包体系

二、工程监理主要文件资料及其编制要求

（一）建设工程监理主要文件资料

30.（2015—77）下列文件资料中，属于建设工程监理文件资料的有（   ）。

A. 设备采购合同　　　　　　　　　　　B. 工程监理合同

C. 施工承包合同　　　　　　　　　　　D. 材料采购合同

E. 材料报验文件

31.（2019—78）根据《建设工程监理规范》GB/T 50319—2013，监理文件资料应包括的主要内容有（   ）。

A. 监理规划、监理实施细则　　　　　　B. 施工控制测量成果报验文件资料

C. 施工安全教育培训证书　　　　　　　D. 施工设备租赁合同

E. 见证取样文件资料

（二）建设工程监理文件资料编制要求

1. 监理例会会议纪要

32.（2004—42）对于监理例会上意见不一致的重大问题，应（   ）。

A. 不记入会议纪要

B. 不形成会议纪要

C. 将各方主要观点记入会议纪要中的"会议主要内容"

D. 将各方主要观点记入会议纪要中的"其他事项"

33.（2011—38）关于对监理例会上各方意见不一致的重大问题在会议纪要中处理方式的说法，正确的是（   ）。

A. 不应记入会议纪要，以免影响各方意见一致问题的解决

B. 应将各方的主要观点记入会议纪要，但与会各方代表不签字

C. 应将各方的主要观点记入会议纪要的"其他事项"中

D. 应就意见一致和不一致的问题分别形成会议纪要

34.（2018—44）关于监理例会的说法，正确的是（   ）。

A. 监理例会可以由建设单位组织召开

B. 监理例会的讨论内容是工程质量安全问题

C. 监理例会的会议纪要由建设单位签发

D. 监理例会的议定事项应有落实单位和时限要求

2. 监理日志

35.（2018—78）根据《建设工程监理规范》GB/T 50319—2013，监理日志应包括的内容有（   ）。

A. 旁站情况　　　　　　　　　　　　　B. 工地会议记录

C. 巡视情况　　　　　　　　　　　　　D. 存在问题及处理

E. 平行检验情况

36.（2020—76）根据《建设工程监理规范》GB/T 50319—2013，监理日志应包括的内容有（　　）。

A. 天气和施工环境情况　　　　　　　　B. 当日监理工作情况

C. 当日施工进展情况　　　　　　　　　D. 当日存在的问题及处理情况

E. 次日监理工作任务

3. 监理月报

37.（2014—37）下列监理文件中，需要由总监理工程师组织编制，并审核签字的是（　　）。

A. 监理规划　　　　　　　　　　　　　B. 监理细则

C. 监理日志　　　　　　　　　　　　　D. 监理月报

4. 工程质量评估报告

38.（2016—44）关于工程质量评估报告的说法，正确的是（　　）。

A. 工程质量评估报告应在正式竣工验收前提交建设单位

B. 工程质量评估报告应由施工单位组织编制并经总监理工程师签认

C. 工程质量评估报告是工程竣工验收后形成的主要验收文件之一

D. 工程质量评估报告由专业监理工程师组织编制并经总监理工程师签认

39.（2017—44）工程质量评估报告应在（　　）提交给建设单位。

A. 竣工验收前　　　　　　　　　　　　B. 竣工验收后

C. 竣工预验收前　　　　　　　　　　　D. 竣工验收备案前

40.（2018—77）项目监理机构编制的工程质量评估报告，包括的内容有（　　）。

A. 工程参建单位　　　　　　　　　　　B. 工程质量验收情况

C. 竣工验收情况　　　　　　　　　　　D. 监理工作经验与教训

E. 工程质量事故处理情况

41. 下列关于工程质量评估报告编制基本要求的说法中，错误的是（　　）。

A. 工程竣工预验收合格后，应由总监理工程师组织专业监理工程师编制

B. 工程质量评估报告编制完成后，由项目总监理工程师及监理单位技术负责人审核签认并加盖监理单位公章后报建设单位

C. 工程质量评估报告的编制应文字简练、准确、重点突出、内容完整

D. 工程质量评估报告应在竣工验收备案前提交给建设单位

42.（2021—70）根据《建设工程监理规范》，下列监理工作文件中，需要工程监理单位技术负责人审批签字后报送建设单位的有（　　）。

A. 监理规划　　　　　　　　　　　　　B. 旁站方案

C. 第一次工地会议纪要　　　　　　　　D. 工程质量评估报告

E. 工程暂停令

43.（2022—34）关于工程质量评估报告的说法，正确的是（　　）。

A. 工程质量评估报告可由总监理工程师代表组织编写

B. 工程质量评估报告应在工程竣工验收合格后由项目监理机构编写

C. 工程质量评估报告应由总监理工程师及监理单位技术负责人审核签认

D. 工程质量评估报告应包括工程进度完成情况和工程质量验收情况

5. 监理工作总结

44. 根据《建设工程监理规范》GB/T 50319—2013，监理工作成效属于（　　）的内容之一。

A. 监理日志　　　　　　　　　　　　B. 监理月报

C. 监理工作总结　　　　　　　　　　D. 工程质量评估报告

45. （2018—76）根据《建设工程监理规范》GB/T 50319—2013，监理工作总结应包括的内容有（　　）。

A. 项目监理目标　　　　　　　　　　B. 项目监理工作内容

C. 项目监理机构　　　　　　　　　　D. 监理工作成效

E. 监理工作程序

46. （2022—63）根据《建设工程监理规范》，监理工作总结应包含的内容有（　　）。

A. 监理工作职责　　　　　　　　　　B. 监理合同履行情况

C. 监理工作成效　　　　　　　　　　D. 监理工作流程

E. 监理工作中发现的问题及其处理情况

习题答案及解析

1. A	2. A	3. C	4. ABC	5. C
6. A	7. D	8. A	9. B	10. ACD
11. B	12. AE	13. CE	14. BC	15. A
16. AE	17. C	18. D	19. ACE	20. ABCD
21. D	22. BDE	23. B	24. A	25. D
26. C	27. AE	28. A	29. BCD	30. BE
31. ABE	32. D	33. C	34. D	35. ACDE
36. ABCD	37. D	38. A	39. A	40. ABE
41. D	42. AD	43. C	44. C	45. CD
46. BCE				

【解析】

2. A。总监理工程师应向施工单位签发《工程款支付证书》，同时抄报建设单位。《工程款支付证书》需要由总监理工程师签字，并加盖执业印章。

3. C。《监理通知单》可由总监理工程师或专业监理工程师签发，对于一般问题可由专业监理工程师签发，对于重大问题应由总监理工程师或经其同意后签发。

4. ABC。施工单位有下列行为时，项目监理机构应签发监理通知单：（1）施工不符合设计要求、工程建设标准、合同约定。（2）使用不合格的工程材料、构配件和设备。（3）施工存在质量问题或采用不适当的施工工艺，或施工不当造成工程质量不合格。（4）实际进度严重滞后于计划进度且影响合同工期。（5）未按专项施工方案施工。（6）存在安全事故隐患。（7）工程质量、造价、进度等方面的其他违法违规行为。在2017、2018、2019、2020、2022年度的考试中，同样对本题涉及的采分点进行了考查。

5. C。分部工程所包含的分项工程全部自检合格后，施工单位应向项目监理机构报送《分部工程报验表》及分部工程质量控制资料。在专业监理工程师验收的基础上，由总监理工程师签署验收意见。

6. A。《分包单位资格报审表》由专业监理工程师提出审查意见后，由总监理工程师审核签认；B、C、D选项均由专业监理工程师审查合格后予以签认。

7. D。《＿＿＿报验、报审表》主要用于隐蔽工程、检验批、分项工程的报验，也可用于为施工单位提供服务的试验室的报审。专业监理工程师审查合格后予以签认。

8. A。施工控制测量成果报验表：施工单位完成施工控制测量并自检合格后，需要向项目监理机构报送《施工控制测量成果报验表》及施工控制测量依据和成果表。专业监理工程师审查合格后予以签认，故A选项正确。施工进度计划报审表：该表适用于施工总进度计划、阶段性施工进度计划的报审。施工进度计划在专业监理工程师审查的基础上，由总监理工程师审核签认，故B选项错误。分包单位资格报审表：由专业监理工程师提出审查意见后，由总监理工程师审核签认，故C选项错误。分部工程报验表：在专业监理工程师验收的基础上，由总监理工程师签署验收意见，故D选项错误。

10. ACD。工程开工报审表的签发条件：（1）设计交底和图纸会审已完成。（2）施工组织设计已由总监理工程师签认。（3）施工单位现场质量、安全生产管理体系已建立，管理及施工人员已到位，施工机械具备使用条件，主要工程材料已落实。（4）进场道路及水、电、通信等已满足开工要求。

11. B。报验、报审表主要用于隐蔽工程、检验批、分项工程的报验，也可用于为施工单位提供服务的试验室的报审。专业监理工程师审查合格后予以签认。

12. AE。A、E选项属于建设单位使用表格。B、C、D选项属于监理单位使用表格。

14. BC。通用表包括：（1）工作联系单。（2）工程变更单。（3）索赔意向通知书。在2013、2014年度的考试中，同样对本题涉及的采分点进行了考查，且提问形式与选项设置基本与本题一致。

16. AE。B、C选项总监签字无需加盖执业印章。D选项专业监理工程师审查合格后予以签认。

17. C。《费用索赔报审表》需要由总监理工程师签字，并加盖执业印章。A、B、C选项总监签字无需加盖执业印章。

18. D。下列表式应由总监理工程师签字并加盖执业印章：（1）工程开工令。（2）工程暂停令。（3）工程复工令。（4）工程款支付证书。（5）施工组织设计或（专项）施工方案报审表。（6）工程开工报审表。（7）单位工程竣工验收报审表。（8）工程款支付报审表。(9)费用索赔报审表。(10)工程临时或最终延期报审表。

19. ACE。A、C、E选项应由总监理工程师签字并加盖执业印章。分部工程所包含的分项工程全部自检合格后,施工单位应向项目监理机构报送《分部工程报验表》及分部工程质量控制资料。专业监理工程师验收的基础上,由总监理工程师签署验收意见。故D选项不符合要求。隐蔽工程、检验批、分项工程报验表及施工试验室报审表由专业监理工程师审查合格后予以签认。故B选项不符合要求。

20. ABCD。E选项单位工程竣工验收报审表,应由总监理工程师签字并加盖执业印章的表式。

21. D。工程复工报审表不需要总监理工程师加盖执业印章,但需要建设单位盖章。

23. B。下列表式需要建设单位审批同意:(1)施工组织设计或(专项)施工方案报审表(仅对超过一定规模的危险性较大的分部分项工程专项施工方案)。(2)工程开工报审表。(3)工程复工报审表。(4)工程款支付报审表。(5)费用索赔报审表。(6)工程临时或最终延期报审表。

24. A。施工单位按施工合同约定选择分包单位时,需要向项目监理机构报送《分包单位资格报审表》及相关证明材料。专业监理工程师对《分包单位资格报审表》提出审查意见后,由总监理工程师审核签认。故A选项符合题意。BCD选项属于需要建设单位审批同意的表式。

25. D。只有《总监理工程师任命书》需要由工程监理单位法定代表人签字,并加盖工程监理单位公章。

27. AE。工程开工报审表、单位工程竣工验收报审表必须由项目经理签字并加盖施工单位公章。

31. ABE。建设工程监理主要文件资料包括:勘察设计文件、建设工程监理合同及其他合同文件;监理规划、监理实施细;设计交底和图纸会审会议纪要;施工控制测量成果报验文件资料;见证取样和平行检验文件资料;监理工作总结等。

33. C。例会上意见不一致的重大问题,应将各方的主要观点,特别是相互对立的意见记入"其他事项"中。

34. D。A选项错误,正确的表述是:监理例会由监理单位组织召开。B选项错误,正确的表述是:监理例会是履约各方沟通情况、交流信息、研究解决合同履行中存在的各方面问题的主要协调方式。C选项错误,正确的表述是:会议纪要由项目监理机构根据会议记录整理。

35. ACDE。监理日志的主要内容包括:天气和施工环境情况;当日施工进展情况、包括工程进度情况、工程质量情况、安全生产情况等;当日监理工作情况、包括旁站、巡视、见证取样、平行检验等情况;当日存在的问题及协调解决情况;其他有关事项。

37. D。《建设工程监理规范》GB/T 50319—2013规定,总监理工程师应组织编制监理规划。监理规划报送前还应由监理单位技术负责人审核签字。监理实施细则可随工程进展编制,但应在相应工程开始前由专业监理工程师编制完成,并经总监理工程师审批后实施。监理月报由总监理工程师组织编写、签认后报送建设单位和本监理单位。

40. ABE。工程质量评估报告的主要内容包括：（1）工程概况。（2）工程参建单位。（3）工程质量验收情况。（4）工程质量事故及其处理情况。（5）竣工资料审查情况。（6）工程质量评估结论。在 2017 年度的考试中，同样对本题涉及的采分点进行了考查，且提问形式与选项设置基本与本题一致。

41. D。工程质量评估报告编制的基本要求：（1）工程质量评估报告的编制应文字简练、准确、重点突出、内容完整。（2）工程竣工预验收合格后，由总监理工程师组织专业监理工程师编制工程质量评估报告，编制完成后，由项目总监理工程师及监理单位技术负责人审核签认并加盖监理单位公章后报建设单位。工程质量评估报告应在正式竣工验收前提交给建设单位。

42. AD。监理规划报送前应由监理单位技术负责人审核签字；工程质量评估报告由总监理工程师组织专业监理工程师编制，完成后由总监理工程师及监理单位技术负责人审核签字并加盖监理单位公章后报送建设单位。

43. C。工程竣工预验收合格后，由总监理工程师组织专业监理工程师编制工程质量评估报告编制完成后，由项目总监理工程师及监理单位技术负责人审核签认并加盖监理单位公章后报建设单位。工程质量评估报告应在正式竣工验收前提交给建设单位。故 A、B 选项错误，C 选项正确。工程质量评估报告的主要内容：（1）工程概况。（2）工程参建单位。（3）工程质量验收情况。（4）工程质量事故及其处理情况。（5）竣工资料审查情况。（6）工程质量评估结论。D 选项工程质量评估报告的主要内容不包括工程进度完成情况，故 D 选项错误。

45. CD。监理工作总结应包括以下内容：（1）工程概况。（2）项目监理机构。（3）建设工程监理合同履行情况。（4）监理工作成效。（5）监理工作中发现的问题及其处理情况。（6）说明与建议。

第二节　建设工程监理文件资料管理职责和要求

知识导学

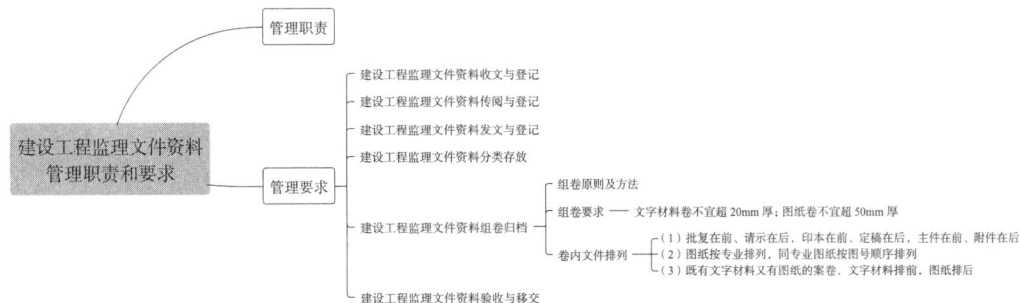

习题汇总

一、管理职责

1.（2015—45）根据《建设工程监理规范》GB/T 50319—2013 规定，关于项目监理机构文件资料监理职责的说法，错误的是（　　）。

A. 应建立和完善监理文件资料管理制度，宜设专人管理监理文件资料

B. 应及时整理、分类汇总监理文件资料，并按分项工程组卷存放

C. 应及时收集、整理、编制、传递监理文件资料

D. 应根据工程特点和有关规定保存监理档案，并向有关单位、部门移交

二、管理要求

2.（2016—76）下列工作内容中，属于建设工程监理文件资料管理的有（　　）。

A. 收发文与登记

B. 文件起草与修改

C. 文件传阅

D. 文件分类存放

E. 文件组卷归档

3.（2018—45）关于建设工程监理文件资料管理的说法，正确的是（　　）。

A. 监理文件资料有追溯性要求时，收文登记应注意核查所填内容是否可追溯

B. 监理文件资料的收文登记人员应确定该文件资料是否需传阅及传阅范围

C. 监理文件资料完成传阅程序后应按监理单位对项目检查的需要进行分类存放

D. 监理文件资料应按施工总承包单位，分包单位和材料供应单位进行分类

（一）建设工程监理文件资料收文与登记

4.（2008—36）下列关于监理文件和档案收文与登记管理的表述中，正确的是（　　）。

A. 所有收文最后都应由项目总监理工程师签字

B. 经检查，文件档案资料各项内容填写和记录真实完整，由符合相关规定的责任人员签字认可

C. 符合相关规定责任人员的签字可以盖章代替

D. 有关工程建设照片说明拍摄日期后，交资料员处理

5.（2009—73）项目监理机构接收文件时，均应在收文登记表上进行登记，登记内容包括（　　）。

A. 文件名称

B. 文件摘要信息

C. 文件的签发人

D. 文件的发放单位

E. 收文日期

（二）建设工程监理文件资料传阅与登记

6. 下列关于建设工程监理文件资料传阅与登记的说法中，错误的是（　　）。

A. 文件传阅纸应随同文件资料一起进行传阅

B. 文件资料传阅期限不应超过该文件资料的处理期限

C. 文件资料原件应交还信息管理人员存档

D. 建设工程监理文件资料需要只能由总监理工程师确定是否需要传阅

（三）建设工程监理文件资料发文与登记

7. 下列关于建设工程监理文件资料发文与登记的说法中，错误的是（　　）。

A. 发文的传阅期限不应超过其处理期限

B. 重要文件的发文内容应记录在监理月报中

C. 文件传阅过程中，每位传阅人员阅后应签名并注明日期

D. 建设工程监理文件资料的发文应由总监理工程师或其授权的监理工程师签名，并加盖项目监理机构图章

（四）建设工程监理文件资料分类存放

8. 建设工程监理文件资料可按（　　）等进行分类，以保证建设工程监理文件资料检索和归档工作的顺利进行。

A. 施工单位　　　　　　　　　　　B. 专业施工部位

C. 单项工程　　　　　　　　　　　D. 单位工程

E. 检验批

（五）建设工程监理文件资料组卷归档

1. 建设工程监理文件资料编制要求

9.（2007—73）根据《建设工程文件归档整理规范》，建设工程归档文件应符合的质量要求和组卷要求有（　　）。

A. 归档的工程文件一般应为原件

B. 工程文件应采用耐久性强的书写材料

C. 所有竣工图均应加盖竣工验收图章

D. 竣工图可按单位工程、专业等组卷

E. 不同载体的文件一般应分别组卷

2. 建设工程监理文件资料组卷方法及要求

10.（2016—45）关于建设工程监理文件资料卷内排列要求的说法，正确的是（　　）。

A. 请示在前，批复在后　　　　　　B. 主件在前，附件在后

C. 定稿在前，印本在后　　　　　　D. 图纸在前，文字在后

11.（2017—45）建设工程监理文件资料的组卷顺序是（　　）。

A. 分项工程、分部工程、单位工程

B. 单位工程、分部工程、专业、阶段

C. 单位工程、分部工程、检验批

D. 检验批、分部工程、单位工程

12.（2019—45）关于建设工程监理文件资料组卷方法及要求的说法，正确的是（　　）。

A. 图纸按专业排列，同专业图纸按图号顺序排列

B. 监理文件资料可按建设单位、设计单位、施工单位分类组卷

C. 既有文字材料又有图纸的案卷，应将图纸排前，文字材料排后

D. 一个建设工程由多个单位工程组成时，应按施工进度节点阶段组卷

13. 下列关于建设工程监理文件资料组卷要求及卷内文件排列顺序的说法中，正确的是（ ）。

A. 文字材料卷厚度不宜超过 25mm，图纸卷厚度不宜超过 60mm

B. 图纸按事项、专业顺序排列

C. 同一事项的请示与批复，按请示在前、批复在后的顺序排列

D. 既有文字材料又有图纸的案卷，文字材料排前，图纸排后

3. 建设工程监理文件资料归档范围和保管期限

14.（2021—43）关于工程档案的说法，正确的是（ ）。

A. 工程档案保管期限分为永久、长期、短期三种

B. 工程档案文件须经项目监理机构审查盖章

C. 永久保管是指工程档案保存到该工程的设计使用年限

D. 应归档的文件必须是纸质文件原件

15. 根据《建设工程文件归档整理规范》GB/T 50328—2014，建设单位必须保存的文件资料有（ ）。

A. 监理合同   B. 监理月报

C. 见证记录   D. 竣工移交证书

E. 监理旁站记录

（六）建设工程监理文件资料验收与移交

1. 验收

16. 城建档案管理部门对需要归档的建设工程监理文件资料验收要求包括（ ）。

A. 监理文件资料分类齐全，系统完整

B. 监理文件资料的内容真实，能够准确反映建设工程监理活动和工程实际状况

C. 监理文件资料已整理组卷

D. 中小型工程项目的预验收和验收，必须有地方城建档案管理部门参加

E. 监理文件资料的形成、来源符合实际，单位或个人签章的文件签章手续完备

2. 移交

17.（2013—36）列入城建档案管理部门档案接收范围的工程，建设单位应当在工程竣工验收后（ ）个月内，向当地城建档案管理部门移交一套符合规定的工程文件。

A. 3   B. 6

C. 9   D. 12

18.（2016—47）关于监理文件资料暂时保管单位的说法，正确的是（ ）。

A. 停建、缓建工程的监理文件资料暂由建设单位保管

B. 停建、缓建工程的监理文件资料暂由监理单位保管

C. 改建、扩建工程的监理文件资料由建设单位保管

D. 改建、扩建工程的监理文件资料由监理单位保管

19.（2017—46）对于列入城建档案管理部门接收档案的工程，负责移交工程档案资料的责任单位是（　　）。

A. 施工单位 　　　　　　　　　　　　B. 监理单位

C. 建设单位 　　　　　　　　　　　　D. 设计施工总承包单位

20.（2017—77）下列工程中，监理文件资料暂由建设单位保管的有（　　）。

A. 维修工程 　　　　　　　　　　　　B. 停建工程

C. 缓建工程 　　　　　　　　　　　　D. 改建工程

E. 扩建工程

21. 建设工程监理文件资料的移交应遵循的规定有（　　）。

A. 列入城建档案管理部门接收范围的工程，建设单位应在工程竣工验收后 6 个月内向城建档案管理部门移交一套符合规定的工程档案

B. 改建、扩建工程的监理文件资料暂由建设单位保管

C. 建设单位向城建档案管理部门移交工程档案（监理文件资料），应办理移交手续，双方签字、盖章后交接

D. 对维修工程，建设单位应组织工程监理单位据实修改、补充和完善监理文件资料，对改变的部位，应当重新编写，并在工程竣工验收后 6 个月内向城建档案管理部门移交

习题答案及解析

1. B	2. ACDE	3. A	4. B	5. ABDE
6. D	7. B	8. ABD	9. ABDE	10. B
11. B	12. A	13. D	14. A	15. ACD
16. ABCE	17. A	18. A	19. C	20. BC
21. C				

【解析】

1. B。根据《建设工程监理规范》GB/T 50319—2013，项目监理机构文件资料管理的基本职责如下：（1）应建立和完善监理文件资料管理制度，宜设专人管理监理文件资料。（2）应及时、准确、完整地收集、整理、编制、传递监理文件资料，宜采用信息技术进行监理文件资料管理。（3）应及时整理、分类汇总监理文件资料，并按规定组卷，形成监理档案。（4）应根据工程特点和有关规定，保存监理档案，并应向有关单位、部门移交需要存档的监理文件资料。

2. ACDE。建设工程监理文件资料的管理要求体现在建设工程监理文件资料管理全过程，包括：监理文件资料收发文与登记、传阅、分类存放、组卷归档、验收与移交等。

3. A。建设工程监理文件资料收文与登记：项目监理机构所有收文应在收文登记表上按监理信息分类分别进行登记，应记录文件名称、文件摘要信息、文件发放单位（部门）、文件编号以及收文日期，必要时应注明接收文件的具体时间，最后由项目监理机构负责收文人员签字。在监理文件资料有追溯性要求的情况下，应注意核查所填内容是否可追溯。如工程材料报审表中是否明确注明使用该工程材料的具体工程部位，以及该工程材料质量证明原件的保存处等。当不同类型的监理文件资料之间存在相互对照或追溯关系（如监理通知与监理通知回复单）时，在分类存放的情况下，应在文件和记录上注明相关文件资料的编号和存放处。

4. B。资料管理人员应检查文件档案资料的各项内容填写和记录真实完整，签字认可人员应为符合相关规定的责任人员，并不得以盖章和打印代替手写签认。故 B 选项正确，C 选项错误。对于工程照片及声像资料等，应注明拍摄日期及所反映的工程部位等摘要信息。收文登记后应交给项目总监理工程师或由其授权的监理工程师进行处理，重要文件内容应记录在监理日志中。故 D 选项错误。A 选项说法太绝对，不正确。

5. ABDE。所有收文应在收文登记表上进行登记（按监理信息分类别进行登记）。应记录文件名称、文件摘要信息、文件的发放单位（部门）、文件编号以及收文日期，必要时应注明接收文件的具体时间，最后由项目监理部负责收文人员签字。

10. B。文字材料按事项、专业顺序排列。同一事项的请示与批复、同一文件的印本与定稿、主件与附件不能分开，并按批复在前、请示在后，印本在前、定稿在后，主件在前、附件在后的顺序排列。

11. B。监理文件资料可按单位工程、分部工程、专业、阶段等组卷。

12. A。卷内文件排列：(1)文字材料按事项、专业顺序排列。(2)图纸按专业排列，同专业图纸按图号顺序排列。(3)既有文字材料又有图纸的案卷，文字材料排前，图纸排后。

13. D。文字材料卷厚度不宜超过 20mm，图纸卷厚度不宜超过 50mm，故选项 A 错误。图纸按专业排列，故选项 B 错误。同一事项的请示与批复、同一文件的印本与定稿、主件与附件不能分开，并按批复在前、请示在后，印本在前、定稿在后，主件在前、附件在后的顺序排列，故选项 C 错误。

14. A。工程档案文件有部分内容不需要项目监理机构审查盖章，故 B 选项错误。永久保管是指工程档案无限期地、尽可能长远地保存下去，故 C 选项错误。归档的文件资料一般应为原件，故 D 选项错误。

15. ACD。监理月报与监理旁站记录对建设单位来说属于选择性保存的文件。

17. A。对列入当地城建档案管理部门接收范围的工程，工程竣工验收 3 个月内，向当地城建档案管理部门移交一套符合规定的工程文件。在 2009 年度的考试中，同样对本题涉及的采分点进行了考查，且提问形式与选项设置基本与本题一致。

19. C。建设单位向城建档案管理部门移交工程档案（监理文件资料），应提交移交案卷目录，办理移交手续，双方签字、盖章后方可交接。

20. BC。建设工程监理文件资料的移交中要求停建、缓建工程的监理文件资料暂由建设单位保管。在 2011、2022 年度的考试中,同样对本题涉及的采分点进行了考查,且提问形式与选项设置基本与本题一致。

21. C。A、D 选项错在"6 个月"均应改为"3 个月"。B 选项的正确表述为:停建、缓建工程的监理文件资料暂由建设单位保管。

第十章

建设工程项目管理服务

第一节 项目管理知识体系及风险管理

知识导学

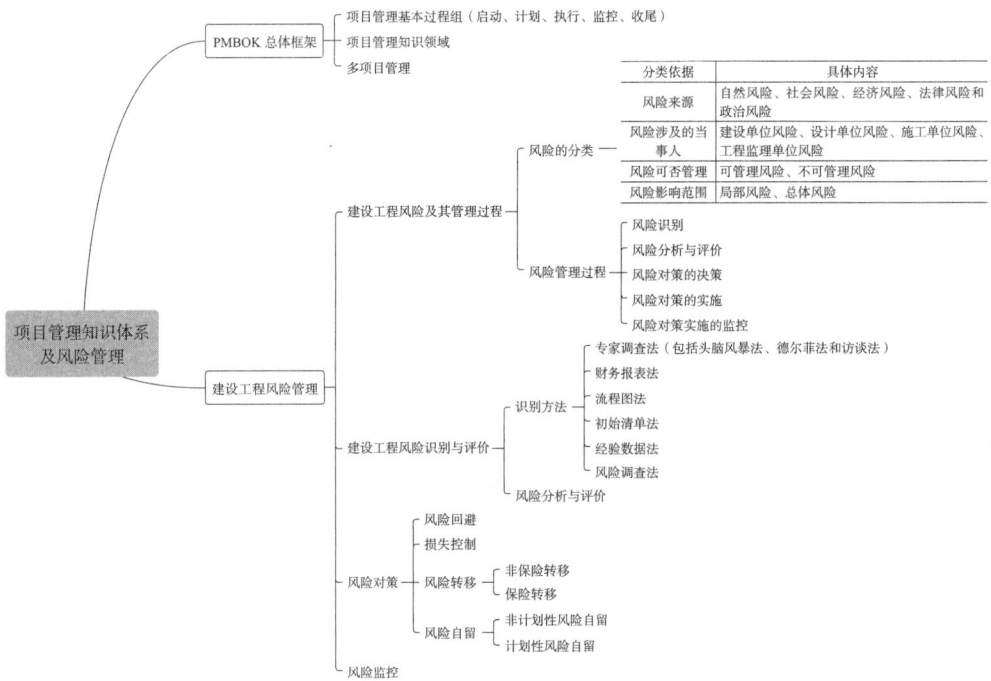

习题汇总

一、PMBOK 总体框架

（一）项目管理基本过程组及项目交付原则

1.（2021—48）项目管理组织体系（PMBOK）除将项目管理活动归结为计划、执行、监控和收尾过程组外，尚有（　　）过程组。

  A. 启动   B. 目标

  C. 范围   D. 规划

  2. 最新发布的 PMBOK 提出的项目交付原则有（　　）。

  A. 创建协作的项目团队环境   B. 有效的利益相关者参与

  C. 展现领导力行为   D. 识别、评估和响应系统交互

  E. 驾驭简单性

（二）项目管理知识领域

  3. 根据项目管理知识体系（PMBOK），在项目管理过程组中识别、定义、组合、统一和协调各类过程和项目管理活动的过程称为（　　）。

  A. 项目集成管理   B. 项目范围管理

  C. 项目进度管理   D. 项目费用管理

  4.（2020—44）根据项目管理知识体系（PMBOK），为成功完成项目而确保项目应包括且仅需包括的工作过程称为（　　）。

  A. 项目集成管理   B. 项目范围管理

  C. 项目资源管理   D. 项目风险管理

  5. 根据项目管理知识体系（PMBOK），为了成功完成项目对项目所需资源进行管理的过程称为（　　）。

  A. 项目资源管理   B. 项目沟通管理

  C. 项目风险管理   D. 项目采购管理

  6.（2021—44）项目管理知识体系中，为确保项目及其利益相关者的信息需求得到满足而进行的必要管理过程称为（　　）。

  A. 项目沟通管理   B. 项目资源管理

  C. 项目范围管理   D. 项目利益相关者管理

  7. 根据项目管理知识体系（PMBOK），针对项目进行风险管理计划，识别、分析项目风险，制定和实施风险应对计划并监测风险的过程称为（　　）。

  A. 项目沟通管理   B. 项目资源管理

  C. 项目风险管理   D. 项目利益相关者管理

  8. 根据项目管理知识体系(PMBOK)，识别影响项目或被项目所影响的人员或组织，分析这些利益相关者期望和对项目的影响，并制定适宜的管理策略以便使利益相关者在项目决策和实施过程中积极参与的过程称为（　　）。

  A. 项目沟通管理   B. 项目采购管理

  C. 项目风险管理   D. 项目利益相关者管理

（三）多项目管理

  9.（2022—35）根据项目管理知识体系（PMBOK），组织为实现战略目标，获得收益而以综合协调方式对一组相关项目进行的管理是（　　）。

A. 项目集成管理　　　　　　　　　　B. 项目沟通管理

C. 项目组合管理　　　　　　　　　　D. 项目群管理

10. 将若干项目或项目群与其他工作组合在一起进行有效管理，以实现组织的战略目标被称为（　　）。

A. 项目组合管理　　　　　　　　　　B. 项目集成管理

C. 项目群管理　　　　　　　　　　　D. 项目服务管理

二、建设工程风险管理

（一）建设工程风险及其管理过程

1. 建设工程风险分类

11.（2015—79）按风险影响范围划分，建设工程风险种类有（　　）。

A. 社会风险　　　　　　　　　　　　B. 局部风险

C. 总体风险　　　　　　　　　　　　D. 经济风险

E. 管理风险

12.（2017—47）按风险影响范围分类，建设工程风险可划分为（　　）。

A. 社会风险和政治风险

B. 监理单位风险和施工单位风险

C. 局部风险和总体风险

D. 可管理风险和不可管理风险

13. 按照风险来源进行划分，风险因素可分为（　　）。

A. 可管理风险　　　　　　　　　　　B. 经济风险

C. 局部风险　　　　　　　　　　　　D. 法律风险

E. 总体风险

2. 建设工程风险管理过程

14. 风险管理的首要步骤是（　　）。

A. 风险分析与评价　　　　　　　　　B. 风险识别

C. 风险对策的决策　　　　　　　　　D. 风险对策实施的监控

15.（2006—19）建设工程风险评价的主要作用在于确定（　　）。

A. 风险损失值的大小　　　　　　　　B. 风险发生的概率

C. 风险的相对严重性　　　　　　　　D. 风险的绝对严重性

（二）建设工程风险识别与评价

1. 风险识别

16.（2003—61）属于建设工程风险识别方法的有（　　）。

A. 损失控制法　　　　　　　　　　　B. 预防计划法

C. 初始清单法　　　　　　　　　　　D. 经验数据法

E. 风险调查法

17.（2007—16）下列风险识别方法中，有可能发现其他识别方法难以识别出的工程风险的方法是（　　）。

A. 流程图法　　　　　　　　　　　　　B. 初始清单法

C. 经验数据法　　　　　　　　　　　　D. 风险调查法

18.（2007—62）建设工程的非技术风险中，属于经济风险的典型风险事件有（　　）。

A. 通货膨胀　　　　　　　　　　　　　B. 发生台风

C. 工程所在国遭受经济制裁　　　　　　D. 资金不到位

E. 发生合同纠纷

19.（2011—18）根据保险公司公布的潜在损失一览表，对建设工程风险进行识别的方法是（　　）。

A. 专家调查法　　　　　　　　　　　　B. 经验数据法

C. 初始清单法　　　　　　　　　　　　D. 风险调查法

20.（2011—60）对每一个建设工程的风险都从头开始识别，该做法的缺点有（　　）。

A. 不利于专业风险识别人员积累经验

B. 耗费时间和精力，风险识别工作效率低

C. 可能导致风险识别的随意性

D. 不利于按时间维对建设工程风险进行分解

E. 不便积累风险识别的成果资料

21.（2014—80）下列建设工程风险事件中，属于技术风险的有（　　）。

A. 设计规范应用不当　　　　　　　　　B. 施工方案不合理

C. 合同条款有遗漏　　　　　　　　　　D. 施工设备供应不足

E. 施工安全措施不当

22.（2015—47）建设工程风险识别方法中，不属于专家调查法的是（　　）。

A. 头脑风暴法　　　　　　　　　　　　B. 德尔菲法

C. 经验数据法　　　　　　　　　　　　D. 访谈法

23.（2016—78）关于采用初始清单法识别风险的说法，正确的有（　　）。

A. 初始清单可由有关人员利用所掌握的丰富知识设计而成

B. 建立初始清单是为了便于人们较全面地认识工程风险的存在

C. 利用初始清单有利于风险识别人员不遗漏重要的工程风险

D. 建立初始清单需要参照同类工程风险的经验数据

E. 初始清单中列出的风险，是风险识别的最终结论

24.（2017—48）风险识别的最主要成果是（　　）。

A. 风险量和损失值　　　　　　　　　　B. 风险清单

C. 风险度量值与概率　　　　　　　　　D. 风险度量值

25.（2017—78）建设工程风险初始清单中，属于非技术风险的有（　　）。

A. 设计风险　　　　　　　　　　　　　B. 施工风险

C. 经济风险   D. 合同风险

E. 材料风险

26.（2018—47）关于风险识别方法的说法，正确的是（　　）。

A. 流程图法不仅分析流程本身，也可显示发生问题的损失值或损失发生的概率

B. 分析初始清单是项目分析管理的检验总结，可以作为项目风险识别的最终结论

C. 经验数据法根据已建各类建设工程与风险有关的统计数据来识别拟建工程风险

D. 专家调查法是从分析具体工程特点入手，对已经识别出的风险进行鉴别和确认

27.（2021—77）下列风险识别方法中，属于专家调查法的有（　　）。

A. 初始清单法   B. 流程图法

C. 德尔菲法   D. 经验数据法

E. 访谈法

2. 风险分析与评价

28.（2014—49）下列方法中，可用于分析与评价建设工程风险的是（　　）。

A. 经验数据法   B. 流程图法

C. 计划评审技术法   D. 财务报表法

29.（2018—48）下列风险等级图中，风险最大数相等的是（　　）。

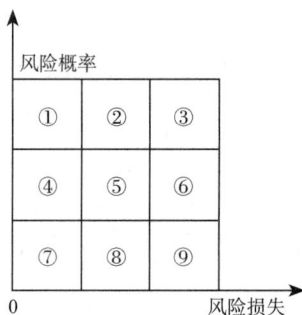

A. ①—②—③   B. ②—④—⑥

C. ①—⑤—⑨   D. ③—⑤—⑦

30.（2018—79）下列风险管理工作中，属于风险分析与评价工作内容的有（　　）。

A. 确定单一风险因素发生的概论

B. 分析单一风险因素的影响范围大小

C. 分析各个风险因素之间相关性的大小

D. 分析各个风险因素最适宜的管理措施

E. 分析各个风险因素的结果

31.（2019—47）关于风险评定的说法，正确的是（　　）。

A. 风险等级为小的风险因素是可忽略的风险

B. 风险等级为中等的风险因素是可接受的风险

C. 风险等级为大的风险因素是不可能接受的风险

D. 风险等级为很大的风险因素是不希望有的风险

32.（2020—45）工程风险管理中，分析与评价工程风险可采用的方法是（　　）。

A. 财务报表法　　　　　　　　　　　　B. 流程图法

C. 敏感性分析法　　　　　　　　　　　D. 经验数据法

（三）建设工程风险对策及监控

1. 风险对策

（1）风险回避

33.（2004—21）若开标后中标人发现自己的报价存在严重的误算和漏算，因而拒绝与业主签订施工合同，这一对策为（　　）。

A. 风险回避　　　　　　　　　　　　　B. 损失控制

C. 风险自留　　　　　　　　　　　　　D. 风险转移

34.（2005—19）某投标人在招标工程开标后发现自己由于报价失误，比正常报价少报20%，虽然被确定为中标人，但拒绝与业主签订施工合同，该风险对策为（　　）。

A. 风险回避　　　　　　　　　　　　　B. 损失控制

C. 风险自留　　　　　　　　　　　　　D. 风险转移

35.（2011—19）以一定方式中断风险源，使其不发生或不再发展，从而避免可能产生的潜在损失的风险对策是（　　）。

A. 损失控制　　　　　　　　　　　　　B. 风险自留

C. 风险转移　　　　　　　　　　　　　D. 风险回避

（2）损失控制

36.（2005—61）在损失控制计划系统中，应急计划是在损失基本确定后的处理计划，其应包括的内容有（　　）。

A. 采用多种货币组合的方式付款

B. 调整整个建设工程的施工进度计划

C. 调整材料、设备采购计划

D. 控制事故的进一步发展，最大限度地减少资产和环境损害

E. 准备保险索赔依据，确定保险索赔的额度，起草保险索赔报告

37.（2008—62）灾难计划是针对严重风险事件制定的，其内容应满足（　　）的要求。

A. 援救及处理伤亡人员

B. 调整建设工程施工计划

C. 保证受影响区域的安全尽快恢复正常

D. 使因严重风险事件而中断的工程实施过程尽快全面恢复

E. 控制事故的进一步发展，最大限度地减少资产和环境损害

38.（2015—48）下列计划中，属于应急计划的是（　　）。

A. 现场人员安全撤离计划　　　　　　　B. 材料与设备采购调整计划

C. 伤亡人员援救及处理计划　　　　　　　D. 资产和环境损害控制计划

39.（2016—49）关于建设工程风险的损失控制对策的说法，正确的是（　　）。

A. 预防损失措施的主要作用在于遏制损失的发展

B. 减少损失措施的主要作用在于降低损失发生的概率

C. 制定损失控制措施必须考虑其付出的费用和时间方面的代价

D. 制定损失控制措施只需考虑其付出的费用代价

40.（2019—49）下列损失控制的工作内容中，不属于灾难计划编制内容的是（　　）。

A. 安全撤离现场人员　　　　　　　　　　B. 救援及处理伤亡人员

C. 起草保险索赔报告　　　　　　　　　　D. 控制事故的进一步发展

41.（2022—36）工程风险管理中，关于预防损失和减少损失两类措施的说法，正确的是（　　）。

A. 预防损失措施和减少损失措施的作用均在于降低损失发生概率

B. 预防损失措施和减少损失措施的作用均在于降低损失的严重性

C. 预防损失措施的作用在于降低损失发生概率，减少损失措施的作用在于降低损失的严重性

D. 预防损失措施的作用在于降低损失的严重性，减少损失措施的作用在于降低损失发生概率

（3）风险转移

42.（2004—66）下列内容中，属于非保险转移缺点的有（　　）。

A. 可能因合同条款有歧义而导致转移失败

B. 机会成本大

C. 有时转移代价可能超过实际损失

D. 可能因转移者心理麻痹而导致实际损失增加

E. 可能因被转移者无力承担实际损失而仍由转移者承担损失

43.（2011—62）与其他的风险对策相比，非保险转移对策的优点主要体现在（　　）。

A. 可以转移某些不可投保的潜在损失

B. 双方当事人对合同条款的理解不会发生分歧

C. 被转移者有能力更好地进行损失控制

D. 可以中断风险源，使其不发生或不再发展

E. 可以降低损失的发生概率或降低损失的严重程度

44.（2017—79）采用工程保险方式转移工程风险时，需要考虑的内容有（　　）。

A. 保险安排方式　　　　　　　　　　　　B. 保险类型选择

C. 保险人选择　　　　　　　　　　　　　D. 保险合同谈判

E. 保险索赔报告

45.（2019—48）关于风险非保险转移对策的说法，错误的是（　　）。

A. 建设单位可通过合同责任条款将风险转移给对方当事人

B. 施工单位可通过工程分包将专业技术风险转移给分包人

C. 非保险转移风险的代价会小于实际发生的损失，对转移者有利

D. 当事人一方可向对方提供第三方担保，担保方承担的风险仅限于合同责任

46.（2022—72）为应对工程风险，采用非保险转移策略的优点有（　　）。

A. 转移风险一方不需要为风险转移付出任何代价

B. 双方当事人不会因对合同条款理解发生分歧而导致风险转移失效

C. 可以转移某些在保险公司不能投保的潜在损失风险

D. 风险被转移者往往能较好地进行损失控制

E. 风险被转移者不会因为无力承担实际重大损失而导致风险转移失效

（4）风险自留

47.（2011—61）导致非计划性风险自留的原因主要有（　　）。

A. 缺乏风险意识 　　　　　　　　　　B. 风险识别失误

C. 已建立非基金储备 　　　　　　　　D. 有母公司保险

E. 期望损失不严重

48.（2017—80）关于计划性风险自留的说法，正确的有（　　）。

A. 计划性风险自留是有计划的选择

B. 风险自留一般单独运用效果较好

C. 应保证重大风险已有对策后才使用

D. 在风险管理人员正确识别和评价风险后使用

E. 通常采用外部控制措施来化解风险

49.（2019—80）下列关于风险自留的说法，正确的有（　　）。

A. 计划性风险自留是有计划的选择

B. 风险自留区别于其他风险对策，应单独运用

C. 风险自留主要通过采取内部控制措施来化解风险

D. 非计划性风险自留是由于没有识别到某些风险以致风险发生后而被迫自留

E. 风险自留往往可以化解较大的建设工程风险

2. 风险监控

50.（2016—79）关于风险跟踪检查与报告的说法，正确的有（　　）。

A. 跟踪风险控制措施的效果是风险监控的主要内容

B. 应定期将跟踪结果编制成风险跟踪报告

C. 风险跟踪过程中发现新的风险因素时应进行重新估计

D. 风险跟踪报告内容的详细程度应依据掌握的资料确定

E. 编制和提交风险跟踪报告是风险管理的一项日常工作

51.（2017—49）风险管理计划实施后，对风险的发展必然会产生的相应效果是（　　）。

A. 风险评估工具　　　　　　　　　　B. 风险控制措施

C. 风险数据采集　　　　　　　　　　D. 风险跟踪检查

习题答案及解析

1. A	2. ABCD	3. A	4. B	5. A
6. A	7. C	8. D	9. D	10. A
11. BC	12. C	13. BD	14. B	15. B
16. CDE	17. D	18. AD	19. C	20. BCE
21. ABE	22.C	23. ABCD	24. B	25. CDE
26. C	27. CE	28. C	29. C	30. ABE
31. C	32. C	33. A	34. A	35. D
36. BCE	37. ACE	38. B	39. C	40. C
41. C	42. ACE	43. AC	44. ABCD	45. C
46. CD	47. AB	48. ACD	49. ACD	50. ABCE
51. B				

【解析】

1. A。PMBOK 将项目管理活动归结为五个基本过程组，即：启动、计划、执行、监控和收尾。

2. ABCD。最新发布的 PMBOK 提出的项目交付原则有 12 项：（1）成为勤勉、尊重和关心他人的管家。（2）创建协作的项目团队环境。（3）有效的利益相关者参与。（4）展现领导力行为。（5）识别、评估和响应系统交互。（6）拥抱适应性和韧性。（7）驾驭复杂性。（8）优化风险应对。（9）根据环境进行裁剪。（10）将质量融入过程和可交付成果中。（11）聚焦价值。（12）为实现预期的未来状态而驱动变革。

4. B。项目范围管理是指为成功完成项目而确保项目应包括且仅需包括的工作的过程。

6. A。项目沟通管理是指为确保项目及其利益相关者的信息需求得到满足而进行的必要管理过程。

12. C。建设工程的风险因素有很多，可以从不同的角度进行分类：（1）按照风险来源进行划分，风险因素包括：自然风险、社会风险、经济风险、法律风险和政治风险。（2）按照风险涉及的当事人划分，风险因素包括：建设单位的风险、设计单位的风险、施工单位的风险、工程监理单位的风险等。（3）按风险可否管理划分，风险因素包括：可管理风险和不可管理风险。（4）按风险影响范围划分，风险因素包括：局部风险和总体风险。

15. B。风险分析与评价的结果主要在于确定各种风险事件发生的概率及其对建设工程目标影响的严重程度，如建设投资增加的数额、工期延误的天数等。

16. CDE。建设工程风险识别的方法有：专家调查法、财务报表法、流程图法、初始清单法、经验数据法和风险调查法。

18. AD。经济风险的内容包括：通货膨胀或紧缩；资金不到位等。B 选项属于自然与环境风险内容；C 选项属于政治法律风险的内容；E 选项属于合同风险内容。

20. BCE。如果对每一个建设工程风险的识别都从头做起，至少有以下三方面缺陷：一是耗费时间和精力多，风险识别工作的效率低；二是由于风险识别的主观性，可能导致风险识别的随意性，其结果缺乏规范性；三是风险识别成果资料不便积累，对今后的风险识别工作缺乏指导作用。因此，为了避免以上缺陷，有必要建立初始风险清单。

21. ABE。C、D 选项属于非技术风险。

23. ABCD。初始清单法是指有关人员利用所掌握的丰富知识设计而成的初始风险清单表，尽可能详细地列举建设工程所有的风险类别，按照系统化、规范化的要求去识别风险。初始清单只是为了便于人们较全面地认识风险的存在，而不至于遗漏重要的建设工程风险，但并不是风险识别的最终结论，所以 E 选项错误。初始清单需要参照同类建设工程风险的经验数据，或者针对具体工程的特点进行风险调查。

25. CDE。A、B 选项属于技术风险。

26. C。经验数据法也称统计资料法，即根据已建各类建设工程与风险有关的统计资料来识别拟建工程风险。长期从事建设工程监理与相关服务的监理单位，应该积累大量的建设工程风险数据，尽管每一个建设工程及其风险有差异，但经验数据或统计资料足够多时，这些差异会大大减少，呈现出一些规律性。因此，已建各类建设工程与风险有关的数据是识别拟建工程风险的重要基础。

27. CE。专家调查法主要包括头脑风暴法、德尔菲法和访谈法。在 2019 年度的考试中，同样对本题涉及的采分点进行了考查，且提问形式与选项设置基本与本题一致。

29. C。将风险事件发生概率（P）的等级和风险后果（O）的等级分别划分为大（H）、中（M）、小（L）三个区间，即可形成如下图所示的 9 个不同区域。在这 9 个不同区域中，有些区域的风险量是大致相等的，因此，可以将风险量的大小分为 5 个等级：① VL（很小）。② L（小）。③ M（中等）。④ H（大）。⑤ VH（很大）。

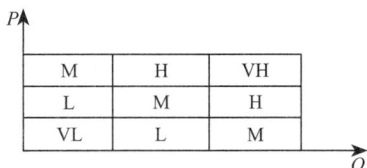

P		
M	H	VH
L	M	H
VL	L	M

30. ABE。风险分析与评价的任务包括：确定单一风险因素发生的概率；分析单一风险因素的影响范围大小；分析各个风险因素的发生时间；分析各个风险因素的结果，探讨这些风险因素对建设工程目标的影响程度。在单一风险因素量化分析的基础上，

考虑多种风险因素对建设工程目标的综合影响、评估风险的程度并提出可能的措施作为管理决策的依据。

31. C。风险等级为大、很大的风险因素表示风险重要性较高，是不可接受的风险，需要给予重点关注；风险等级为中等的风险因素是不希望有的风险；风险等级为小的风险因素是可接受的风险；风险等级为很小的风险因素是可忽略的风险。在2016年的考试中，同样对本题涉及的采分点进行了考查，且提问形式基本与本题一致。

35. D。风险回避就是指在完成建设工程风险分析与评价后，如果发现风险发生的概率很高，而且可能的损失也很大，又没有其他有效的对策来降低风险时，应采取放弃项目、放弃原有计划或改变目标等方法，使其不发生或不再发展，从而避免可能产生的潜在损失。

39. C。预防损失措施的主要作用在于降低或消除（通常只能做到降低）损失发生的概率，而减少损失措施的作用在于降低损失的严重性或遏制损失的进一步发展，使损失最小化。制定损失控制措施必须考虑其付出的代价，包括费用和时间两个方面的代价，而时间方面的代价往往又会引起费用方面的代价。

40. C。灾难计划的内容应满足以下要求：（1）安全撤离现场人员。（2）援救及处理伤亡人员。（3）控制事故的进一步发展，最大限度地减少资产和环境损害。（4）保证受影响区域的安全尽快恢复正常。C选项属于应急计划的内容。

41. C。损失控制是一种主动、积极的风险对策。损失控制可分为预防损失和减少损失两个方面。预防损失措施的主要作用在于降低或消除（通常只能做到降低）损失发生的概率，而减少损失措施的作用在于降低损失的严重性或遏制损失的进一步发展，使损失最小化。一般来说，损失控制方案都应当是预防损失措施和减少损失措施的有机结合。故C选项正确。

42. ACE。非保险转移的媒介是合同，这就可能因为双方当事人对合同条款的理解发生分歧而导致转移失效。另外，在某些情况下，可能因为被转移者无力承担实际发生的重大损失而导致仍然由转移者来承担损失。还需指出的是，非保险转移一般都要付出一定的代价，有时转移代价可能超过实际发生的损失，从而对转移者不利。

43. AC。与其他的风险对策相比，非保险转移的优点主要体现在：（1）可以转移某些不可保的潜在损失，如物价上涨、法规变化、设计变更等引起的投资增加。（2）被转移者往往能较好地进行损失控制，如承包商相对于业主能更好地把握施工技术风险，专业分包商相对于总包商能更好地完成专业性强的工程内容。

45. C。非保险转移一般都要付出一定的代价，有时转移风险的代价可能会超过实际发生的损失，从而对转移者不利。

46. CD。非保险转移一般都要付出一定的代价，有时转移风险的代价可能会超过实际发生的损失，从而对转移者不利。故A选项错误。非保险转移的媒介是合同，这就可能因为双方当事人对合同条款的理解发生分歧而导致转移失效。故B选项错误。

在某些情况下，可能因被转移者无力承担实际发生的重大损失而导致仍然由转移者来承担损失。故 E 选项错误。

47. AB。导致非计划性风险自留的主要原因有：（1）缺乏风险意识。（2）风险识别失误。（3）风险分析与评价失误。（4）风险决策延误。（5）风险决策实施延误等。

48. ACD。计划性风险自留是主动的、有意识的、有计划的选择，是风险管理人员在经过正确的风险识别和风险评价后制定的风险对策。风险自留绝不可能单独运用，而应与其他风险对策结合使用。在实行风险自留时，应保证重大和较大的建设工程风险已经进行了工程保险或实施了损失控制计划。

49. ACD。风险自留绝不可能单独运用，而应与其他风险对策结合使用，故 B 选项错误。在实行风险自留时，应保证重大和较大的建设工程风险已经进行了工程保险或实施了损失控制计划，故选项 E 错误。

50. ABCE。风险报告应该及时、准确并简明扼要，向决策者传达有用的风险信息，报告内容的详细程度应按照决策者的需要而定，故 D 选项错误。

51. B。风险监控是指跟踪已识别的风险和识别新的风险，保证风险计划的执行，并评估风险对策与措施的有效性。其目的是考察各种风险控制措施产生的实际效果、确定风险减少的程度、监视风险的变化情况，进而考虑是否需要调整风险管理计划以及是否启动相应的应急措施等。风险管理计划实施后，风险控制措施必然会对风险的发展产生相应的效果。

第二节　建设工程勘察、设计、保修阶段服务内容

知识导学

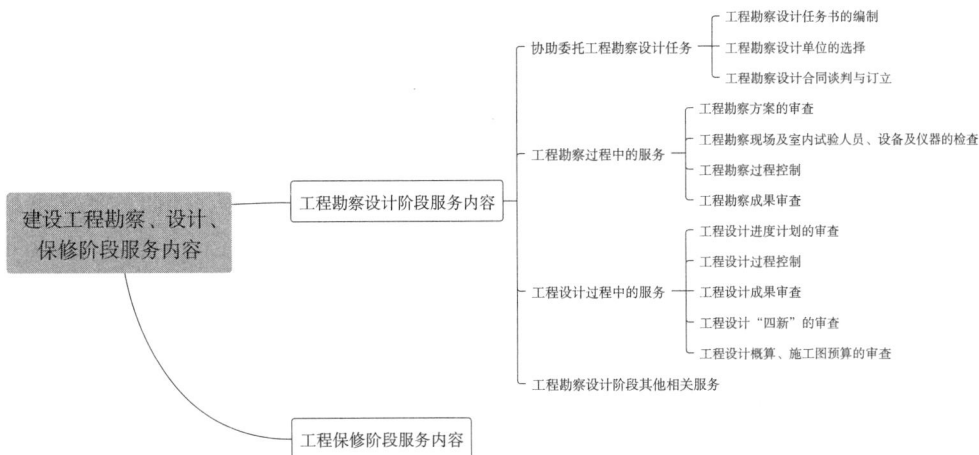

建设工程勘察、设计、保修阶段服务内容
- 工程勘察设计阶段服务内容
  - 协助委托工程勘察设计任务
    - 工程勘察设计任务书的编制
    - 工程勘察设计单位的选择
    - 工程勘察设计合同谈判与订立
  - 工程勘察过程中的服务
    - 工程勘察方案的审查
    - 工程勘察现场及室内试验人员、设备及仪器的检查
    - 工程勘察过程控制
    - 工程勘察成果审查
  - 工程设计过程中的服务
    - 工程设计进度计划的审查
    - 工程设计过程控制
    - 工程设计成果审查
    - 工程设计"四新"的审查
    - 工程设计概算、施工图预算的审查
  - 工程勘察设计阶段其他相关服务
- 工程保修阶段服务内容

习题汇总

一、工程勘察设计阶段服务内容

（一）协助委托工程勘察设计任务

1. 下列关于工程勘察设计合同订立的说法中，错误的是（   ）。

A. 应明确工程勘察设计费用涵盖的工作范围

B. 应明确工程勘察设计单位配合其他工程参建单位的义务

C. 应强调限额设计，将施工图预算控制在工程概算范围内

D. 禁止设计单位应用价值工程优化设计方案

2. 工程勘察设计任务书应包括的内容有（   ）。

A. 勘察成果评估报告　　　　　　　　　B. 工程性质

C. 工程名称　　　　　　　　　　　　　D. 对工程勘察设计成果的要求

E. 建设工程目标和建设标准

（二）工程勘察过程中的服务

3. （2015—80）工程监理单位对工程勘察方案审查的内容有（   ）。

A. 勘察工作内容是否与勘察合同及设计要求相符

B. 勘察点布置是否合理

C. 现场勘察组织及人员安排是否合理

D. 勘察进度计划是否满足工程总进度计划要求

E. 试样的数量和质量是否符合规范要求

4. （2019—50）关于工程勘察成果审查的说法，正确的是（   ）。

A. 岩土工程勘察应正确反映场地工程地质条件

B. 详勘阶段的勘察成果应满足初步设计的深度要求

C. 勘察评估报告由专业监理工程师组织编制，并邀请相关专家参加

D. 受托单位提交的勘察成果应有完成人、检查人或审核人签字

5. （2021—46）根据《建设工程监理规范》GB/T 50319—2013，工程监理单位受建设单位委托进行工程勘察管理时，工程勘察成果评估报告应由（   ）组织编制。

A. 总监理工程师　　　　　　　　　　　B. 评估专家组组长

C. 工程勘察项目负责人　　　　　　　　D. 建设单位项目负责人

（三）工程设计过程中的服务

6. （2016—80）下列内容中，属于工程设计评估报告内容的有（   ）。

A. 设计任务书的完成情况　　　　　　　B. 各专业计划的衔接情况

C. 出图节点与总体计划的符合情况　　　D. 有关部门审查意见的落实情况

E. 设计深度与设计标准的符合情况

7. （2018—50）根据《建设工程监理规范》GB/T 50319—2013，工程监理单位在

审查设计单位提出的新材料、新工艺、新技术、新设备在相关部门的备案情况，必要时应协助（　　）。

    A. 设计单位组织专家复审　　　　　　B. 相关部门组织专家论证

    C. 建设单位组织专家评审　　　　　　D. 使用单位整理备案资料

8.（2021—8）根据《建设工程监理规范》GB/T 50319—2013，工程监理单位在工程设计阶段开展相关服务工作时，应完成的报告是（　　）。

    A. 设计总体计划报告　　　　　　　　B. 设计费结算报告

    C. 设计成果评估报告　　　　　　　　D. 设计工作报告

9.（2022—37）工程监理单位提供设计阶段相关服务时，对于设计单位提出使用新材料的设计方案时，应审查新材料在相关部门的备案情况，必要时应协助（　　）组织专家进行评审。

    A. 设计单位　　　　　　　　　　　　B. 建设单位

    C. 相关部门　　　　　　　　　　　　D. 审图机构

（四）工程勘察设计阶段其他相关服务

10. 工程监理单位对工程勘察设计阶段索赔事件进行防范的对策包括（　　）。

    A. 定期组织勘察设计会议，及时解决工程勘察设计单位提出的合理要求

    B. 及时检查工程勘察设计文件及勘察设计成果，并报送施工单位

    C. 协助建设单位及时提供勘察设计工作必需的基础性文件

    D. 加强对工程设计勘察方案和勘察设计进度计划的审查

    E. 检查工程勘察设计工作情况，发现问题及时提出，减少错误

11.（2017—50）评审工程设计成果需要进行的工作有：①邀请专家参与评审。②确定专家人选。③建立评审制度和程序。④收集专家的评审意见。⑤分析专家的评审意见。其正确的工作步骤是（　　）。

    A.①—②—③—④—⑤　　　　　　　B.①—③—②—④—⑤

    C.③—②—①—④—⑤　　　　　　　D.②—①—④—③—⑤

12.（2018—80）工程设计阶段，工程监理单位协助建设单位报审工程设计文件时，需要开展的工作内容有（　　）。

    A. 了解政府对设计文件的审批程序、报审条件等信息

    B. 向相关部门咨询，获得相关部门的咨询意见

    C. 事前检查设计文件及附件的完整性、合规性

    D. 联系相关政府部门，及时向建设单位反馈审批意见

    E. 协助设计单位落实政府有部门的审批意见

二、工程保修阶段服务内容

（一）定期回访

13.（2015—50）工程监理单位承担工程保修阶段服务时，应按（　　）及检查内容

开展工作。

    A. 保修期回访计划   B. 保修期监理规划

    C. 保修期监理实施细则   D. 保修期监理工作规程

（二）工程质量缺陷处理

14. 对建设单位或使用单位提出的工程质量缺陷，工程监理单位应安排监理人员进行现场检查和调查分析，并要求（　　）予以修复。

    A. 建设单位   B. 施工单位

    C. 使用单位   D. 责任单位

15. 下列关于工程监理单位核实施工单位申报的修复工程费用的相关事项的说法中，错误的是（　　）。

    A. 修复工程费用核实应以各方确定的修复方案作为依据

    B. 修复工程的建筑材料费、人工费、机械费等价格应按正常的市场价格计取

    C. 修复质量合格验收后，方可计取全部修复费用

    D. 所发生的材料、人工、机械台班数量只能按相关定额结算

习题答案及解析

1. D	2. BCDE	3. ABCD	4. A	5. A
6. ADE	7. C	8. C	9. B	10. ACDE
11. C	12. ABCD	13. A	14. B	15. D

【解析】

3. ABCD。对于工程勘察方案，工程监理单位应重点审查以下内容：（1）勘察技术方案中工作内容与勘察合同及设计要求是否相符，是否有漏项或冗余。（2）勘察点的布置是否合理，其数量、深度是否满足规范和设计要求。（3）各类相应的工程地质勘察手段、方法和程序是否合理，是否符合有关规范的要求。（4）勘察重点是否符合勘察项目特点，技术与质量保证措施是否还需要细化，以确保勘察成果的有效性。（5）勘察方案中配备的勘察设备是否满足本工程勘察技术要求。（6）勘察单位现场勘察组织及人员安排是否合理，是否与勘察进度计划相匹配。（7）勘察进度计划是否满足工程总进度计划。

4. A。详勘阶段报告应满足施工图设计的要求，故 B 选项错误。勘察评估报告由总监理工程师组织各专业监理工程师编制，必要时可邀请相关专家参加，故 C 选项错误。各种室内试验和原位测试，其成果应有试验人、检查人或审核人签字。测试、试验项目委托其他单位完成时，受托单位提交的成果还应有该单位公章、单位负责人签章，故 D 选项错误。

5. A。工程勘察评估报告由总监理工程师组织各专业监理工程师编制，必要时可邀请相关专家参加。

6. ADE。评估报告应包括下列主要内容：（1）设计工作概况。（2）设计深度、与设计标准的符合情况。（3）设计任务书的完成情况。（4）有关部门审查意见的落实情况。（5）存在的问题及建议。

7. C。工程监理单位应审查设计单位提出的新材料、新工艺、新技术、新设备在相关部门的备案情况，必要时应协助建设单位组织专家评审。

11. C。工程设计成果评审程序如下：（1）事先建立评审制度和程序，并编制设计成果评审计划，列出预评审的设计成果清单。（2）根据设计成果特点，确定相应的专家人选。（3）邀请专家参与评审，并提供专家所需评审的设计成果资料、建设单位的需求及相关部门的规定等。（4）组织相关专家对设计成果评审会议，收集各专家的评审意见。（5）整理、分析专家评审意见，提出相关建议或解决方案，形成会议纪要或报告，作为设计优化或下一阶段设计的依据，并报建设单位或相关部门。

12. ABCD。工程监理单位协助建设单位报审工程设计文件时，首先，需要了解政府设计文件审批程序、报审条件及所需提供的资料等信息，以做好充分准备。其次，提前向相关部门进行咨询，获得相关部门咨询意见，以提高设计文件质量。再次，应事先检查设计文件及附件的完整性、合规性。最后，及时与相关政府部门联系，根据审批意见进行反馈和督促设计单位予以完善。

14. B。对建设单位或使用单位提出的工程质量缺陷，工程监理单位应安排监理人员进行现场检查和调查分析，并与建设单位、施工单位协商确定责任归属。同时，要求施工单位予以修复，还应监督实施过程，合格后予以签认。

15. D。工程监理单位核实施工单位申报的修复工程费用应注意以下内容：（1）修复工程费用核实应以各方确定的修复方案作为依据。（2）修复质量合格验收后，方可计取全部修复费用。（3）修复工程的建筑材料费、人工费、机械费等价格应按正常的市场价格计取，所发生的材料、人工、机械台班数量一般按实结算，也可按相关定额或事先约定的方式结算。

第三节　建设工程监理与项目管理一体化

知识导学

习题汇总

一、建设工程监理与项目管理服务的区别

1. 建设工程监理定位于工程施工阶段，而工程项目管理服务可以覆盖项目策划决策、建设实施的全过程，表现出建设工程监理与项目管理服务的（　　）。

A. 服务性质不同 　　　　　　　　　　B. 服务范围不同

C. 服务侧重点不同 　　　　　　　　　D. 服务对象不同

2. 下列关于项目管理服务的说法中，错误的是（　　）。

A. 工程项目管理服务属于委托性质

B. 工程项目管理服务定位于工程施工阶段

C. 工程项目管理单位能够在项目策划决策阶段为建设单位提供专业化的项目管理服务，更能体现项目策划的重要性

D. 工程项目管理更有利于实现工程项目的全寿命期、全过程管理

二、工程监理与项目管理一体化的实施条件和组织职责

3.（2022—38）工程监理与项目管理一体化是指工程监理单位在实施建设工程监理的同时，为（　　）提供项目管理服务。

A. 建设单位 　　　　　　　　　　　　B. 设计单位

C. 项目管理单位 　　　　　　　　　　D. 施工总承包单位

（一）实施条件

4. 实施建设工程监理与项目管理一体化，工程监理与项目管理队伍素质是（　　）。

A. 基础 　　　　　　　　　　　　　　B. 保证

C. 前提 　　　　　　　　　　　　　　D. 必要条件

5. 实施建设工程监理与项目管理一体化的保证是（　　）。

A. 建设单位的信任和支持 　　　　　　B. 工程监理与项目管理队伍素质

C. 工程监理单位先进的管理手段 　　　D. 建立健全相关制度和标准

6.（2020—47）实施工程监理与项目管理一体化的前提是（　　）。

A. 工程监理单位人员素质 　　　　　　B. 工程监理单位管理手段先进

C. 施工单位的信任和支持 　　　　　　D. 建设单位的信任和支持

7.（2021—47）关于工程监理与项目管理一体化的说法，正确的是（　　）。

A. 工程监理与项目管理一体化是指监理单位提供的建设工程全过程管理服务

B. 推行工程监理与项目管理一体化是深化项目法人责任制改革的重要举措

C. 高素质的专业队伍是提供工程监理与项目管理一体化优质服务的基础

D. 工程监理与项目管理一体化属于国家规定强制实施的一项制度

（二）组织机构及岗位职责

1. 组织机构设置

8. 实施建设工程监理与项目管理一体化，应实行（　　）。

A. 项目法人责任制　　　　　　　　　B. 总监理工程师负责制

C. 招标投标制　　　　　　　　　　　D. 合同管理制

2. 部门及岗位职责

9. 负责协助建设单位进行工程项目策划以及设计管理工作的是（　　）。

A. 规划设计部　　　　　　　　　　　B. 合同信息部

C. 工程管理部　　　　　　　　　　　D. 工程技术部

10. 下列属于合同信息部职责的是（　　）。

A. 协助建设单位进行材料设备的采购管理工作

B. 协助建设单位组织重大技术问题的论证

C. 协助建设单位进行各类合同管理工作

D. 审核与合同有关的实施方案、变更申请、结算申请

E. 协助建设单位编制工程项目管理计划、办理前期有关报批手续、进行外部协调工作

习题答案及解析

1. B	2. B	3. A	4. A	5. D
6. D	7. C	8. B	9. A	10. ACD

【解析】

7. C。工程监理与项目管理一体化是指工程监理单位在实施建设工程监理的同时，为建设单位提供项目管理服务，故 A 选项错误。推行建设工程监理与项目管理一体化，对于深化我国工程建设管理体制和工程项目实施组织方式的改革，促进工程监理企业持续健康发展具有十分重要的意义，故 B 选项错误。工程监理与项目管理一体化不属于国家规定强制实施的一项制度，故 D 选项错误。

10. ACD。合同信息部的职责包括：协助建设单位组织工程勘察、设计、施工及材料设备的招标工作；协助建设单位进行各类合同管理工作；审核与合同有关的实施方案、变更申请、结算申请；协助建设单位进行材料设备的采购管理工作；负责工程项目信息管理工作等。

第四节　建设工程项目全过程集成化管理

知识导学

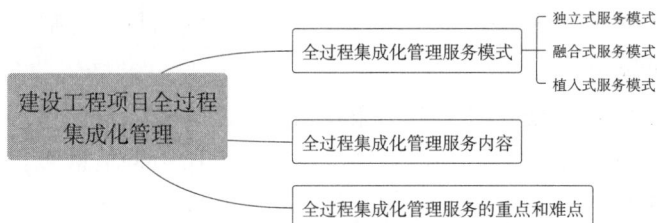

习题汇总

一、全过程集成化管理服务模式

1. 在通常情况下，工程项目管理单位派出的项目管理团队置身于建设单位外部，为其提供项目管理咨询服务。此时的项目管理团队具有（　　）。

    A. 植入式   B. 融合式

    C. 独立性   D. 复合式

2.（2021—78）根据工程项目管理单位与建设单位的结合方式不同，全过程集成化项目管理服务模式有（　　）。

    A. 独立式   B. 融合式

    C. 植入式   D. 复合式

    E. 总控式

3.（2022—39）按照工程项目管理单位与建设单位的结合方式不同，全过程集成化项目管理服务方式可归纳为（　　）。

    A. 独立式、融合式、植入式   B. 直线式、职能式、矩阵式

    C. 职能式、融合式、植入式   D. 独立式、直线式、矩阵式

二、全过程集成化管理服务内容

4. 工程项目策划决策与建设实施全过程集成化管理服务可包括的内容有（　　）。

A. 协助建设单位编制工程竣工决算报告

B. 组织工程竣工验收，办理工程竣工结算，整理、移交工程竣工档案资料

C. 协助建设单位办理土地征用、规划许可等有关手续

D. 组织设计单位进行工程设计方案的技术经济分析和优化，审查工程概预算

E. 组织参与生产试运行及工程保修期管理

三、全过程集成化管理服务的重点和难点

5. 建设工程项目全过程集成化管理服务更加强调项目策划、范围管理、综合管理，更加需要组织协调、信息沟通，并能切实解决工程技术问题。作为工程项目管理服务单位，需要（ ）。

A. 准确把握建设单位需求　　　　　B. 协调处理三大目标之间的关系

C. 充分发挥沟通协调作用　　　　　D. 不断加强项目团队建设

E. 高度重视技术支持

习题答案及解析

1. C　　　　2. ABC　　　　3. A　　　　4. ACD　　　　5. ACDE

【解析】

2. ABC。在我国工程建设实践中，按照工程项目管理单位与建设单位的结合方式不同，全过程集成化项目管理服务可归纳为独立式、融合式和植入式三种模式。在2020年度的考试中，同样对本题涉及的采分点进行了考查，且提问形式与选项设置基本与本题一致。

第十一章
国际工程咨询与实施组织模式

第一节　国际工程咨询

知识导学

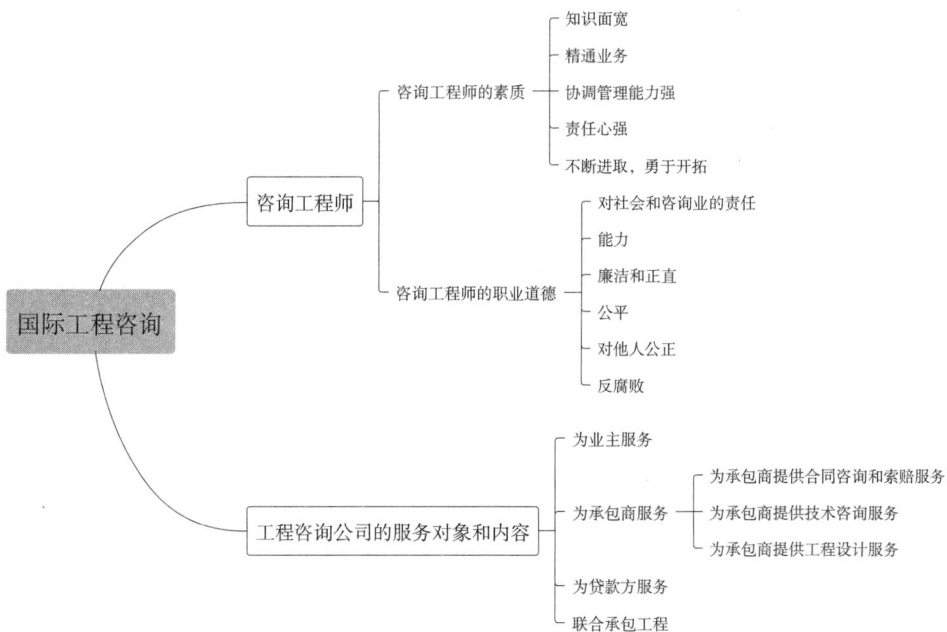

习题汇总

一、咨询工程师

（一）咨询工程师素质

1.建设工程自身的复杂程度及其不同的环境和背景、工程咨询公司服务内容的广泛性，要求咨询工程师具有的素质是（　　）。

A. 知识面宽   B. 精通业务

C. 协调管理能力强   D. 责任心强

2.（2009—35）咨询工程师开展咨询业务时，不仅涉及与本公司各方面人员的协同工作，而且经常与客户、建设工程参与各方、政府部门、金融部门等发生联系，处理面临的各种问题。这就特别需要咨询工程师具有（   ）素质。

A. 知识面宽   B. 精通业务

C. 协调管理能力强   D. 责任心强

3. 咨询工程师应具备的素质有（   ）。

A. 资信良好   B. 协调管理能力强

C. 责任心强   D. 精通业务

E. 知识面宽

（二）咨询工程师职业道德

4.（2001—6）FIDIC 道德准则中，"加强按照能力进行选择的观念"，应列为（   ）方面的道德要求。

A. 能力   B. 正直性

C. 对他人公正   D. 公正性

5. FIDIC 道德准则中，"不接受任何可能影响其独立判断的报酬"，应列为（   ）方面的道德要求。

A. 能力   B. 正直性

C. 公平性   D. 公正性

6. 在下列 FIDIC 道德准则中，（   ）属于"对他人的公正"。

A. 在提供职业咨询、评审或决策时不偏不倚

B. 推动"基于质量选择咨询服务"的理念

C. 不得故意或无意地做出损害他人名誉或事务的事情

D. 被邀请评审其他咨询工程师的工作时，应以恰当的行为和善意的态度进行

E. 不接受可能导致判断不公的报酬

7.（2020—48）按照国际咨询工程师联合会（FIDIC）的理念，应基于（   ）选择咨询服务。

A. 业绩   B. 质量

C. 道德   D. 职责

二、工程咨询公司的服务对象和内容

（一）为业主服务

8. 国际上，工程咨询公司最基本、最广泛的业务是（   ）。

A. 为业主服务   B. 为承包商服务

C. 为贷款方服务   D. 联合承包工程

（二）为承包商服务

9.（2010—33）工程咨询公司可为承包商提供全部或绝大部分设计服务工作。如果承包商仅承担施工任务时，工程咨询公司也可仅提供（　　）服务。

A. 方案设计   B. 详细设计

C. 初步设计   D. 技术设计

10.（2020—79）国际工程咨询公司为承包商提供咨询服务时，可提供的服务内容有（　　）。

A. 工程保险服务   B. 合同咨询和索赔服务

C. 技术咨询服务   D. 工程设计服务

E. 工程勘察服务

（三）为贷款方服务

11. 工程咨询公司为贷款方服务的常见形式有（　　）。

A. 为承包商提供合同咨询和索赔服务 B. 对申请贷款的项目进行评估

C. 为承包商提供技术咨询服务   D. 为承包商提供工程设计服务

E. 对已接受贷款的项目的执行情况进行检查和监督

（四）联合承包工程

12.（2007—71）国际上的工程咨询公司也可以作为（　　）来联合承包工程。

A. 总承包商与施工企业合作

B. BOT 项目的发起人与其他公司合作

C. 联合体中的一方

D. 分包商承担设计工作

E. 分包商承担施工管理工作

13.（2011—69）国际上，工程咨询公司参与联合承包工程的形式一般有（　　）。

A. 与土木工程承包商和设备制造商组成联合体共同承包项目

B. 作为总承包商，承担项目的主要责任和风险，而承包商则作为分包商

C. 以 Project Controlling 模式参与工程实施

D. 以项目发起人和策划公司的身份参与 BOT 项目

E. 以非代理型 CM 模式参与工程实施

习题答案及解析

1. A	2. C	3. BCDE	4. C	5. C
6. BCD	7. B	8. A	9. B	10. BCD
11. BE	12. AB	13. ABD		

【解析】

6. BCD。在 FIDIC 道德准则中，对他人的公正包括以下的内容：（1）推动"基于

质量选择咨询服务"的理念，即加强按照能力进行选择的观念。（2）不得故意或无意地做出损害他人名誉或事务的事情。（3）不得直接或间接取代某一特定工作中已经任命的其他咨询工程师的位置。（4）在通知该咨询工程师之前，并在未接到客户终止其工作的书面指令之前，不得接管该咨询工程师的工作。（5）如被邀请评审其他咨询工程师的工作，应以恰当的行为和善意的态度进行。

7. B。FIDIC 道德准则要求咨询工程师具有正直、公平、诚信、服务等的工作态度和敬业精神，充分体现了 FIDIC 对咨询工程师要求的精髓，主要内容如下：对社会和咨询业的责任、能力、廉洁和正直、公平、对他人公正、反腐败。其中，"对他人公正"要求推动"基于质量选择咨询服务"的理念，即加强按照能力进行选择的观念。

8. A。为业主服务是工程咨询公司最基本、最广泛的业务，这里所说的业主包括各级政府（此时不是以管理者身份出现）、企业和个人。

9. B。工程咨询公司为承包商服务主要有以下几种情况：（1）为承包商提供合同咨询和索赔服务。（2）为承包商提供技术咨询服务。（3）为承包商提供工程设计服务。其中为承包商提供工程设计服务具体表现为两种方式：1）工程咨询公司仅承担详细设计工作；2）工程咨询公司承担全部或绝大部分设计工作。

10. BCD。工程咨询公司为承包商服务主要有以下几种情况：（1）为承包商提供合同咨询和索赔服务。（2）为承包商提供技术咨询服务。（3）为承包商提供工程设计服务。在 2003、2008、2022 年度的考试中，同样对本题涉及的采分点进行了考查，且提问形式与选项设置基本与本题一致。

13. ABD。在国际上，一些大型工程咨询公司往往与设备制造商和土木工程承包商组成联合体，参与项目总承包或交钥匙工程的投标，中标后共同完成项目建设的全部任务。在少数情况下，工程咨询公司甚至可以作为总承包商，承担项目的主要责任和风险，而承包商则成为分包商。工程咨询公司还可能参与 PPP/BOT 项目，甚至作为这类项目的发起人和策划公司。在 2004 年度的考试中，同样对本题涉及的采分点进行了考查，且提问形式与选项设置基本与本题一致。

第二节　国际工程组织实施模式

知识导学

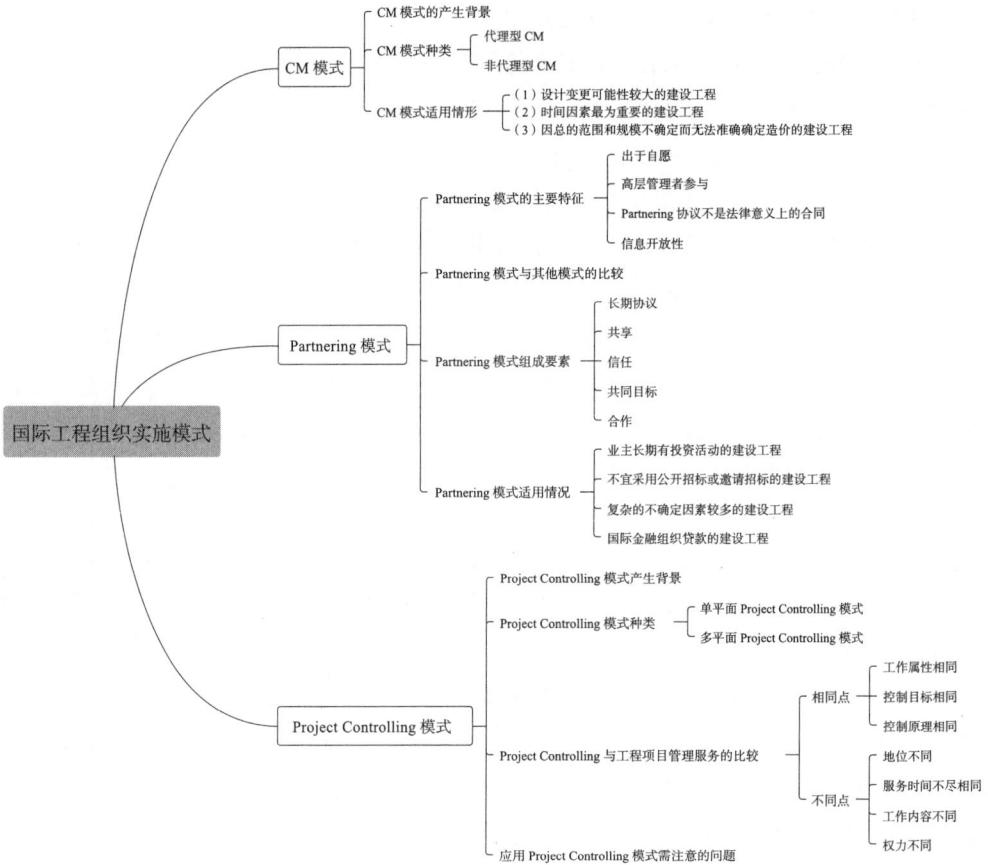

习题汇总

一、CM模式

（一）CM模式产生背景

1.（2012—32）采用CM模式时，在建设工程的（　　）阶段就应当雇用具有施工经验的CM单位参与建设工程的实施过程。

A.决策　　　　　　　　　　　　　B.设计

C.施工招标　　　　　　　　　　　D.施工

2.（2021—79）CM模式中采用快速路径法的优越性有（　　）。

A.可以减少工程变更的数量

B.可以将设计工作与施工搭接起来

C. 可以缩短建设周期

D. 可以减小施工阶段组织协调难度

E. 可以减小施工阶段目标控制的难度

（二）CM 模式种类

1. 代理型 CM（CM/Agency）

3.（2013—31）在代理型 CM 模式下，CM 合同价格为（　　）。

A. CM 费＋与 CM 单位签订合同的各分包商、供应商合同价

B. CM 费＋ GMP

C. CM 费

D. GMP

4.（2013—32）关于 CM 模式的说法，正确的是（　　）。

A. 代理型 CM 模式中，CM 单位是业主的代理单位

B. 代理型 CM 模式中，CM 单位对设计单位具有指令权

C. 非代理型 CM 模式中，CM 单位与设计单位是协调关系

D. 非代理型 CM 模式中，CM 单位是业主的咨询单位

5.（2021—49）关于代理型 CM 模式的说法，正确的是（　　）。

A. CM 单位是业主的工程承包单位

B. CM 单位对设计单位没有指令权

C. CM 合同价是 CM 费和工程费用之和

D. 业主与 CM 单位签订工程承包合同

2. 非代理型 CM（CM-Agency）

6.（2004—36）下列非代理型 CM 模式的表述职，正确的是（　　）。

A. CM 单位一般在设计阶段介入，对设计单位有指令权

B. CM 单位一般在设计阶段介入，对设计单位没有指令权

C. CM 单位在施工阶段介入，对施工单位有指令权

D. CM 单位在施工阶段介入，对施工单位没有指令权

7.（2005—34）非代理型 CM 模式的合同价（　　）。

A. 就是 GMP

B. 就是 CM 费

C. 是由 CM 单位直接向业主报出具体数额的价格

D. 不是一个确定的具体数据，主要是确定计价原则和方式

8.（2007—34）在风险型 CM 模式下，CM 合同价格为（　　）。

A. CM 费＋与 CM 单位签订合同的各分包商、供应商合同价

B. CM 费＋所有施工单位合同价＋所有供应单位合同价

C. CM 费

D. CM 费＋GMP

9.（2008—30）下列关于非代理型 CM 模式的表述中，正确的是（　　）。

A. CM 合同价就是 CM 费

B. CM 单位与施工单位之间是总分包关系

C. CM 模式又称为风险型 CM 模式

D. CM 单位通常由设计单位担任

10.（2010—35）采用非代理型 CM 模式时，CM 单位一般在项目（　　）阶段介入。

A. 设计 　　　　　　　　　　　　　B. 立项

C. 招标投标 　　　　　　　　　　　D. 可行性研究

11.（2020—49）与施工总承包相比，非代理型 CM 的特点是（　　）。

A. CM 单位介入工程时间早

B. 业主与施工单位直接签订施工合同

C. CM 合同采用简单的成本加酬金计价方式

D. CM 单位承担工程设计任务

12.（2022—40）采用非代理型 CM 模式时，保证最大价格（GMP）数额过高会导致的结果是（　　）。

A. CM 单位所承担的风险大，业主所承担的风险小

B. CM 单位所承担的风险小，业主所承担的风险大

C. CM 单位和业主所承担的风险都比较小

D. CM 单位和业主所承担的风险相同

（三）CM 模式适用情形

13.（2006—33）CM 模式应用的局部效果可能较好，而总体效果可能不理想的是（　　）的工程。

A. 设计变更可能性较大

B. 时间因素最为重要

C. 质量因素最为重要

D. 因总的范围和规模不确定而无法准确定价

14.（2012—69）从 CM 模式的特点来看，其适用情况主要包括（　　）。

A. 规模小、技术简单的建设工程

B. 设计变更可能性较大的建设工程

C. 时间因素最为重要的建设工程

D. 因质量和功能要求高而可能突破投资目标的建设工程

E. 因总的范围和规模不确定而无法准确定价的建设工程

二、Partnering 模式

（一）Partnering 模式主要特征

15.（2010—31）下列管理模式的特征中，属于 Partnering 模式特征的是（　　）。

A. 承包商承担大部分风险 　　　　　B. 业主管理工程实施

C. 信息的开放性 　　　　　　　　　D. 采用单价合同

16.（2020—50）关于 Partnering 协议的说法，正确的是（　　）。

A. Partnering 协议是工程总承包合同的组成部分

B. Partnering 协议是工程设计合同的组成部分

C. Partnering 协议不是法律意义上的合同

D. Partnering 协议是工程咨询合同的组成部分

17.（2022—74）Partnering 模式的主要特征有（　　）。

A. 参与各方出于自愿 　　　　　　　B. 高层管理者参与

C. 各方信息有开放性 　　　　　　　D. 适宜公开招标

E. 基于信息网络平台

（二）Partnering 模式与其他模式的比较

18. 下列关于 Partnering 模式特点的说法中，正确的是（　　）。

A. 强调各方的权利、义务和利益

B. 不能是多个建设工程的长期合作

C. 可能就建设工程实施过程中产生的额外收益进行分配

D. 争议次数多、索赔数额大

（三）Partnering 模式组成要素

19.（2020—80）成功运用 Partnering 模式所不可缺少的要素有（　　）。

A. 长期协议 　　　　　　　　　　　B. 信任

C. 责任分解 　　　　　　　　　　　D. 合作

E. 共同目标

20.（2021—50）业主与承包单位签订长期协议，在多个工程项目上持续运用 Partnering 模式产生的结果是（　　）。

A. 既增加承包单位的经营成本，也增加业主的交易成本

B. 增加承包单位的经营成本，但能降低业主的交易成本

C. 降低承包单位的经营成本，但会增加业主的交易成本

D. 既能降低承包单位的经营成本，也能降低业主的交易成本

（四）Partnering 模式适用情况

21.（2013—71）下列建设工程组织管理模式中，不能独立存在的有（　　）。

A. 总承包模式 　　　　　　　　　　B. EPC 模式

C. CM 模式 　　　　　　　　　　　D. Partnering 模式

E. Project Controlling 模式

22. Partnering 模式适用于（　　）。

A. 复杂的不确定因素较多的建设工程 　　B. 工期特别紧迫的建设工程

C. 中小型房地产开发项目 　　　　　　　D. 国际金融组织贷款的建设工程

E. 代表政府进行基础设施建设投资的业主的建设工程

三、Project Controlling 模式

（一）Project Controlling 模式产生背景

23.（2009—33）因适应大型建设工程业主高层管理人员决策需要而产生的建设工程管理模式是（　）模式。

A. EPC   B. CM

C. Partnering   D. Project Controlling

24.（2022—75）关于 Project Controlling 的说法，正确的有（　）。

A. Project Controlling 咨询单位实质上是建设工程业主的决策支持机构

B. Project Controlling 咨询单位需要工程参建各方的配合

C. Project Controlling 组织结构与业主方组织结构有明显的区别

D. Project Controlling 模式是适应监理单位高层管理人员决策需要而产生的

E. Project Controlling 模式必须设置多个管理平面

（二）Project Controlling 模式种类

25.（2009—32）下列关于 Project Controlling 模式的说法中，正确的是（　）。

A. 可以取代建设项目管理

B. 可以作为一种独立存在的项目管理模式

C. 可以分为单平面和多平面两种类型

D. 与建设项目管理的服务对象完全相同

26.下列关于单平面 Project Controlling 模式特点的说法中，正确的是（　）。

A. 组织关系简单

B. Project Controlling 方的任务明确，仅向项目总负责人提供决策支持服务

C. 业主只有一个管理平面

D. Project Controlling 方的组织需要采用集中控制和分散控制相结合的形式

E. Project Controlling 方要协调和确定整个项目的信息组织，并确定项目总负责人对信息的需求

27.下列关于多平面 Project Controlling 模式特点的说法中，正确的是（　）。

A. 组织关系较为复杂

B. 总 Project Controlling 机构对外服务于业主项目总负责人

C. 分 Project Controlling 机构承担了信息集中处理者的角色

D. 分 Project Controlling 机构服务于业主各子项目负责人

E. 分 Project Controlling 机构可不按照总 Project Controlling 机构所确定的信息规则进行信息处理

（三）Project Controlling 与工程项目管理服务的比较

28.Project Controlling 咨询单位的核心工作是（　）。

A. 信息处理 B. 下达指令

C. 项目管理服务 D. 进度控制

29.（2021—80）Project controlling 与工程项目管理服务的共同点有（　　）。

A. 工作属性相同 B. 服务时间相同

C. 控制目标相同 D. 工作内容相同

E. 控制原理相同

30. 下列关于 Project Controlling 模式的说法中，正确的是（　　）。

A. Project Controlling 咨询单位直接向业主的决策层负责

B. 业主直接向 Project Controlling 咨询单位在该项目上的具体工作人员下达指令

C. Project Controlling 咨询单位为业主提供实施阶段全过程和工程建设全过程的服务

D. Project Controlling 咨询单位不参与建设工程具体的实施过程和管理工作

E. Project Controlling 咨询单位只负责组织和管理建设工程信息流的活动

31.（2022—41）Project Controlling 模式与工程项目管理服务的不同点在于（　　）不同。

A. 工作属性 B. 控制目标

C. 控制原理 D. 工作内容

（四）应用 Project Controlling 模式需注意的问题

32. 应用 Project Controlling 模式需注意的问题有（　　）。

A. Project Controlling 模式一般适用于大型和特大型建设工程

B. Project Controlling 模式适用于复杂的、不确定因素较多的建设工程

C. Project Controlling 模式不能作为一种独立存在的模式

D. Project Controlling 模式可以取代工程项目管理服务

E. Project Controlling 咨询单位需要工程参建各方的配合

习题答案及解析

1. B	2. BC	3. C	4. C	5. B
6. B	7. D	8. A	9. C	10. A
11. A	12. B	13. D	14. BCE	15. C
16. C	17. ABC	18. C	19. ABDE	20. D
21. DE	22. ABDE	23. D	24. AB	25. C
26. ABCE	27. ABD	28. A	29. ACE	30. ACDE
31. D	32. ACE			

【解析】

1. B。所谓 CM 模式，就是在采用快速路径法时，从建设工程的开始阶段就雇用具有施工经验的 CM 单位（或 CM 经理）参与到建设工程实施过程中来，以便为设计人

员提供施工方面的建议且随后负责管理施工过程。开始阶段是指建设工程的设计阶段。

2. BC。采用快速路径法可以将设计工作和施工招标工作与施工搭接起来，整个建设周期是第一阶段设计工作和第一次施工招标工作所需要的时间与整个工程施工所需要的时间之和。与传统模式相比，快速路径法可以缩短建设周期。但实际上，与传统模式相比，快速路径法大大增加了施工阶段组织协调和目标控制的难度。

3. C。采用代理型 CM 模式时，业主与 CM 单位签订咨询服务合同，CM 合同价就是 CM 费。

4. C。代理型 CM 模式中，CM 单位是业主的咨询单位。故 A、D 选项错误。CM 单位对设计单位没有指令权，只能向设计单位提出一些合理化建议；他们之间是协调关系。故 B 选项错误。

5. B。CM 单位是业主的咨询单位，故 A 选项错误。CM 合同价就是 CM 费，故 C 选项错误。业主与 CM 单位签订咨询服务合同，故 D 选项错误。

6. B。非代理型 CM 模式下，CM 单位介入工程时间较早，一般在设计阶段介入且不承担设计任务。

7. D。非代理型 CM 模式的 CM 合同价由 CM 费和工程本身的费用（是今后 CM 单位与各分包商、供应商的合同价之和）两部分组成。在签订 CM 合同时，该合同价尚不是一个确定的具体数据，主要是确定计价原则和方式，本质上属于成本加酬金合同的一种特殊形式。

11. A。与施工总承包相比，非代理型 CM 的特点表现在：（1）虽然 CM 单位与各个分包商直接签订合同，但 CM 单位对各分包商的资格预审、招标、议标和签约都对业主公开并必须经过业主的确认才有效。（2）由于 CM 单位介入工程时间较早（一般在设计阶段介入）且不承担设计任务，因此，CM 单位并不向业主直接报出具体数额的价格，而是报 CM 费，至于工程本身的费用则是今后 CM 单位与各分包商、供应商的合同价之和。

12. B。如果 GMP 数额过高，就失去了控制工程费用的意义，业主所承担的风险增大；反之，GMP 数额过低，则 CM 单位所承担的风险加大。故本题选 B。

14. BCE。CM 模式的适用情况：（1）设计变更可能性较大的建设工程。（2）时间因素最为重要的建设工程。（3）因总的范围和规模不确定而无法准确定价的建设工程。在 2003、2009、2010 年度的考试中，同样对本题涉及的采分点进行了考查，且提问形式与选项设置基本与本题一致。

15. C。Partnering 模式的特征主要表现在：（1）出于自愿。（2）高层管理的参与。（3）Partnering 协议不是法律意义上的合同。（4）信息的开放性。

16. C。Partnering 协议与工程合同是两个完全不同的文件。在工程合同签订后，工程参建各方经过讨论协商后才会签署 Partnering 协议。该协议并不改变参与各方在有关合同中规定的权利和义务。Partnering 协议主要用来确定参建各方在工程建设过程中的共同目标、任务分工和行为规范，是工作小组的纲领性文件。

19. ABDE。成功运作 Partnering 模式所不可缺少的元素包括:长期协议、共享、信任、共同的目标、合作。在 2010、2011 年度的考试中,同样对本题涉及的采分点进行了考查,且提问形式与选项设置基本与本题一致。

20. D。在多个工程项目上持续运用 Partnering 模式,既有利于对工程项目质量、造价、进度的控制,同时也降低了承包单位的经营成本。对业主而言,可以大大降低"交易成本"缩短建设周期,取得更好的投资效益。

21. DE。Partnering 模式和 Project Controlling 模式不能独立存在。在 2004、2008 年度的考试中,同样对本题涉及的采分点进行了考查,且提问形式与选项设置基本与本题一致。

23. D。Project Controlling 模式是适应大型建设工程业主高层管理人员决策需要而产生的。

24. AB。Project Controlling 方的组织结构与业主项目管理的组织结构有明显的一致性和对应关系。故 C 选项错误。Project Controlling 模式是适应大型建设工程业主高层管理人员决策需要而产生的。故 D 选项错误。根据建设工程的特点和业主方组织结构的具体情况,Project Controlling 模式可分为单平面 Project Controlling 和多平面 Project Controlling 两种类型。故 E 选项错误。

25. C。根据建设工程的特点和业主方组织结构的具体情况,Project Controlling 模式可以分为单平面 Project Controlling 和多平面 Project Controlling 两种类型。Project Controlling 模式不能作为一种独立存在的模式。Project Controlling 模式不能取代建设项目管理。

29. ACE。Project Controlling 与工程项目管理服务具有一些相同点,主要表现在:一是工作属性相同,即都属于工程咨询服务;二是控制目标相同,即都是控制建设工程质量、造价、进度三大目标;三是控制原理相同,即都是采用动态控制、主动控制与被动控制相结合并尽可能采用主动控制。在 2011、2013 年度的考试中,同样对本题涉及的采分点进行了考查,且提问形式与选项设置基本与本题一致。

31. D。Project Controlling 与工程项目管理服务的不同之处主要表现在以下几方面:(1)两者地位不同;(2)两者服务时间不尽相同;(3)两者工作内容不同;(4)两者权力不同。A、B、C 选项属于 Project Controlling 与工程项目管理服务的相同点,D 选项属于 Project Controlling 与工程项目管理服务的不同点。